1·1

Chunjae
Makes
Chunjae

[수학 단원평가]

기획총괄 박금옥
편집개발 지유경, 정소현, 조선영, 최윤석, 김장미, 유혜지, 남솔, 정하영
디자인총괄 김희정
표지디자인 윤순미, 여화경
내지디자인 이은정, 박주미
제작 황성진, 조규영

발행일 2023년 9월 1일 개정초판 2023년 9월 1일 1쇄
발행인 (주)천재교육
주소 서울시 금천구 가산로9길 54
신고번호 제2001-000018호
고객센터 1577-0902

※ 정답 분실 시에는 천재교육 교재 홈페이지에서 내려받으세요.
※ KC 마크는 이 제품이 공통안전기준에 적합하였음을 의미합니다.
※ 주의
책 모서리에 다칠 수 있으니 주의하시기 바랍니다.
부주의로 인한 사고의 경우 책임지지 않습니다.
8세 미만의 어린이는 부모님의 관리가 필요합니다.

9까지의 수

개념정리 9까지의 수

개념 1 1, 2, 3, 4, 5 알아보기

●	1	하나, 일
●●	2	둘, 이
●●●	3	셋, 삼
●●●●	4	넷, 사
●●●●●	5	다섯, 오

개념 2 6, 7, 8, 9 알아보기

●●●●●●	6	여섯, 육
●●●●●●●	7	일곱, 칠
●●●●●●●●	8	여덟, 팔
●●●●●●●●●	9	아홉, 구

개념 3 수로 순서 나타내기

개념 4 수의 순서 알아보기

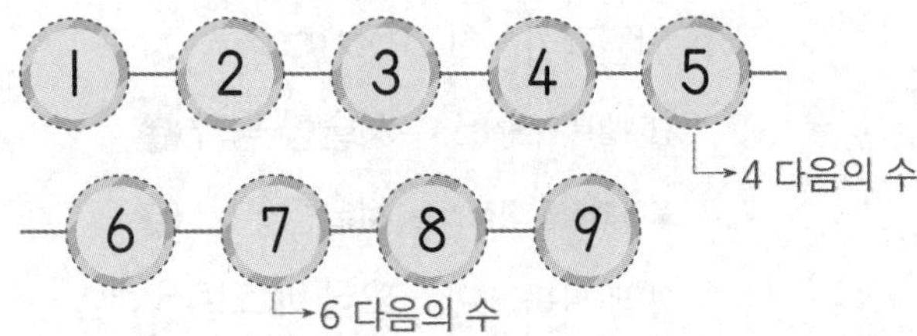

개념 5 1만큼 더 큰 수와 1만큼 더 작은 수 알아보기

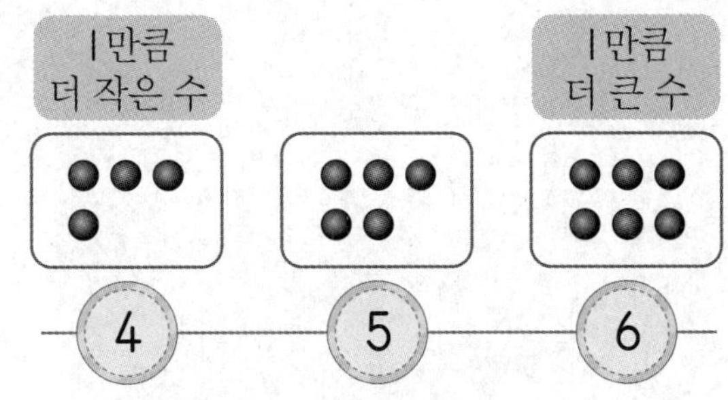

- 5보다 1만큼 더 작은 수는 ❶ [ ] 입니다.
- 5보다 1만큼 더 큰 수는 ❷ [ ] 입니다.

개념 6 0 알아보기

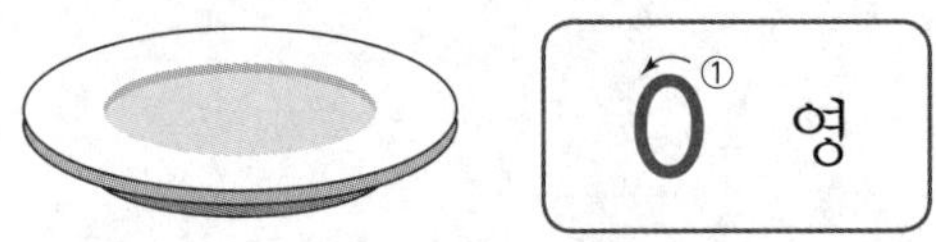

아무것도 없는 것을 0이라 합니다.

개념 7 두 수의 크기 비교하기

- 우유는 컵보다 많습니다.

⇨ 5는 ❸ [ ] 보다 큽니다.

- 컵은 우유보다 적습니다.

⇨ 3은 ❹ [ ] 보다 작습니다.

| 정답 | ❶ 4 ❷ 6 ❸ 3 ❹ 5

1 단원

쪽지시험 1회 9까지의 수

스피드 정답 1쪽 | 정답 및 풀이 11쪽

[1~3] 그림을 보고 알맞은 수에 ○표 하세요.

1

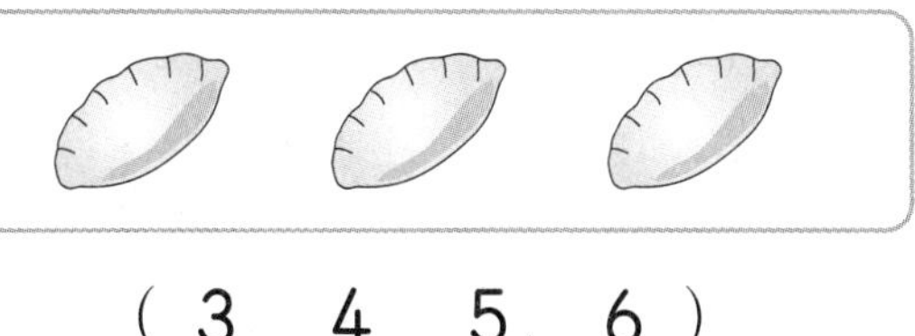

(3 4 5 6)

2

(6 7 8 9)

3

(6 7 8 9)

[4~5] 그림을 보고 알맞은 수에 ○표 하세요.

4

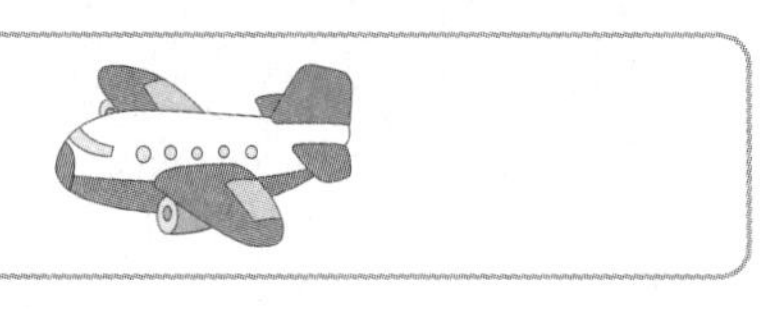

(하나 둘 셋 넷 다섯)

5

(다섯 여섯 일곱 여덟)

6 그림을 보고 빈칸에 알맞은 수를 써넣으세요.

7 5인 것을 찾아 ○표 하세요.

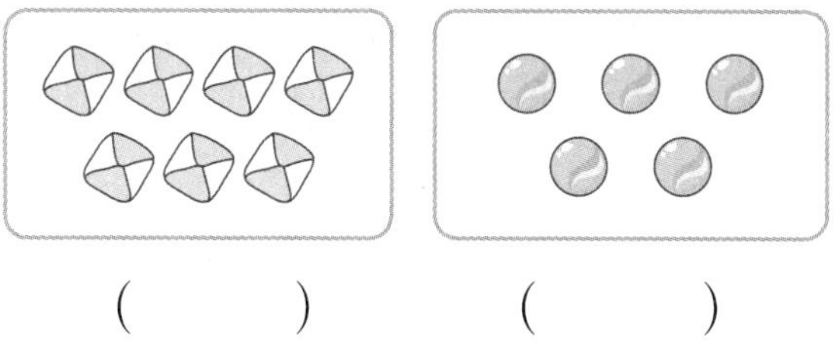

( ) ( )

[8~9] 왼쪽의 수만큼 공을 색칠해 보세요.

8

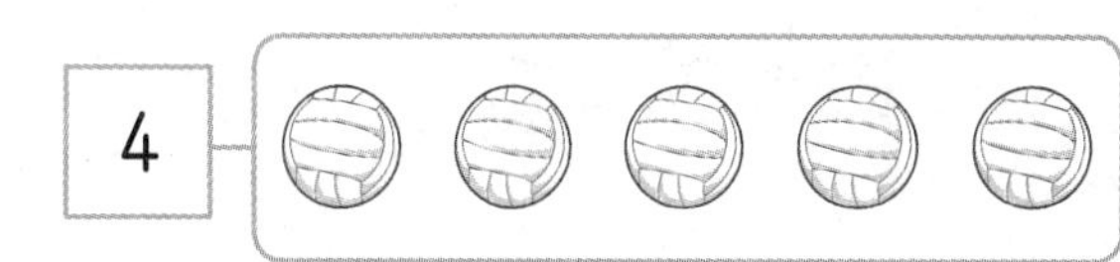

9

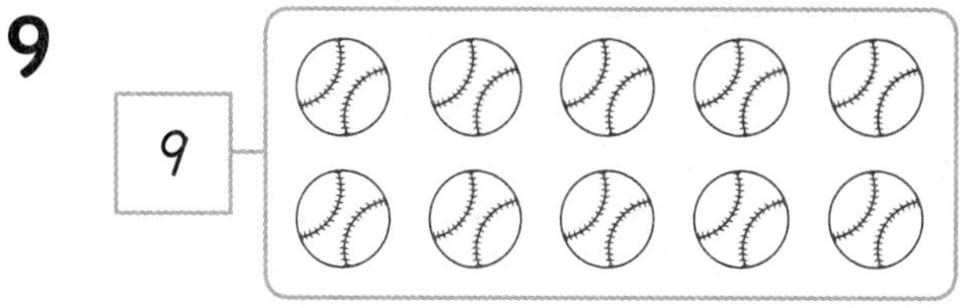

10 바르게 읽은 것에 ○표 하세요.

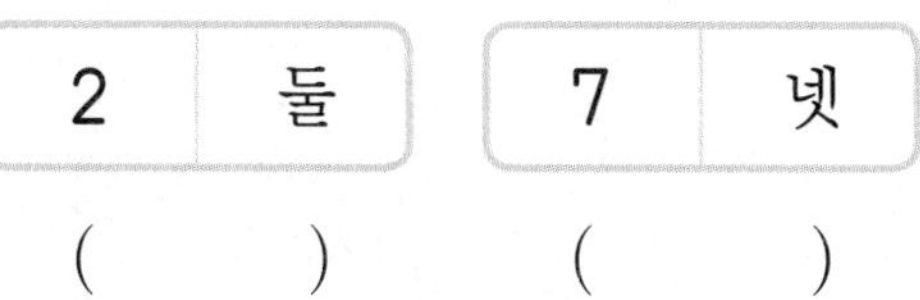

( ) ( )

9까지의 수

스피드 정답 1쪽 | 정답 및 풀이 11쪽

[1~2] 수의 순서에 알맞게 빈칸에 수를 써넣으세요.

1

2

3 빈칸에 알맞은 말을 써넣으세요.

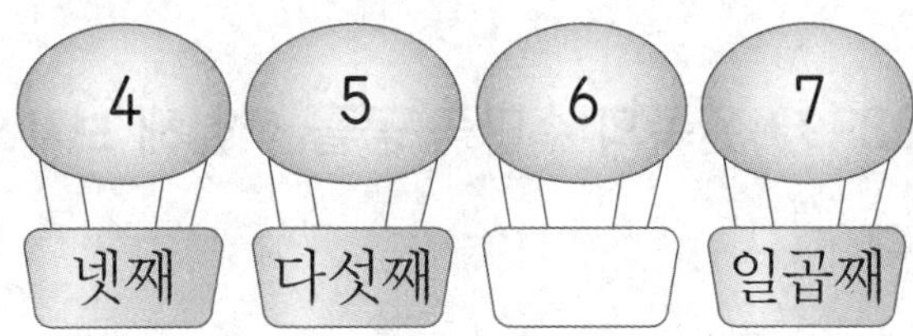

[4~5] 왼쪽부터 순서에 맞는 그림에 색칠해 보세요.

4

5

6 수의 순서대로 점을 선으로 이어서 그림을 완성해 보세요.

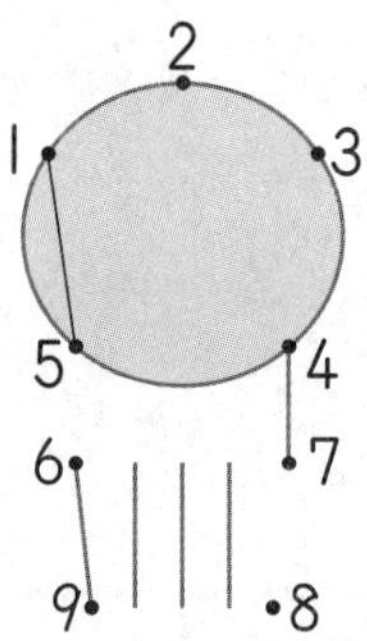

[7~10] 그림을 보고 물음에 답하세요.

7 왼쪽에서 셋째에 서 있는 어린이는 누구일까요?

( )

8 왼쪽에서 일곱째에 서 있는 어린이는 누구일까요?

( )

9 은빈이는 왼쪽에서 몇째에 서 있을까요?

( )

10 선영이는 왼쪽에서 몇째에 서 있을까요?

( )

1 단원

쪽지시험 3회 9까지의 수

점수

스피드 정답 1쪽 | 정답 및 풀이 11쪽

1 4보다 1만큼 더 작은 수를 나타내는 것에 ○표 하세요.

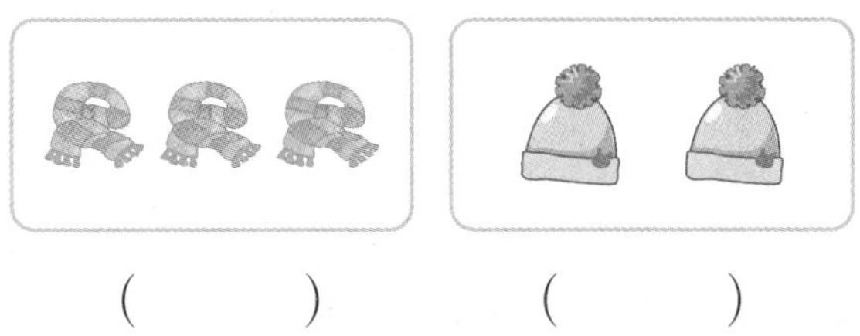

( ) ( )

2 빈칸에 펼친 손가락의 수를 써넣으세요.

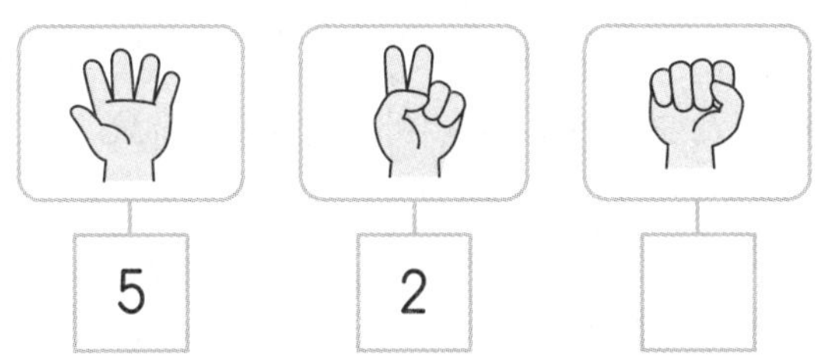

[3~4] □ 안에 알맞은 수를 써넣으세요.

3 4보다 1만큼 더 큰 수는 □입니다.

4 8보다 1만큼 더 작은 수는 □입니다.

5 감의 수보다 1만큼 더 작은 수를 빈칸에 써넣으세요.

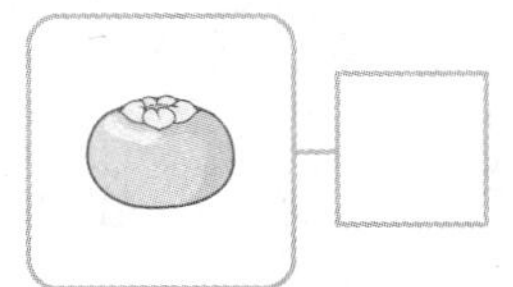

[6~7] 빈칸에 알맞은 수를 써넣으세요.

6

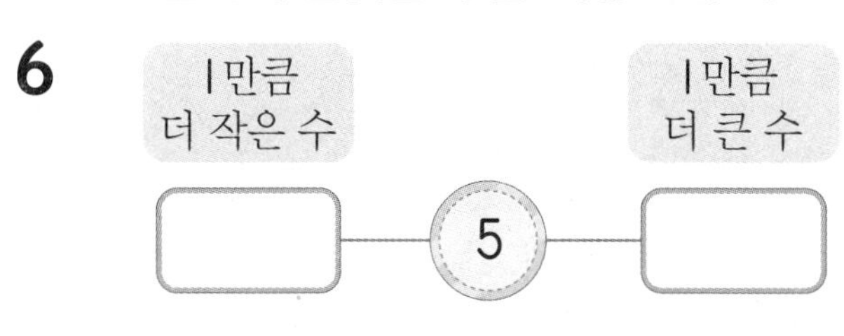

7

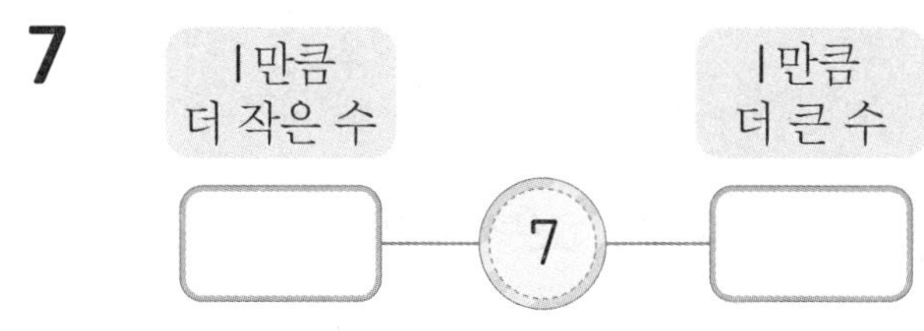

[8~9] 수를 보고 □ 안에 알맞은 수를 써넣으세요.

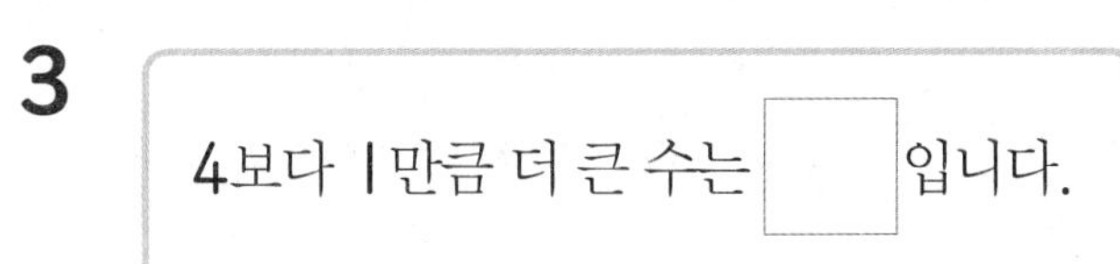

8

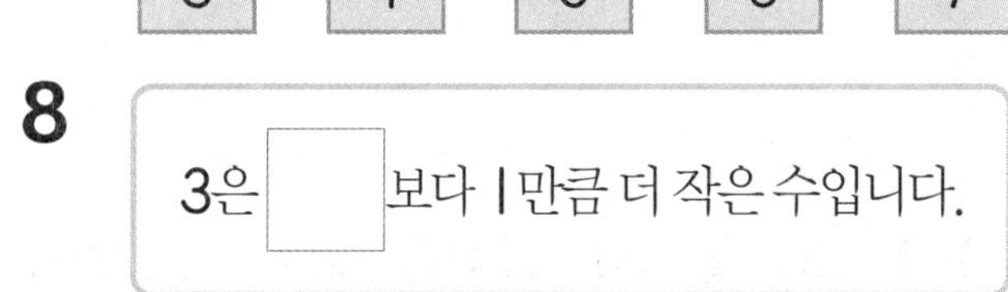

3은 □보다 1만큼 더 작은 수입니다.

9

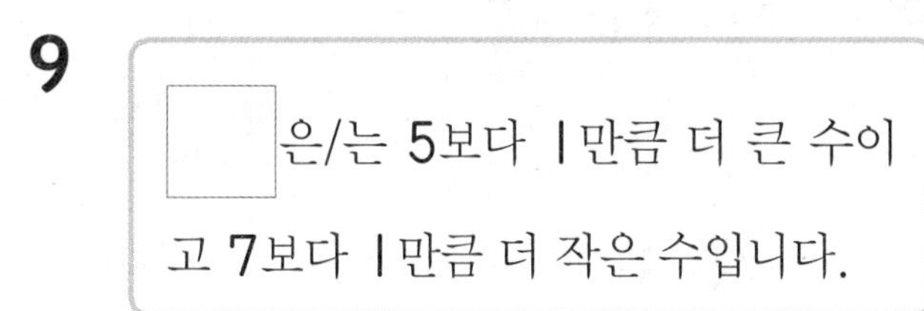

□은/는 5보다 1만큼 더 큰 수이고 7보다 1만큼 더 작은 수입니다.

10 빈칸에 그림의 수보다 1만큼 더 작은 수와 1만큼 더 큰 수를 각각 써넣으세요.

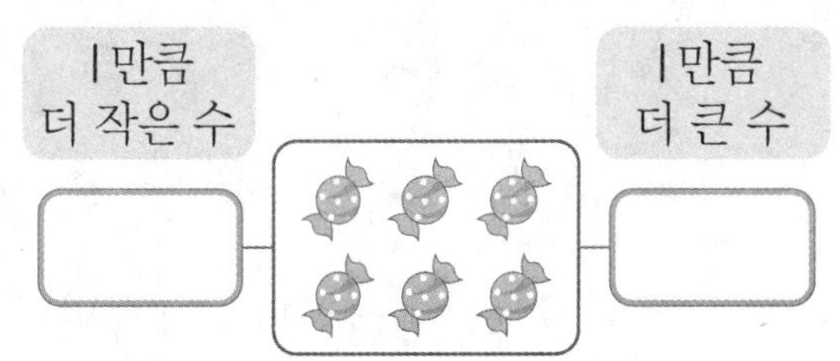

9까지의 수

점수

스피드 정답 1쪽 | 정답 및 풀이 11쪽

1 더 작은 수에 △표 하세요.

6	4

2 더 큰 수에 ○표 하세요.

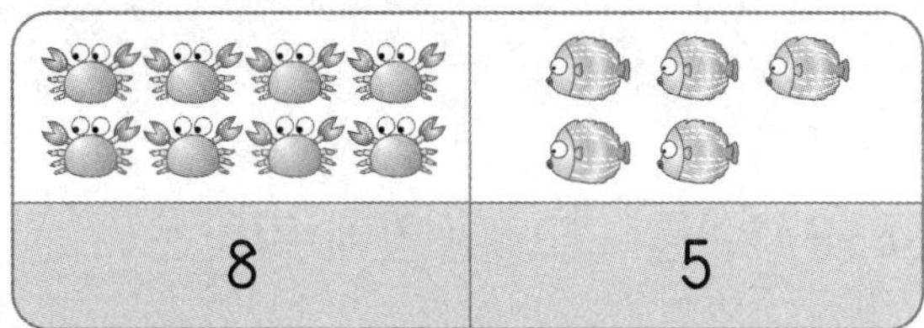

8	5

[3~4] 그림을 보고 알맞은 말에 ○표 하세요.

3

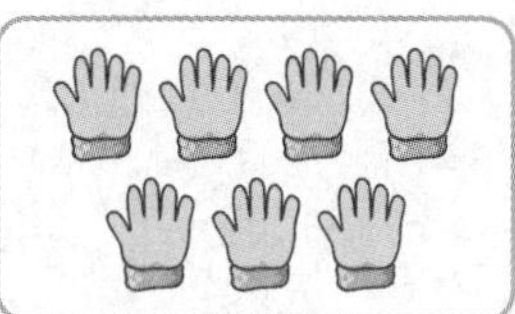
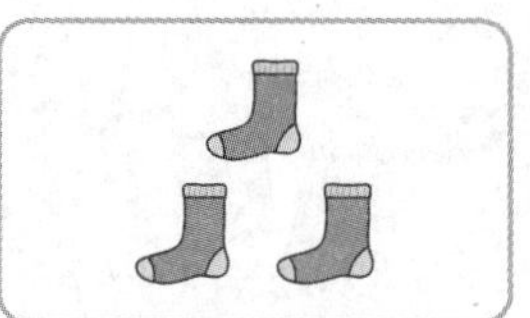

7은 3보다 (큽니다 , 작습니다).

4

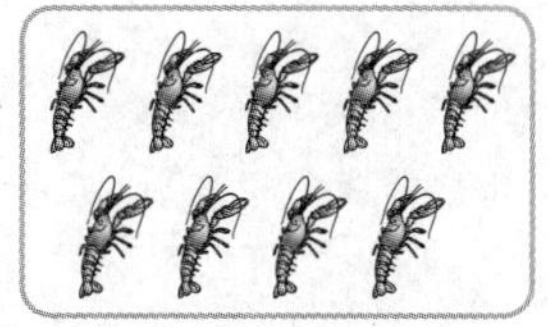

8은 9보다 (큽니다 , 작습니다).

5 더 큰 수에 ○표 하세요.

4	7

6 더 작은 수에 △표 하세요.

3	5

7 6보다 작은 수에 △표 하세요.

7 4 9

8 5보다 큰 수에 ○표 하세요.

2 4 7

9 7보다 작은 수에 모두 색칠해 보세요.

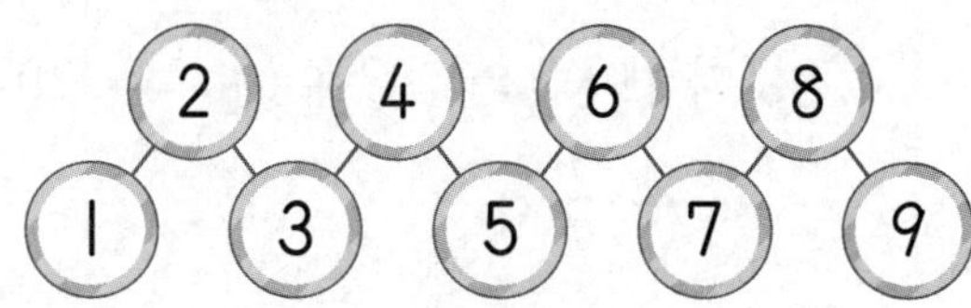

10 가장 큰 수에 ○표, 가장 작은 수에 △표 하세요.

2 6 5

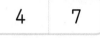

9까지의 수

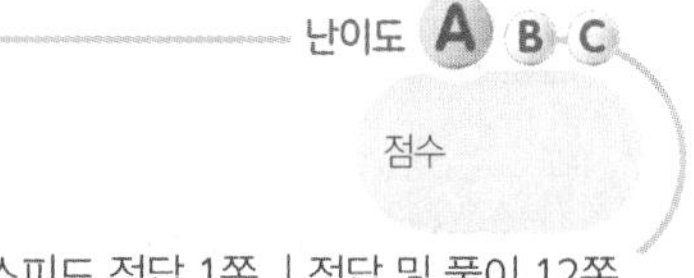

스피드 정답 1쪽 | 정답 및 풀이 12쪽

1 옷의 수를 세어 보고 빈칸에 알맞은 수를 써넣으세요.

〔2~3〕 그림을 보고 각각의 수를 세어 알맞은 수에 ◯표 하세요.

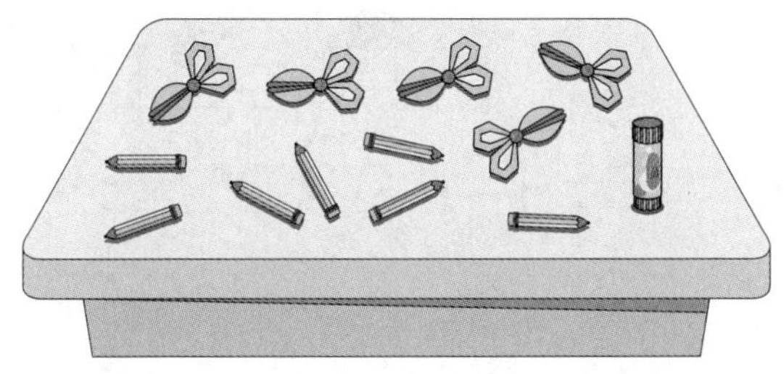

2

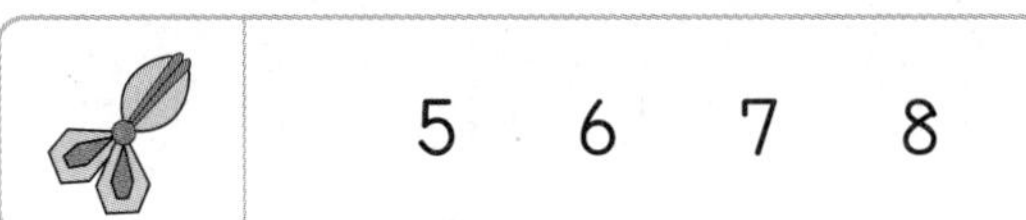

3

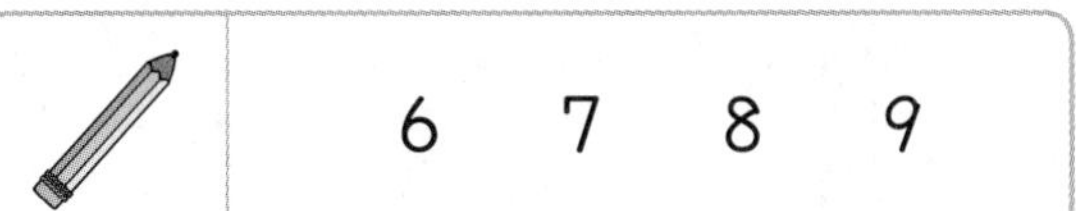

4 밤의 수를 세어 보고 알맞은 말에 ◯표 하세요.

5 순서에 맞게 빈칸에 알맞은 말을 써넣으세요.

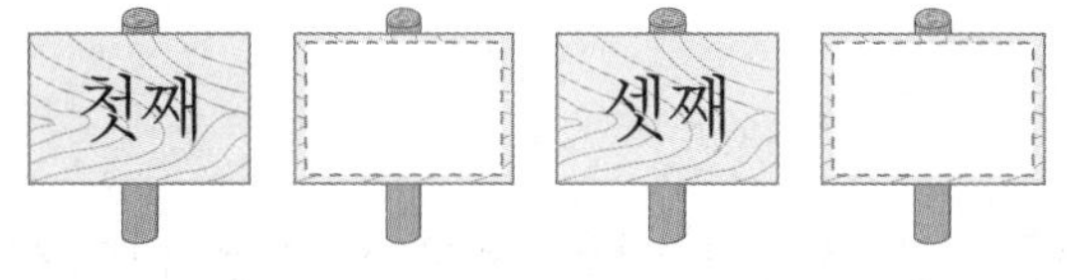

6 그림의 수를 두 가지로 읽어 보세요.

(　　　　　　), (　　　　　　)

7 그림과 관계있는 것을 찾아 ○표 하세요.

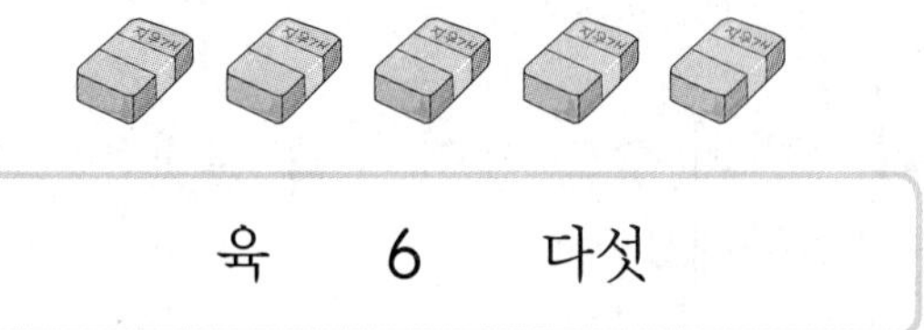

육　6　다섯

8 관계있는 것끼리 선으로 이어 보세요.

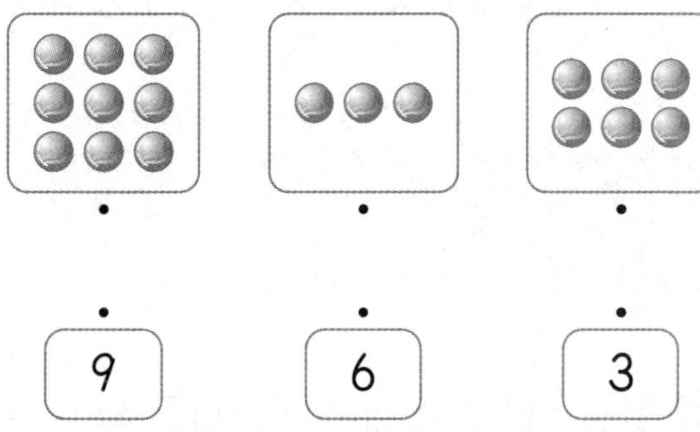

9 수의 순서대로 점을 선으로 이어서 그림을 완성해 보세요.

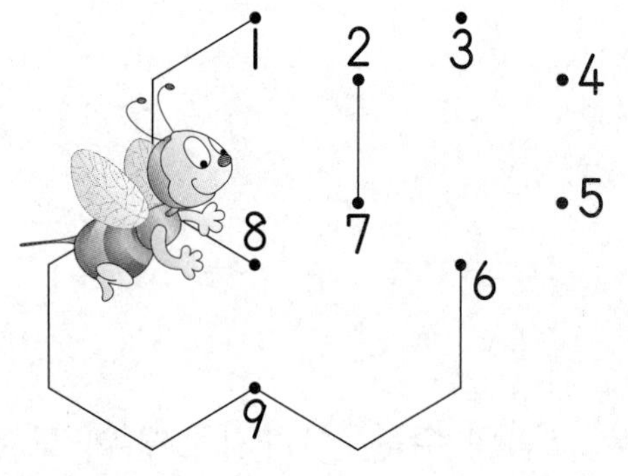

10 수의 순서에 알맞게 빈칸에 수를 써넣으세요.

11 보기 와 같이 색칠해 보세요.

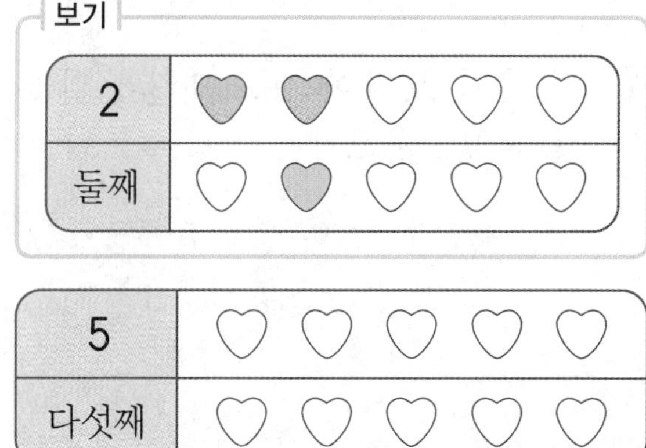

5	♡ ♡ ♡ ♡ ♡
다섯째	♡ ♡ ♡ ♡ ♡

12 순서에 맞게 선으로 이어 보세요.

첫째　셋째　둘째　다섯째　넷째

13 7보다 1만큼 더 큰 수를 나타내는 것에 ○표 하세요.

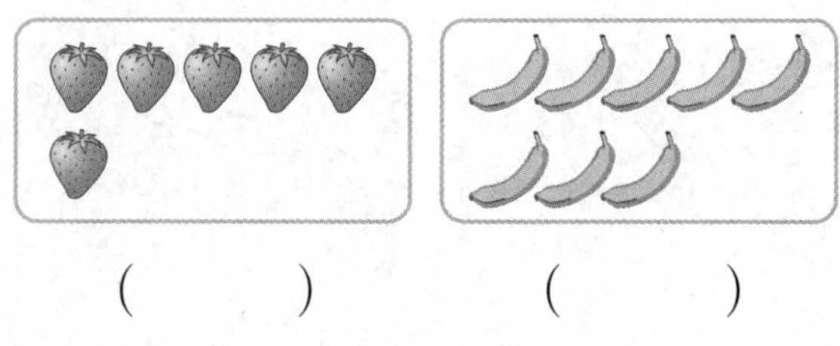

(　　)　(　　)

14 1보다 1만큼 더 작은 수를 써 보세요.

( )

15 더 작은 수에 △표 하세요.

8	3

16 색칠된 병은 왼쪽에서 몇째일까요?

( )

17 그림을 보고 □ 안에 알맞은 수를 써넣으세요.

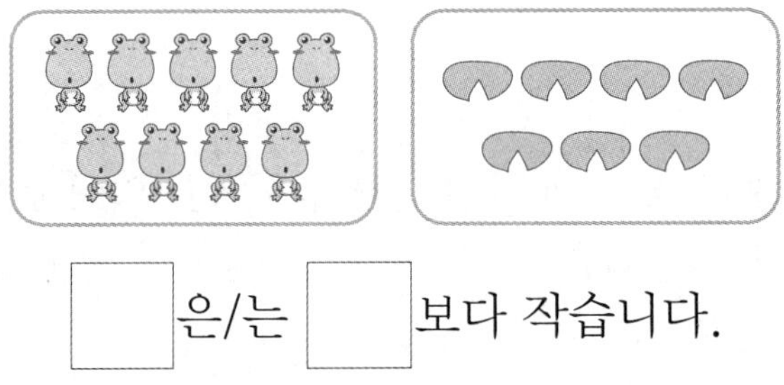

□은/는 □보다 작습니다.

18 기타의 수보다 큰 수를 모두 찾아 ○표 하세요.

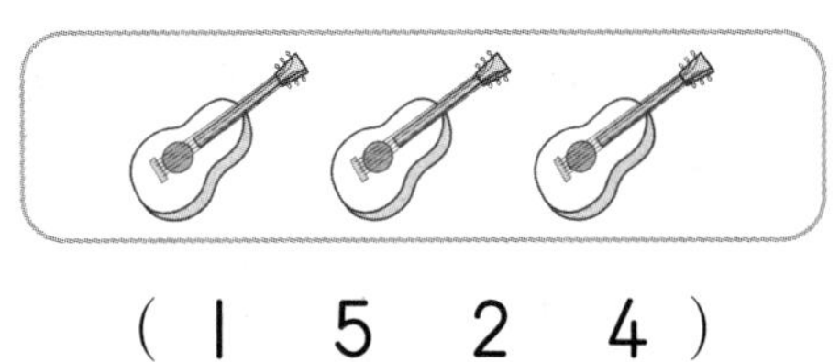

(1 5 2 4)

19 빈칸에 그림의 수보다 1만큼 더 작은 수와 1만큼 더 큰 수를 각각 써넣으세요.

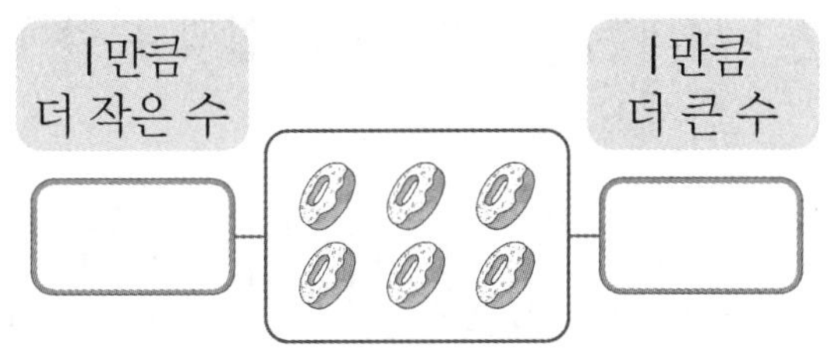

20 지웅이네 모둠 어린이 5명이 달리기를 하고 있습니다. 지웅이는 뒤에서 셋째로 결승점에 들어왔다면 지웅이는 몇 등을 했을까요?

( )

1
단원

9까지의 수

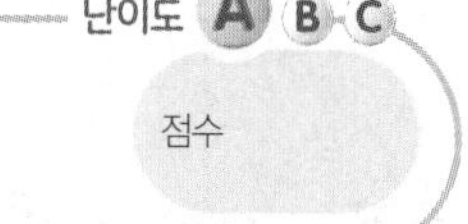

스피드 정답 1~2쪽 | 정답 및 풀이 12쪽

1 돌고래의 수를 세어 보고 알맞은 수에 ◯표 하세요.

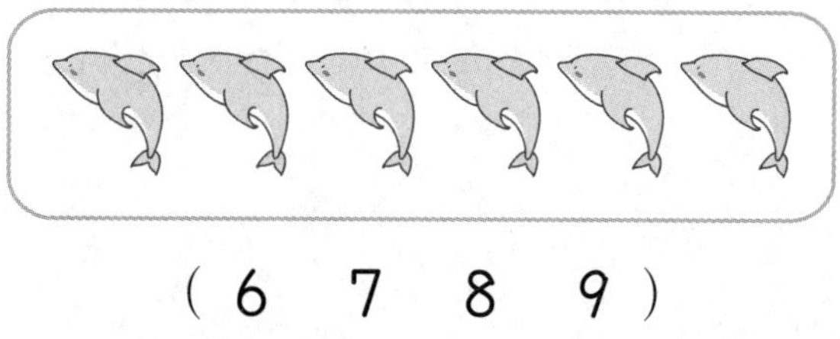

(6　7　8　9)

2 컵의 수를 세어 보고 알맞은 말에 ◯표 하세요.

(하나　둘　셋　넷　다섯)

3 토끼의 수를 세어 보고 빈칸에 알맞은 수를 써넣으세요.

4 수를 잘못 읽은 것에 ◯표 하세요.

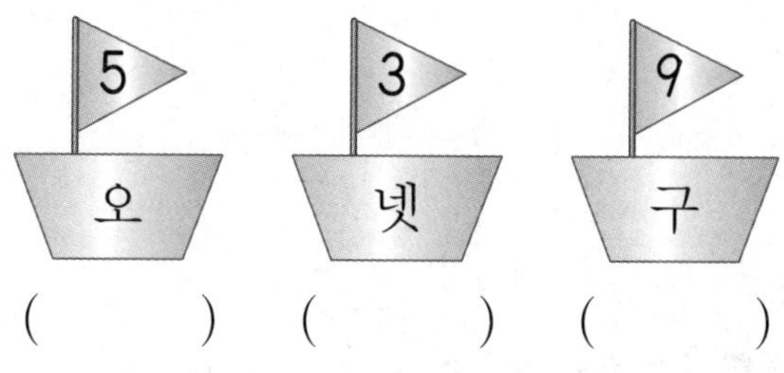

(　　)　(　　)　(　　)

5 관계있는 것끼리 선으로 이어 보세요.

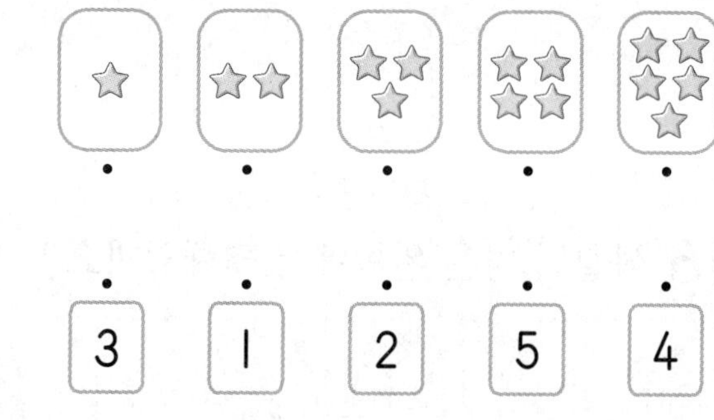

6 왼쪽의 수만큼 도토리에 색칠해 보세요.

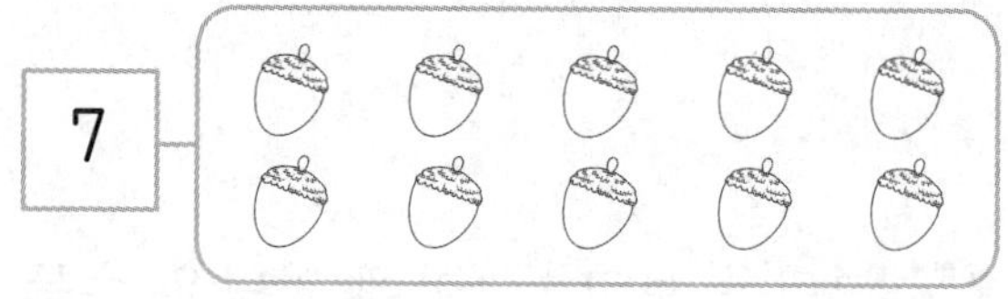

7 보기 와 같이 수를 두 가지로 읽어 보세요.

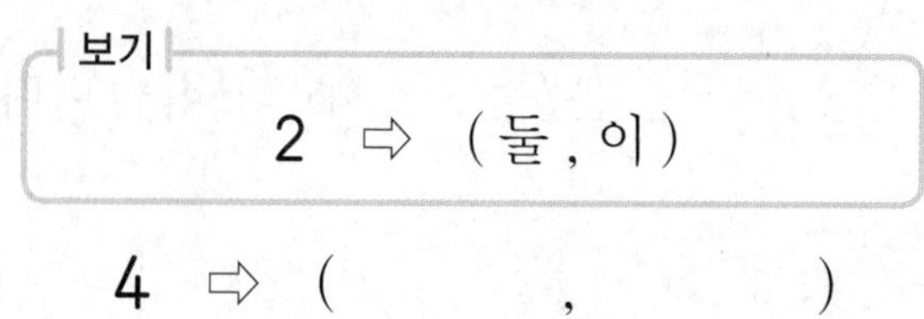

4 ⇨ (　　　,　　　)

8 수의 순서가 알맞은 것의 기호를 써 보세요.

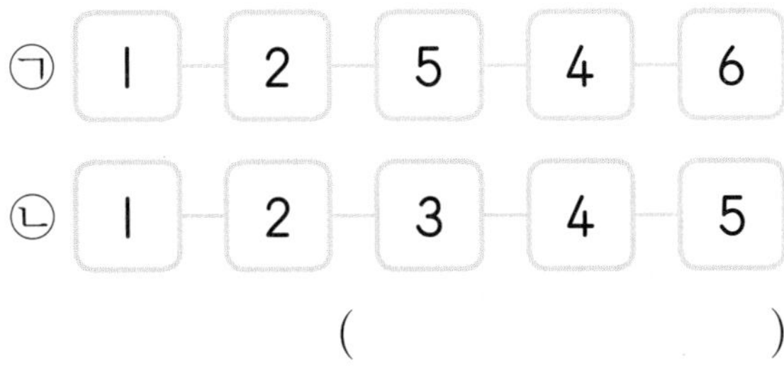

( )

9 수의 순서대로 점을 선으로 이어서 그림을 완성해 보세요.

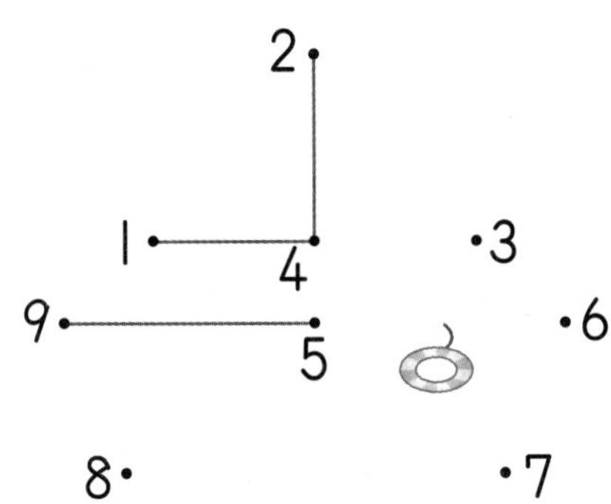

10 보기 와 같이 색칠해 보세요.

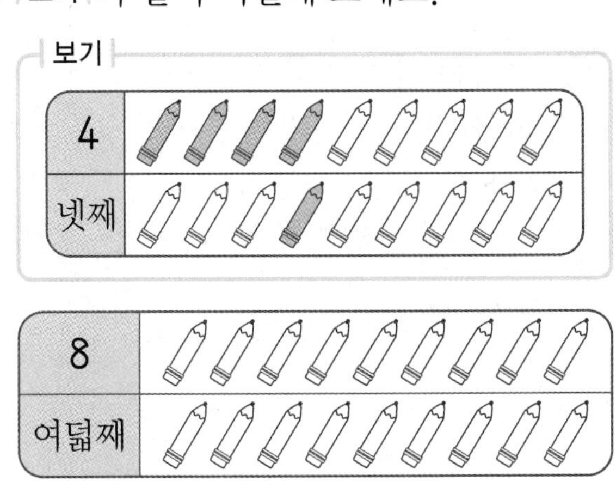

11 관계있는 것끼리 선으로 이어 보세요.

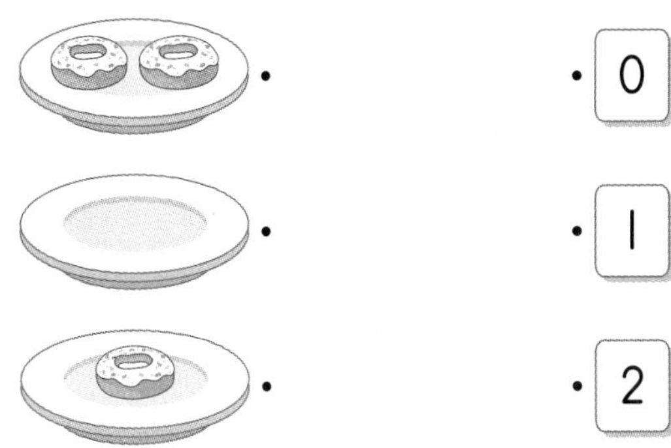

12 순서에 맞게 빈칸에 알맞은 말을 써넣으세요.

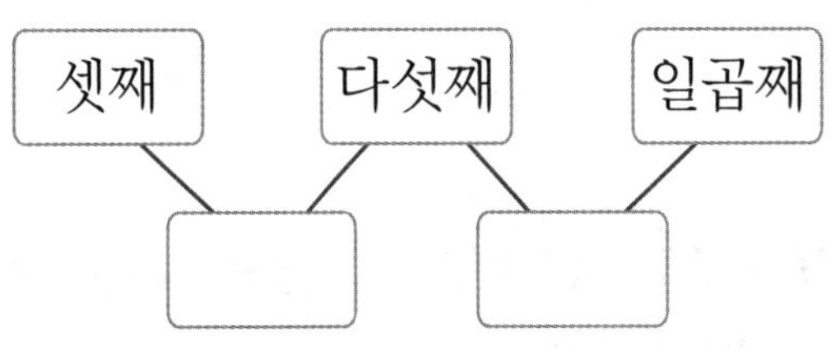

13 그림을 보고 알맞은 말에 ○표 하세요.

- 연필은 지우개보다 (많습니다 , 적습니다).
- 6은 5보다 (큽니다 , 작습니다).

14 더 큰 수에 ○표 하세요.

9	5

15 빈칸에 알맞은 수를 써넣으세요.

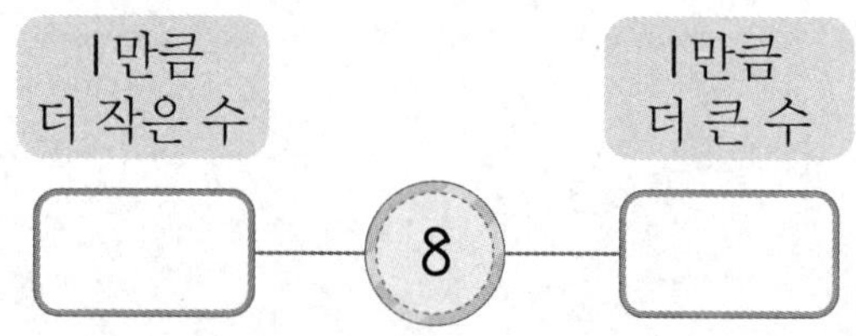

〔16~17〕 수를 보고 □ 안에 알맞은 수를 써넣으세요.

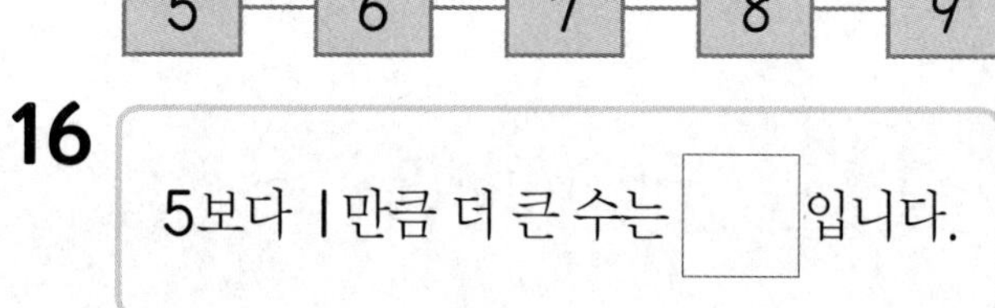

16 5보다 1만큼 더 큰 수는 □입니다.

17 7은 6보다 1만큼 더 큰 수이고,
□보다 1만큼 더 작은 수입니다.

18 0부터 5까지의 수 중에서 □ 안에 들어갈 수 있는 수를 모두 써 보세요.

3은 □보다 큽니다.

(　　　　　　　　)

19 왼쪽에서 일곱째에 있는 동물의 이름을 써 보세요.

(　　　　　　　　)

20 수아는 딸기를 7보다 1만큼 더 작은 수만큼 먹었고 은지는 수아가 먹은 딸기의 수보다 1만큼 더 작은 수만큼 먹었습니다. 은지는 딸기를 몇 개 먹었을까요?

(　　　　　　　　)

단원평가 3회 9까지의 수

1 병아리의 수를 세어 보고 알맞은 수에 ○표 하세요.

(6 7 8 9)

(2~3) 그림을 보고 물음에 답하세요.

2 🌹의 수만큼 ○에 색칠해 보세요.

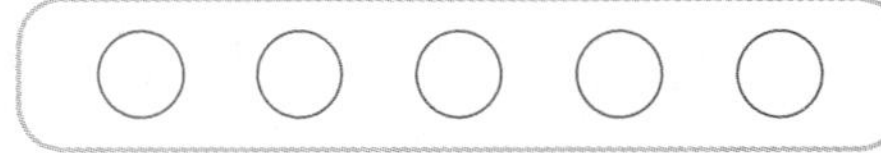

3 🦋의 수를 세어 보고 알맞은 말에 ○표 하세요.

하나 둘 셋 넷 다섯

4 꽃병에 꽂혀 있는 꽃의 수를 세어 보고 빈칸에 알맞은 수를 써넣으세요.

5 수를 바르게 읽은 것에 ○표 하세요.

9	칠

( )

0	영

( )

6 관계있는 것끼리 선으로 이어 보세요.

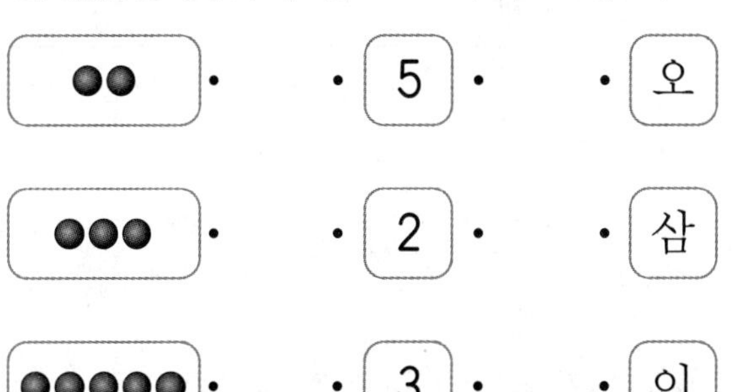

7 그림과 관계있는 것을 모두 찾아 ○표 하세요.

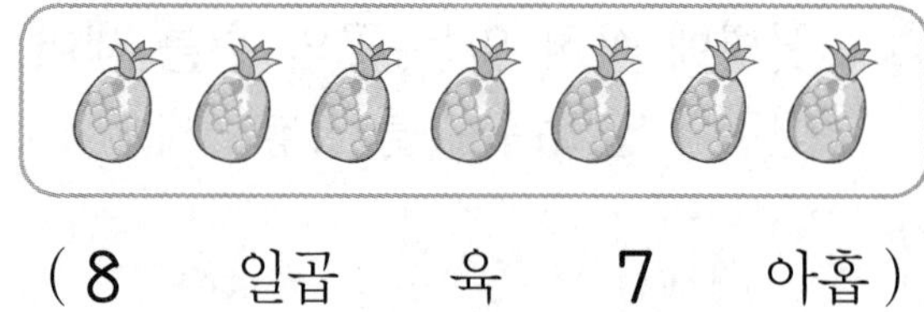

(8　일곱　육　7　아홉)

8 순서에 맞게 빈칸에 알맞은 수를 써넣으세요.

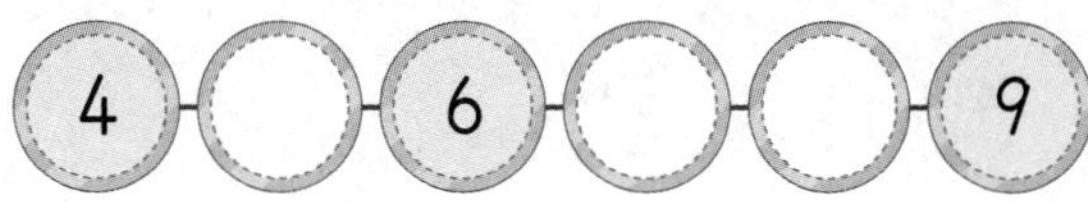

9 보기 와 같이 색칠해 보세요.

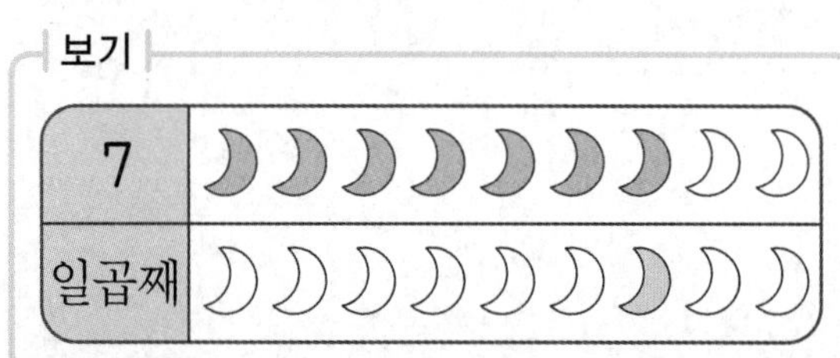

6	
여섯째	

10 가장 큰 수에 ○표 하세요.

6　4　7

11 그림을 보고 □ 안에 알맞은 수를 써넣으세요.

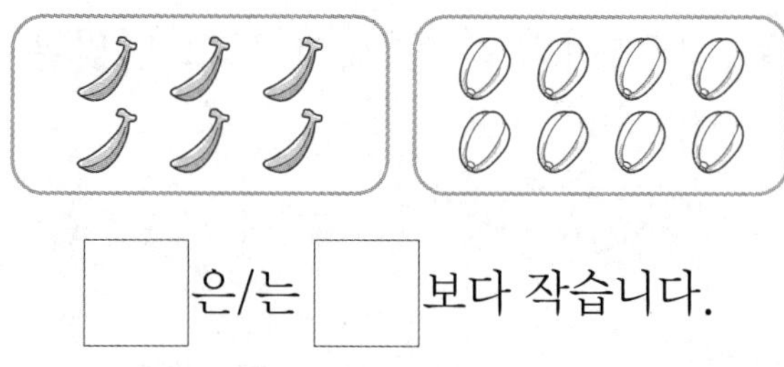

□은/는 □보다 작습니다.

12 □ 안에 알맞은 수를 써넣으세요.

9는 8보다 □만큼 더 큰 수입니다.

13 기린은 첫째에 있습니다. 코끼리는 몇째에 있을까요?

(　　　　　)

14 관계있는 것끼리 선으로 이어 보세요.

15 빈칸에 알맞은 수를 써넣으세요.

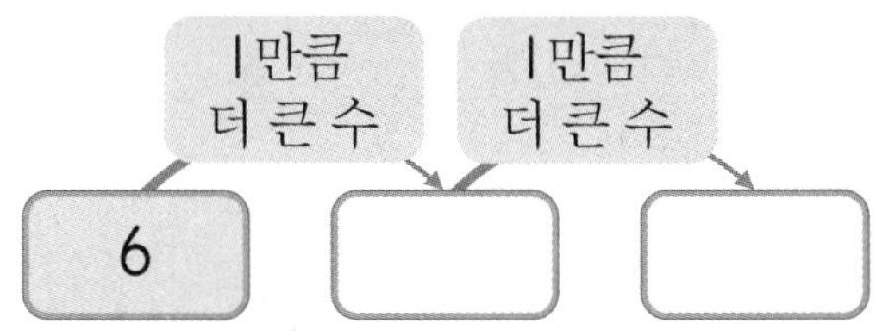

16 작은 수부터 순서대로 써 보세요.

7 2 6 8 3

( )

17 접시 위에 도넛이 있습니다. 수민이가 이 중에서 3개를 먹었습니다. 남은 도넛의 수를 구하세요.

( )

서술형

18 4보다 큰 수가 적힌 공은 모두 몇 개인지 풀이 과정을 쓰고 답을 구하세요.

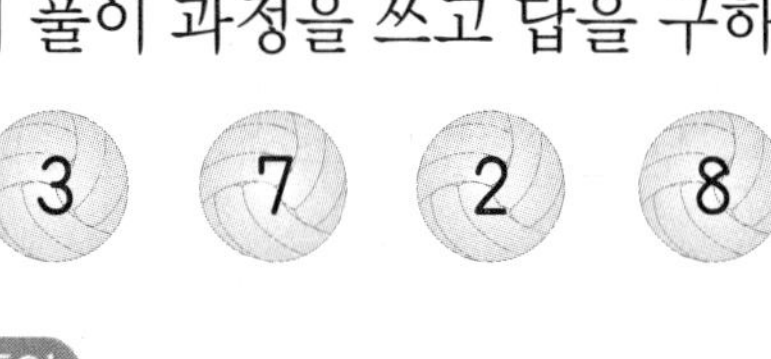

풀이

답

19 초콜릿을 준혁이는 2개 먹었고 민주는 5개 먹었습니다. 누가 초콜릿을 더 많이 먹었을까요?

( )

20 용주는 버스를 타기 위해 다음과 같이 줄을 서 있습니다. 줄을 서 있는 사람은 모두 몇 명일까요?

> 용주는 앞에서 넷째에 서 있고,
> 용주 뒤에는 2명이 서 있습니다.

( )

1 단원

9까지의 수

스피드 정답 2쪽 | 정답 및 풀이 13쪽

1 그림을 보고 알맞은 수에 ○표 하세요.

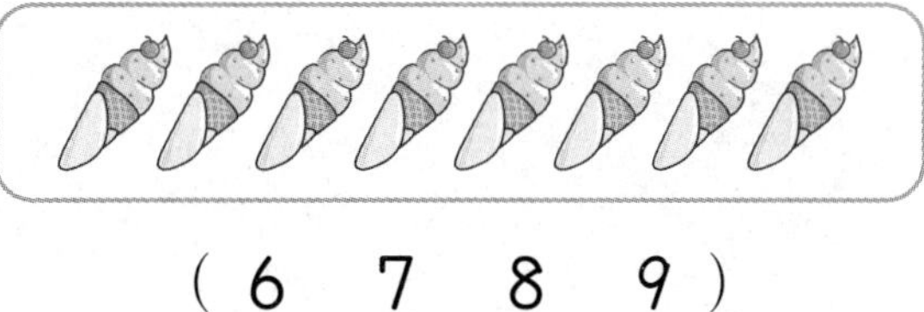

(6 7 8 9)

2 불이 꺼진 초의 수를 세어 빈칸에 써넣으세요.

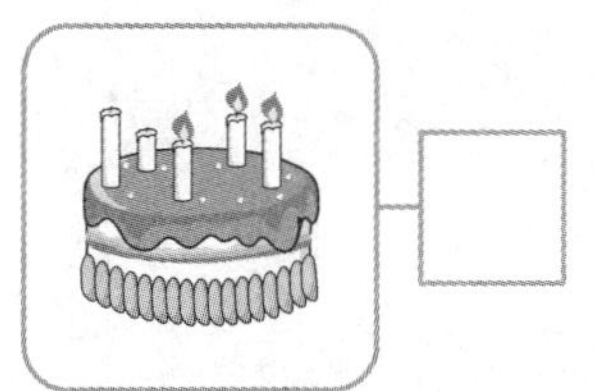

3 그림에 알맞은 수를 바르게 읽은 것은 무엇일까요? ················ (   )

① 여섯 ② 아홉
③ 다섯 ④ 일곱
⑤ 여덟

4 바나나의 수만큼 ○에 색칠해 보세요.

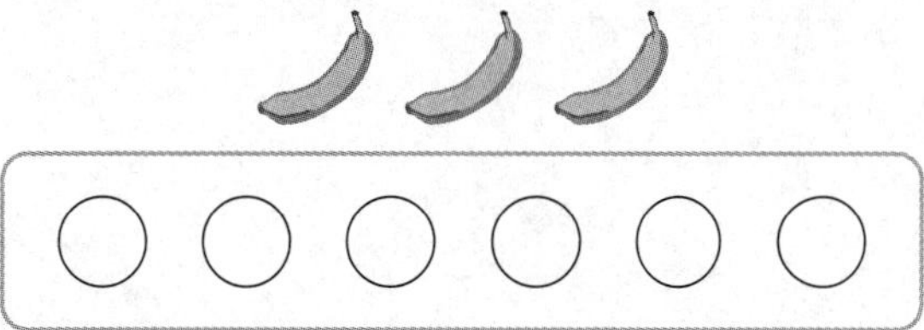

5 관계있는 것끼리 선으로 이어 보세요.

7 •	• 구 •	• 일곱
9 •	• 팔 •	• 여덟
8 •	• 칠 •	• 아홉

6 수에 알맞게 색칠했습니다. 잘못 색칠한 것은 무엇일까요? ············ (   )

① 5 ★★★★★☆☆☆☆
② 6 ★★★★☆☆☆☆☆
③ 7 ★★★★★★★☆☆
④ 8 ★★★★★★★★☆
⑤ 9 ★★★★★★★★★

7 오른쪽에서 다섯째 수는 무엇일까요?

3 1 0 2 5 4

(   )

8 □ 안에 알맞은 말을 써넣으세요.

9 수의 순서대로 점을 선으로 이어서 그림을 완성해 보세요.

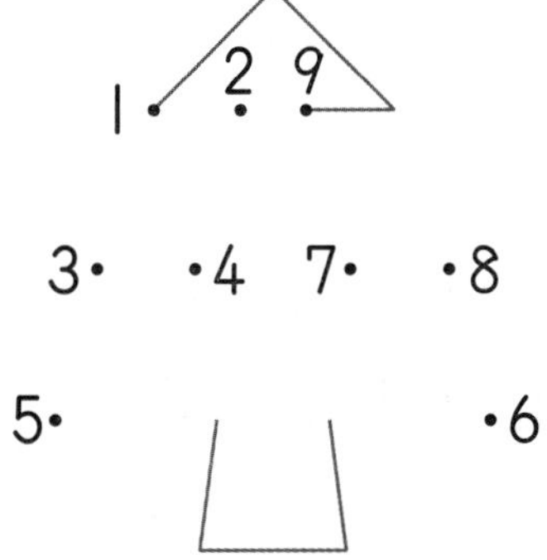

10 나타내는 수가 나머지와 다른 하나를 찾아 기호를 써 보세요.

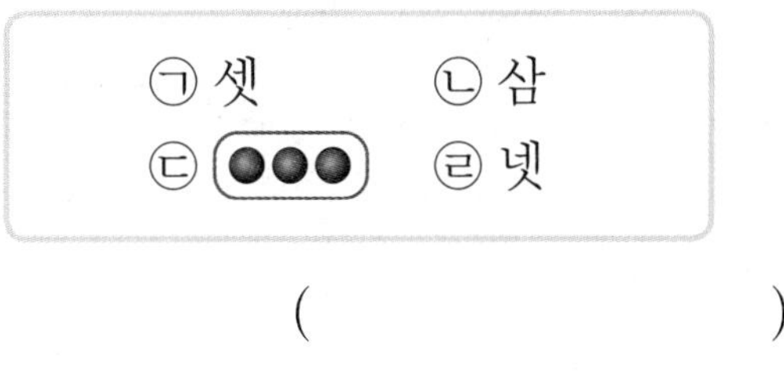

(　　　　　　)

11 그림을 보고 알맞은 말에 ○표 하세요.

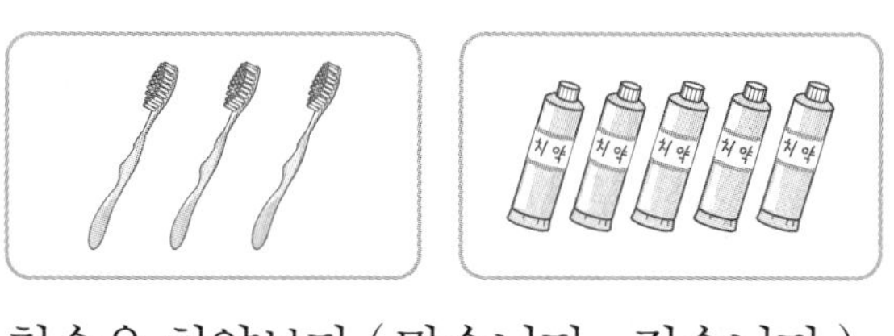

칫솔은 치약보다 (많습니다 , 적습니다).

12 순서를 거꾸로 하여 빈칸에 알맞은 수를 써넣으세요.

13 오토바이의 수를 세어 □ 안에 써넣고 더 작은 수에 △표 하세요.

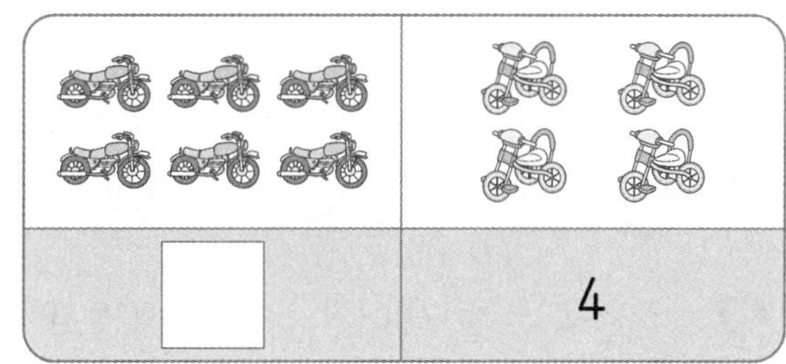

14 빈칸에 알맞은 수를 써넣으세요.

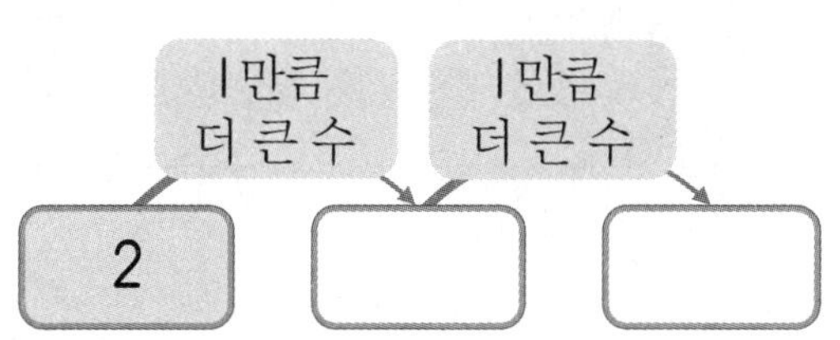

15 □ 안에 똑같이 들어갈 수 있는 수는 어느 것일까요?··················(　　　)

> 6은 7보다 □만큼 더 작은 수이고,
> 5보다 □만큼 더 큰 수입니다.

① 0　　② 1　　③ 2
④ 3　　⑤ 4

16 다음이 나타내는 수를 쓰고 읽어 보세요.

> • 1보다 1만큼 더 작은 수입니다.
> • 아무것도 없는 것입니다.

쓰기 (　　　　　　　)
읽기 (　　　　　　　)

17 연필의 수를 세어 □ 안에 써넣고 연필, 자, 지우개의 수를 작은 수부터 순서대로 써 보세요.

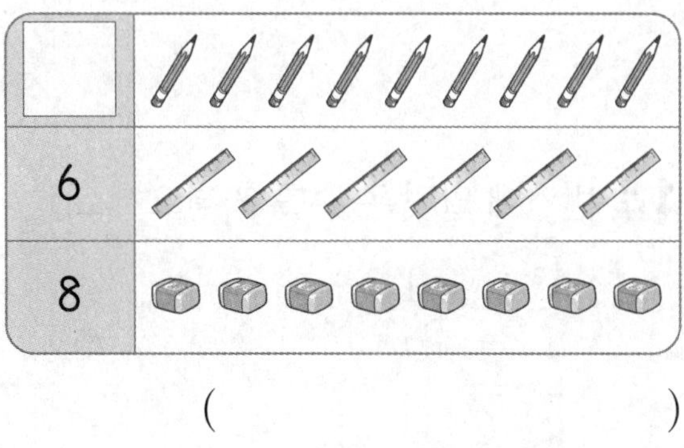

(　　　　　　　　　)

서술형

18 사과가 3개, 귤이 5개 있습니다. 사과와 귤 중에서 더 적은 것은 무엇인지 풀이 과정을 쓰고 답을 구하세요.

풀이

답 ____________

19 더 큰 수의 기호를 써 보세요.

> ㉠ 3보다 1만큼 더 큰 수
> ㉡ 8보다 1만큼 더 작은 수

(　　　　　　　　　)

20 가장 작은 수가 쓰인 수 카드는 왼쪽에서 몇째에 있을까요?

4　1　5　2　3

(　　　　　　　　　)

단원평가 5회

9까지의 수

난이도 A B C

점수

스피드 정답 2쪽 | 정답 및 풀이 14쪽

1 관계있는 것끼리 선으로 이어 보세요.

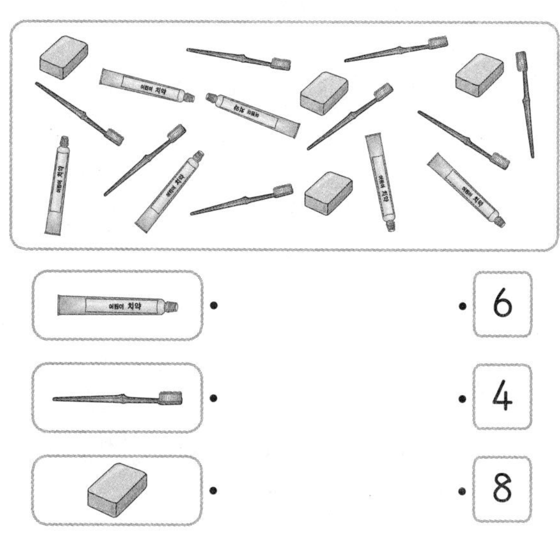

• 6

• 4

• 8

2 인형의 수를 바르게 읽은 것은 무엇일까요? ············ (　　　)

① 일, 하나 ② 이, 둘 ③ 삼, 셋
④ 사, 넷 ⑤ 오, 다섯

3 쓰러진 볼링핀의 수를 써 보세요.

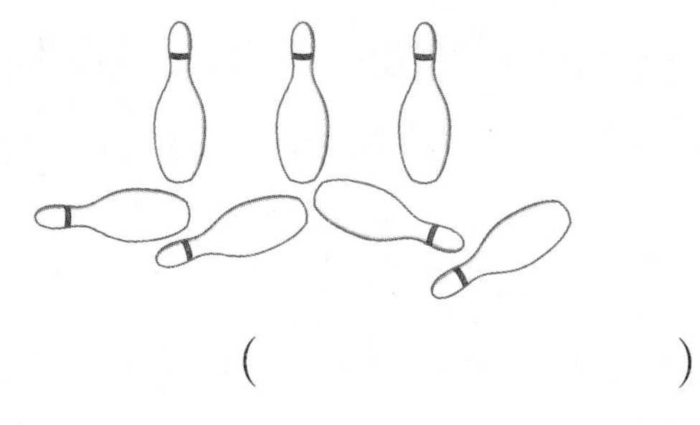

(　　　　　　)

4 빨대의 수를 세어 □ 안에 써넣은 것입니다. 바르지 않은 것은 어느 것일까요? ············ (　　　)

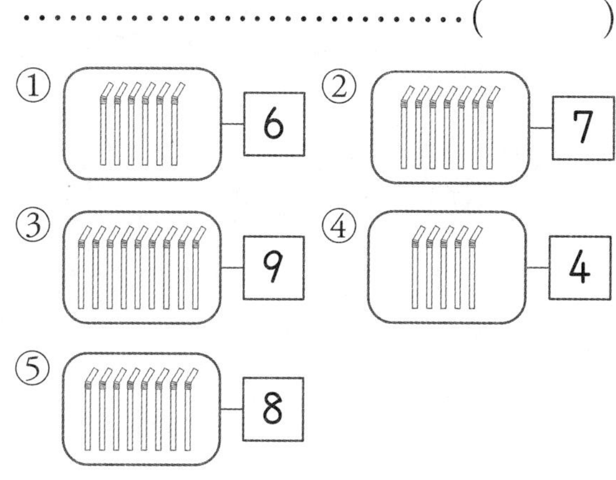

① 6 ② 7 ③ 9 ④ 4 ⑤ 8

5 그림의 수보다 1만큼 더 작은 수를 써 보세요.

(　　　　　　)

6 9와 관계있는 것을 찾아 기호를 써 보세요.

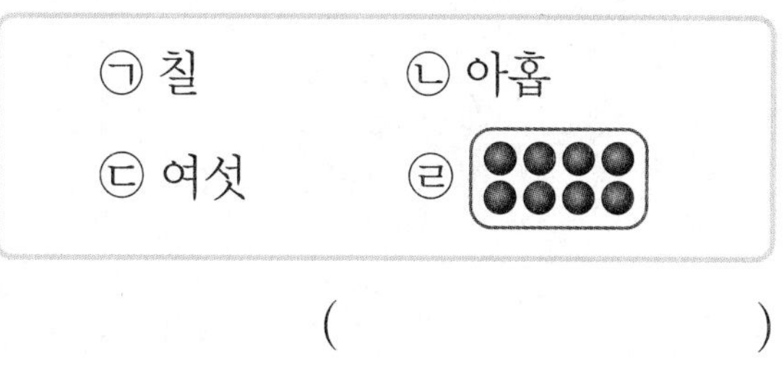

㉠ 칠　　㉡ 아홉
㉢ 여섯　㉣

(　　　　　　)

7 오른쪽에서 여섯째 과일은 어느 것일까요? ························( )

8 순서에 맞게 빈칸에 알맞은 말을 써넣으세요.

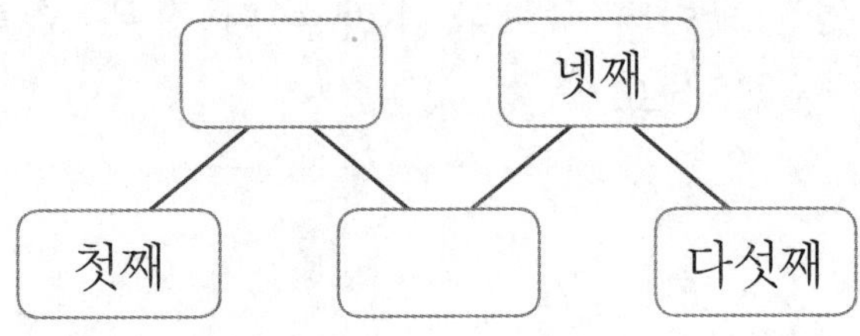

9 순서를 거꾸로 하여 빈칸에 알맞은 수를 써넣으세요.

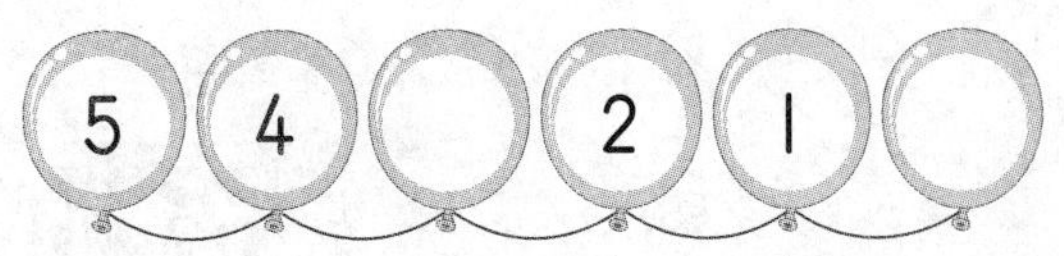

10 □ 안에 알맞은 수를 써넣고 알맞은 말에 ○표 하세요.

9는 8보다 □ 만큼 더
(큽니다, 작습니다).

11 동물들이 수 카드를 가지고 있습니다. 왼쪽에서 셋째에 있는 동물이 가지고 있는 수는 무엇일까요?

( )

12 가장 큰 수를 찾아 써 보세요.

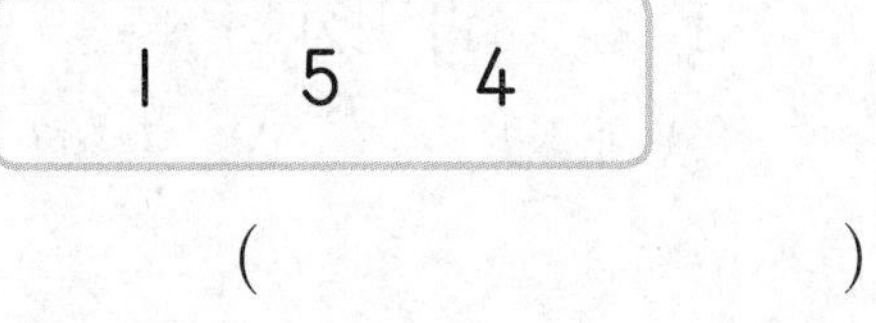

( )

13 빈칸에 알맞은 수를 써넣으세요.

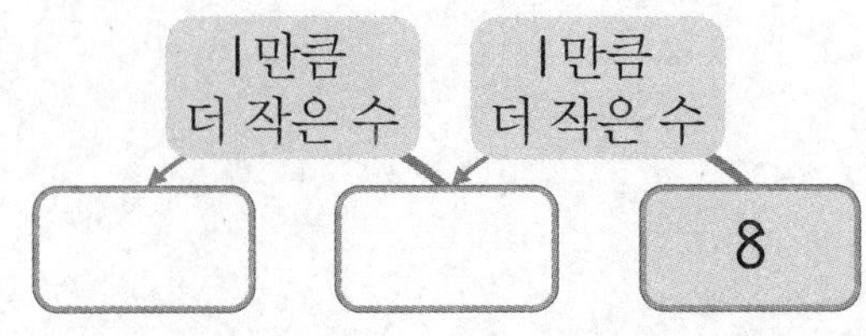

14 재준이의 책상에 있는 학용품의 수입니다. 가위는 자보다 많고 풀보다 적습니다. 가위는 몇 개일까요?

자	풀	가위
2개	4개	

( )

[15~16] 9명의 어린이가 달리기를 하고 있습니다. 물음에 답하세요.

15 재호의 앞에는 6명이 달리고 있습니다. 재호는 몇 등으로 달리고 있을까요?

( )

16 지수는 앞에서 여섯째로 달리고 있습니다. 지수는 뒤에서 몇째로 달리고 있을까요?

( )

서술형

17 공책을 민영이는 4권보다 1권 더 많이 가지고 있습니다. 민영이가 가지고 있는 공책은 몇 권인지 풀이 과정을 쓰고 답을 구하세요.

풀이

답

18 구슬을 주연이는 8개, 민재는 9개, 은혜는 5개 가지고 있습니다. 구슬을 많이 가지고 있는 사람부터 순서대로 이름을 써 보세요.

( )

19 수 카드를 작은 수부터 순서대로 놓으려고 합니다. 가장 작은 수가 첫째일 때 다섯째에 놓이는 수를 써 보세요.

6 9 3 0 8 7

( )

서술형

20 다음 중 4보다 크고 8보다 작은 수는 모두 몇 개인지 풀이 과정을 쓰고 답을 구하세요.

8 2 7 6 9 4

풀이

답

단계별로 연습하는

서술형 평가 ① 9까지의 수

스피드 정답 2쪽 | 정답 및 풀이 15쪽

1 동화책이 6권 있고 위인전은 동화책보다 1권 더 많이 있습니다. 위인전은 몇 권인지 구하세요.

❶ 동화책의 수보다 1만큼 더 큰 수를 써 보세요.

( )

❷ 위인전은 몇 권일까요?

( )

2 9명의 어린이가 지하철을 타기 위해 한 줄로 서 있습니다. 준호 앞에 5명이 서 있을 때 준호 뒤에는 몇 명이 서 있는지 구하세요.

❶ 준호는 앞에서 몇째에 서 있는지 구하세요.

( )

❷ 준호 뒤에는 몇 명이 서 있을까요?

( )

3 4보다 큰 수는 모두 몇 개인지 구하세요.

5	7	0	4	8

❶ 주어진 수를 작은 수부터 순서대로 써 보세요.

( )

❷ 4보다 큰 수는 모두 몇 개일까요?

( )

4 딸기를 나은이는 7개 먹었고 지혁이는 5개보다 1개 더 많이 먹었습니다. 딸기를 더 많이 먹은 사람은 누구인지 구하세요.

❶ 5보다 1만큼 더 큰 수를 구하세요.

( )

❷ 나은이와 지혁이 중 누가 딸기를 더 많이 먹었을까요?

( )

풀이 과정을 직접 쓰는

서술형 평가 ②

9까지의 수

점수

스피드 정답 2~3쪽 | 정답 및 풀이 15쪽

1 5명의 어린이가 달리기를 했습니다. 예은이는 3등을 했고 수지는 예은이 바로 뒤에 들어왔습니다. 수지는 몇 등을 했는지 풀이 과정을 쓰고 답을 구하세요.

풀이

답 ____________

어떻게 풀까요?
1부터 5까지의 수를 순서대로 써 보고 3 바로 뒤의 수는 얼마인지 알아봅니다.

2 수의 순서를 거꾸로 하여 줄을 선 것입니다. 왼쪽에서 넷째에 서 있는 어린이가 들고 있는 수는 무엇인지 풀이 과정을 쓰고 답을 구하세요.

풀이

답 ____________

어떻게 풀까요?
7부터 수를 거꾸로 써 보고 왼쪽에서 넷째에 있는 수를 알아봅니다.

3 수 카드를 작은 수부터 순서대로 놓을 때 앞에서 셋째로 놓이는 카드에 적힌 수보다 1만큼 더 큰 수는 얼마인지 풀이 과정을 쓰고 답을 구하세요.

1	4	3	0	2

풀이

답 ______________

어떻게 풀까요?
수 카드를 작은 수부터 순서대로 놓고 앞에서 셋째로 놓이는 카드에 적힌 수를 알아봅니다.

1 단원

4 다음 설명에 알맞은 수는 무엇인지 풀이 과정을 쓰고 답을 구하세요.

- 5와 9 사이에 있는 수입니다.
- 7보다 작은 수입니다.

풀이

답 ______________

어떻게 풀까요?
5부터 9까지의 수를 순서대로 써 보고, 5와 9 사이에 있고 7보다 작은 수를 알아봅니다.

1 그림의 수보다 1만큼 더 작은 수는 무엇일까요?

( )

2 전깃줄 위에 참새 4마리가 있었습니다. 이때 전깃줄로 비둘기가 날아오자 참새들이 모두 다른 곳으로 날아갔습니다. 지금 전깃줄 위에 남아 있는 참새는 몇 마리일까요?

( )

3 그림을 보고 □ 안에 알맞은 수를 써넣으세요.

□은/는 □보다 작습니다.

4 영민이는 종이비행기를 6보다 1만큼 더 작은 수만큼 접었고, 호재는 영민이가 접은 종이비행기의 수보다 1만큼 더 작은 수만큼 접었습니다. 호재는 종이비행기를 몇 개 접었을까요?

( )

5 주어진 수를 큰 수부터 순서대로 쓰려고 합니다. 앞에서 둘째에 쓰이는 수는 무엇일까요?

7 6 1 5 9

( )

여러 가지 모양

여러 가지 모양

개념 1 여러 가지 모양 찾아보기

(1) 모양 찾아보기

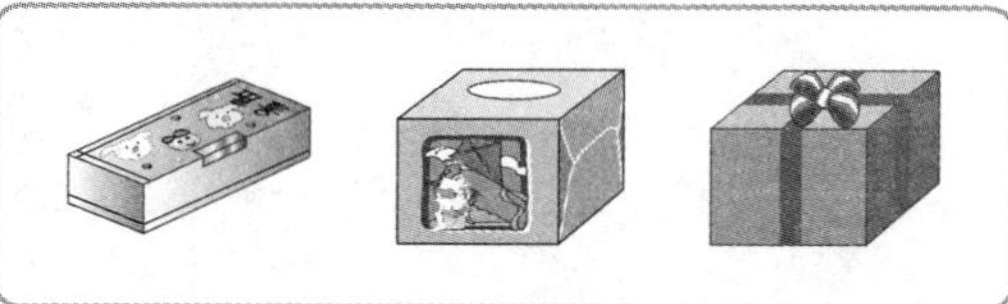

(2) 모양 찾아보기

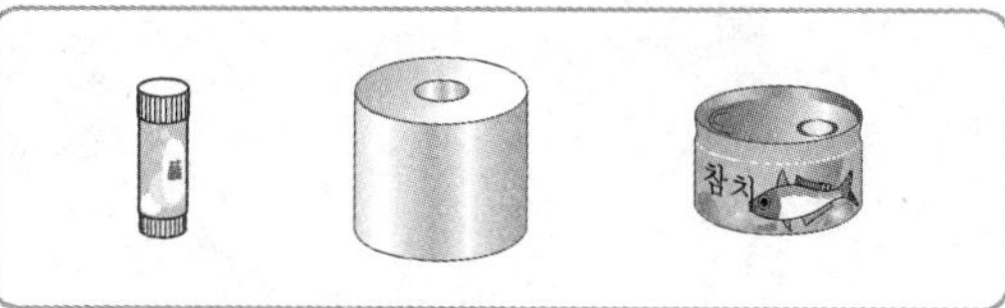

(3) 모양 찾아보기

(4) 같은 모양 찾아보기

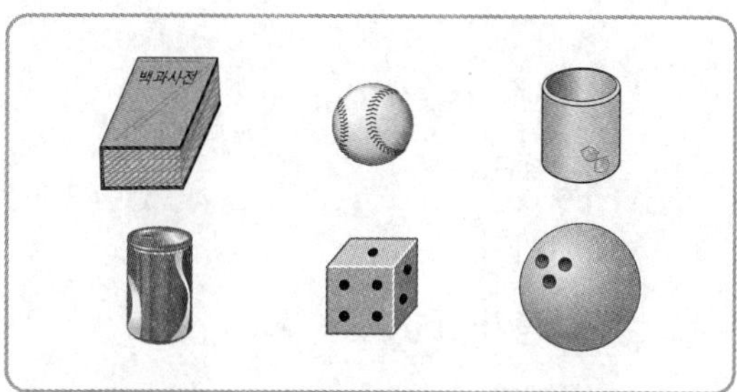

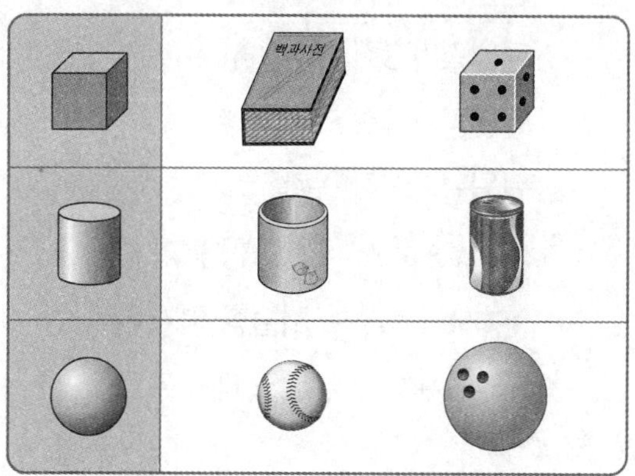

개념 2 여러 가지 모양 알아보기

(1) 모양 알아보기

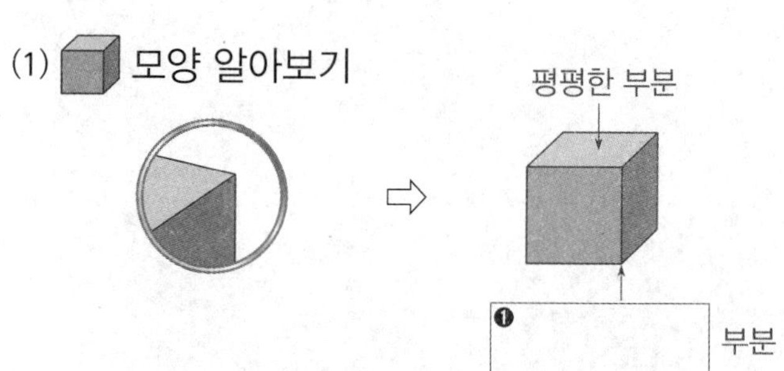

• 평평한 부분과 뾰족한 부분이 있습니다.
• 잘 쌓을 수 있습니다.

(2) 모양 알아보기

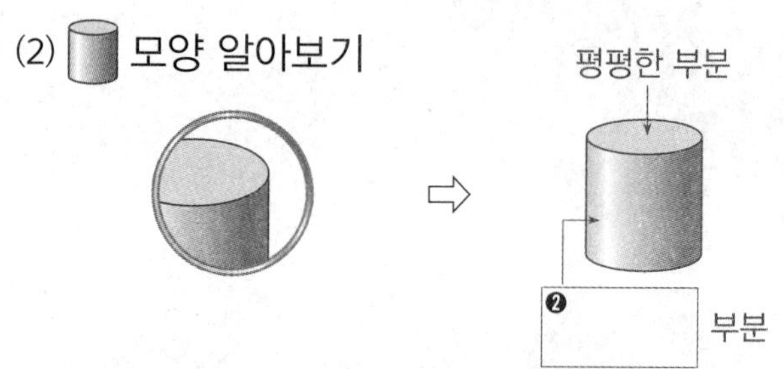

• 평평한 부분과 둥근 부분이 있습니다.
• 눕히면 잘 굴러가고 세우면 잘 쌓을 수도 있습니다.

(3) 모양 알아보기

• 평평한 부분과 뾰족한 부분이 없습니다.
• 모든 부분이 다 둥글고 잘 굴러갑니다.

개념 3 여러 가지 모양으로 만들기

 모양을 4개, 모양을 ❸ [ ] 개, 모양을 ❹ [ ] 개 사용하여 만들었습니다.

| 정답 | ❶ 뾰족한 ❷ 둥근 ❸ 3 ❹ 2

쪽지시험 1회 여러 가지 모양

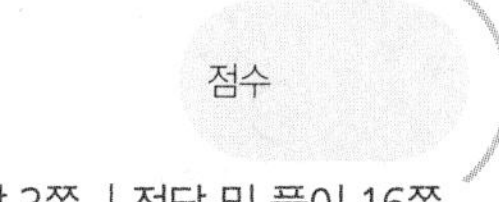

스피드 정답 3쪽 | 정답 및 풀이 16쪽

[1~3] 왼쪽과 모양이 같은 물건에 ○표 하세요.

1

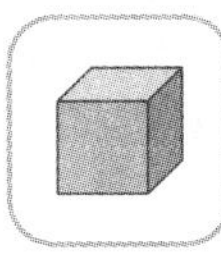 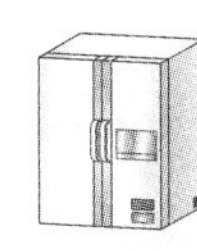  

( ) ( ) ( )

2

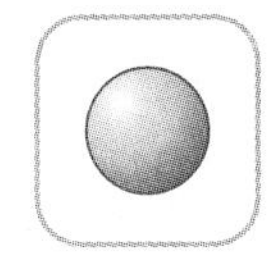 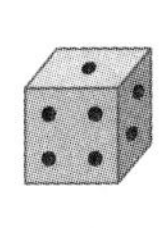  

( ) ( ) ( )

3

   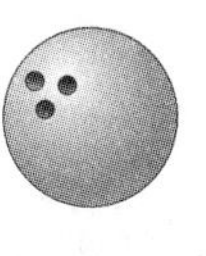

( ) ( ) ( )

[4~5] 왼쪽 물건과 같은 모양에 ○표 하세요.

4

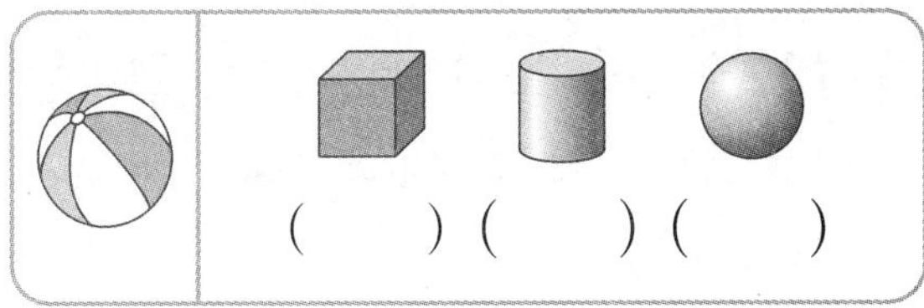

( ) ( ) ( )

5

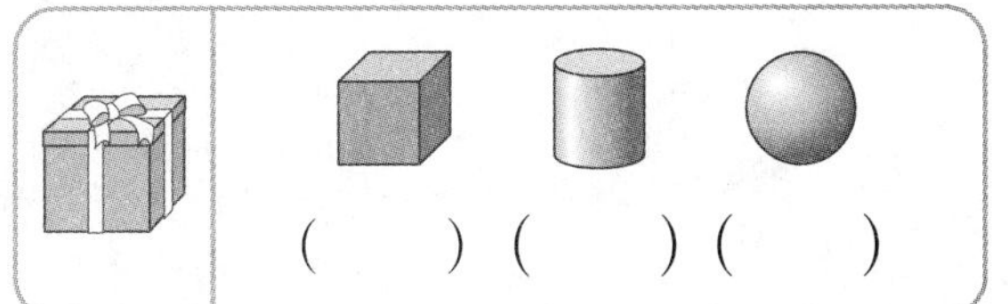

( ) ( ) ( )

6 모양이 같은 것끼리 선으로 이어 보세요.

 • • 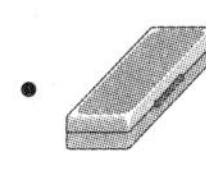

 • • 

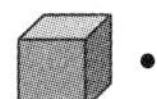 • • 

[7~9] 물건을 보고 물음에 답하세요.

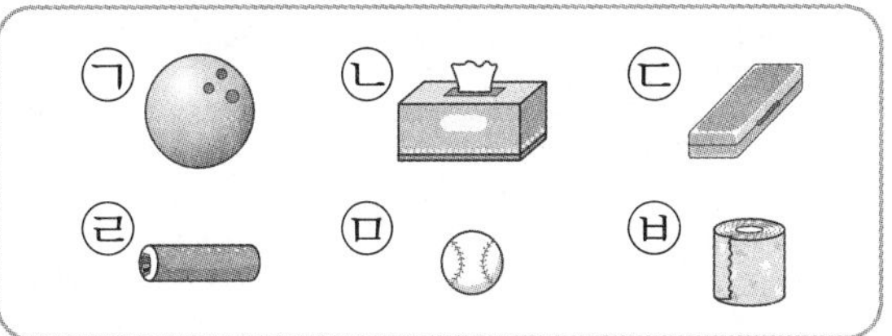

7 모양을 모두 찾아 기호를 써 보세요.

( )

8 모양을 모두 찾아 기호를 써 보세요.

( )

9 모양을 모두 찾아 기호를 써 보세요.

( )

10 모양이 <u>아닌</u> 것에 ○표 하세요.

 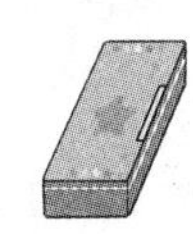 

( ) ( ) ( )

2단원 쪽지시험 2회 여러 가지 모양

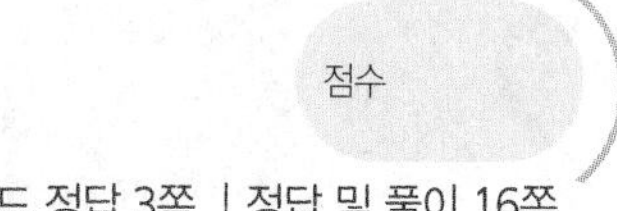

점수

스피드 정답 3쪽 | 정답 및 풀이 16쪽

〔1~2〕 왼쪽의 모양을 보고 알맞은 모양에 ○표 하세요.

1

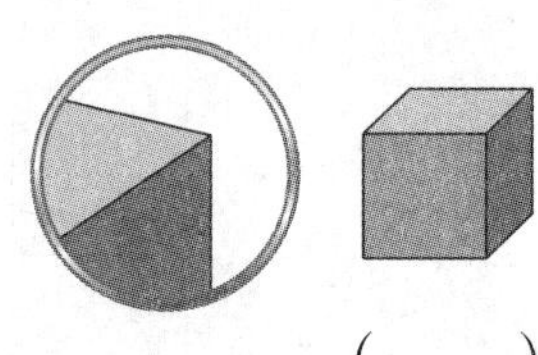

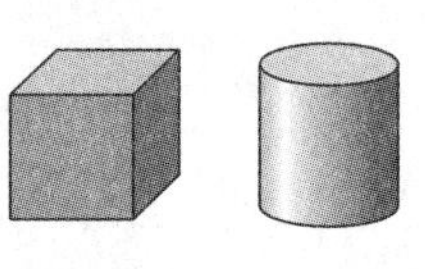

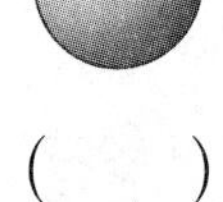

( ) ( ) ( )

2

( ) ( ) ( )

〔3~5〕 그림을 보고 물음에 답하세요.

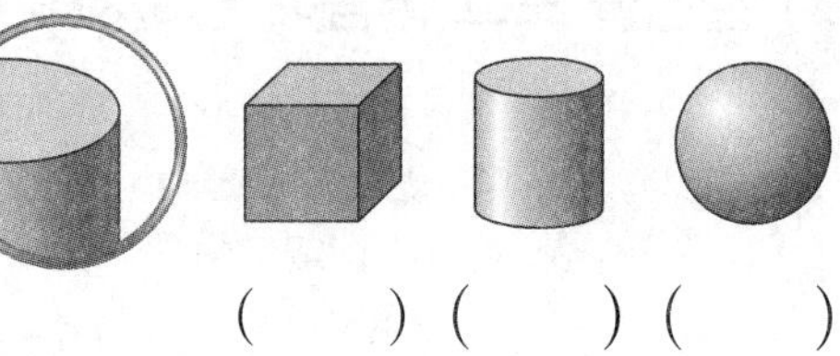

3 모양은 몇 개일까요?

( )

4 모양은 몇 개일까요?

( )

5 모양은 몇 개일까요?

( )

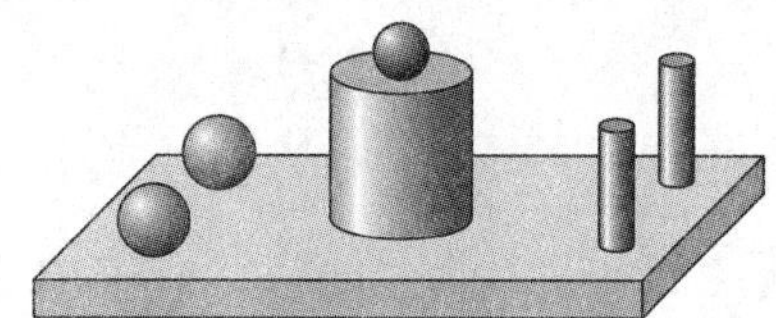

〔6~8〕 그림을 보고 물음에 답하세요.

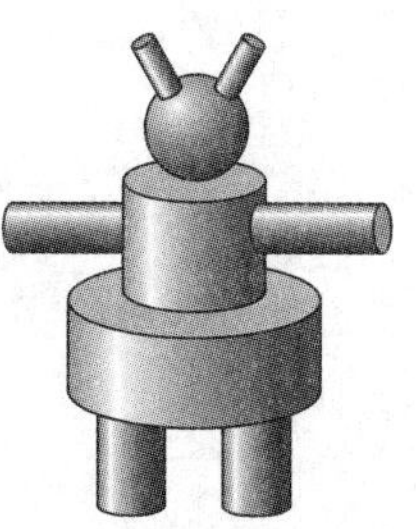

6 모양은 몇 개일까요?

( )

7 모양은 몇 개일까요?

( )

8 사용하지 않은 모양에 ○표 하세요.

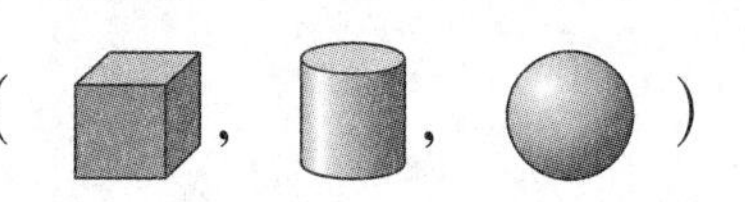

(, ,)

〔9~10〕 물건을 보고 보기 에서 알맞은 모양을 찾아 기호를 써 보세요.

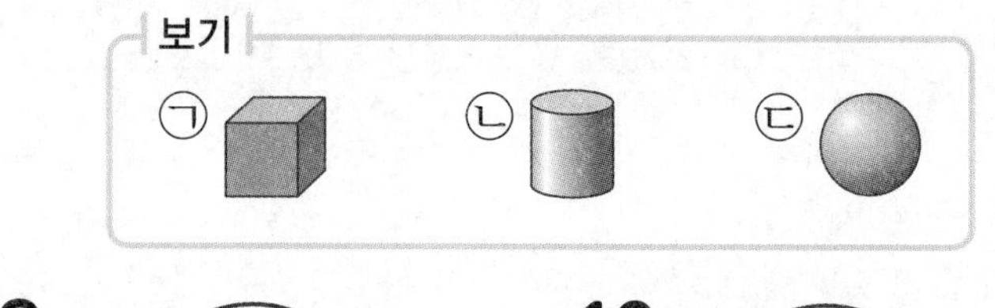

9

( )

10

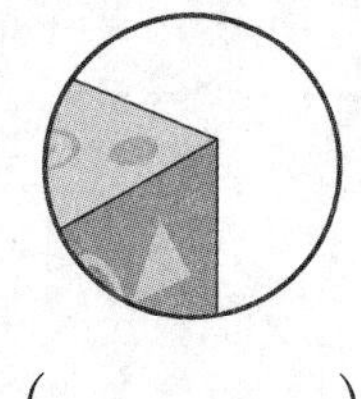

( )

단원평가 1회 여러 가지 모양

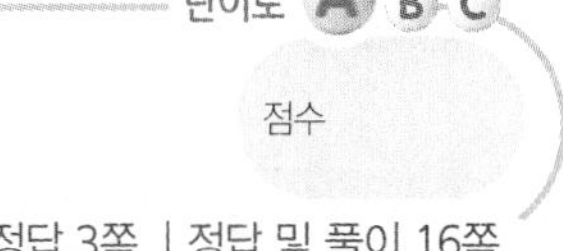

스피드 정답 3쪽 | 정답 및 풀이 16쪽

[1~3] 왼쪽과 모양이 같은 물건에 ○표 하세요.

1

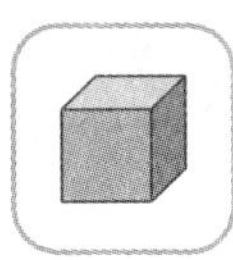 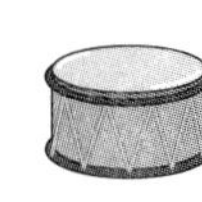  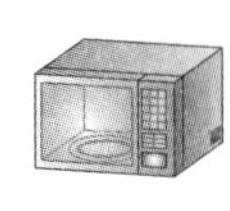

(　　) (　　) (　　)

2

 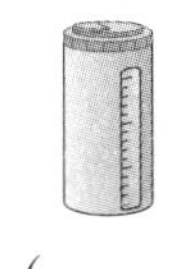 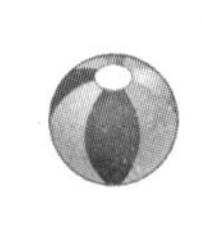 

(　　) (　　) (　　)

3

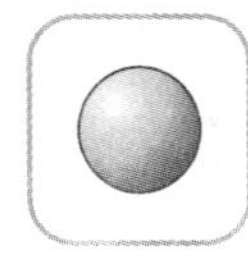 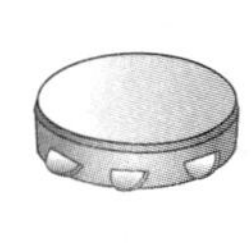  

(　　) (　　) (　　)

4 다음 중 모양이 다른 하나는 어느 것일까요? ····················· (　　　)

①  ②  ③ 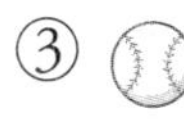

④ 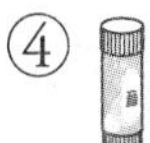 ⑤ 

[5~7] 물건을 보고 물음에 답하세요.

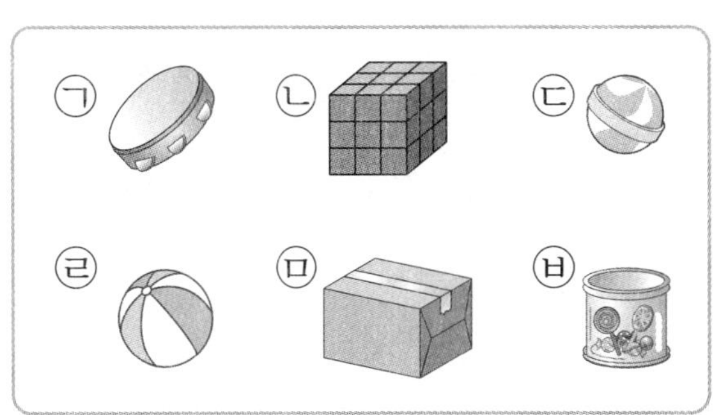

5 모양의 물건을 모두 찾아 기호를 써 보세요.

(　　　　　　　　)

6 모양의 물건을 모두 찾아 기호를 써 보세요.

(　　　　　　　　)

7 모양의 물건을 모두 찾아 기호를 써 보세요.

(　　　　　　　　)

8 |보기|와 같은 모양의 물건을 찾아 ○표 하세요.

|보기|

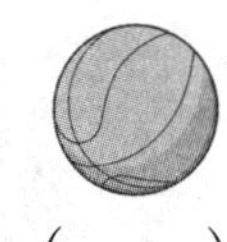

( ) ( ) ( )

9 모양이 다른 하나를 찾아 기호를 써 보세요.

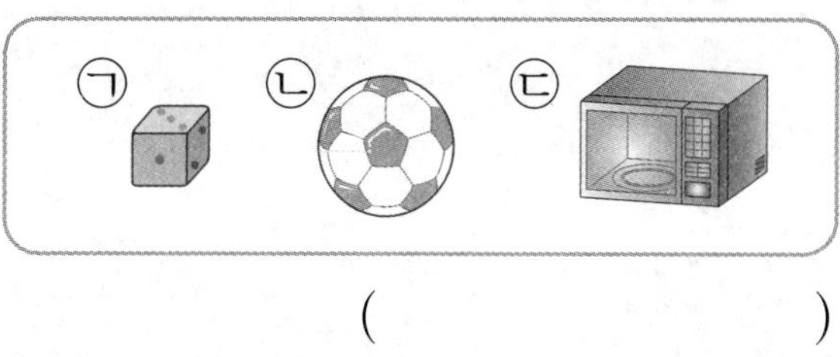

( )

10 알맞은 말에 ○표 하세요.

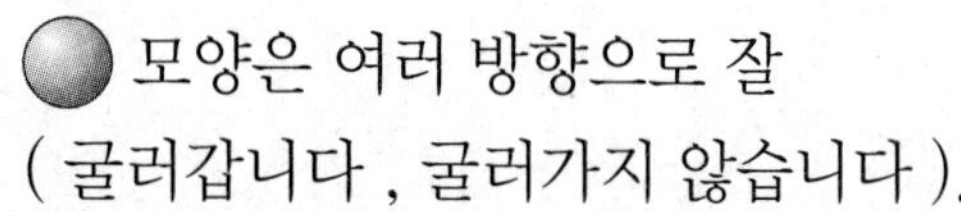

모양은 여러 방향으로 잘
(굴러갑니다 , 굴러가지 않습니다).

11 모양이 같은 것끼리 선으로 이어 보세요.

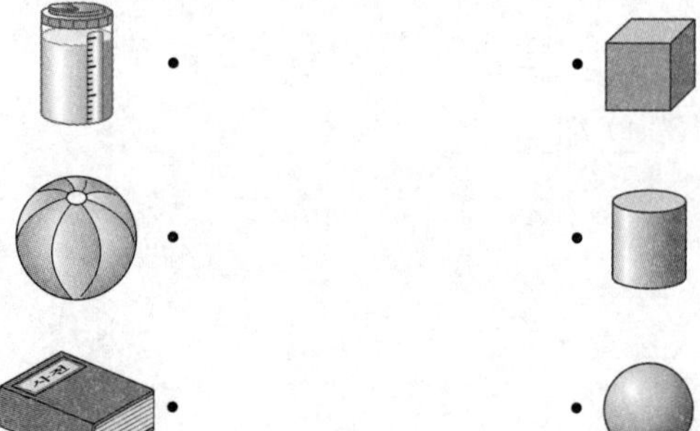

12 그림에서 사용된 모양을 찾아 ○표 하세요.

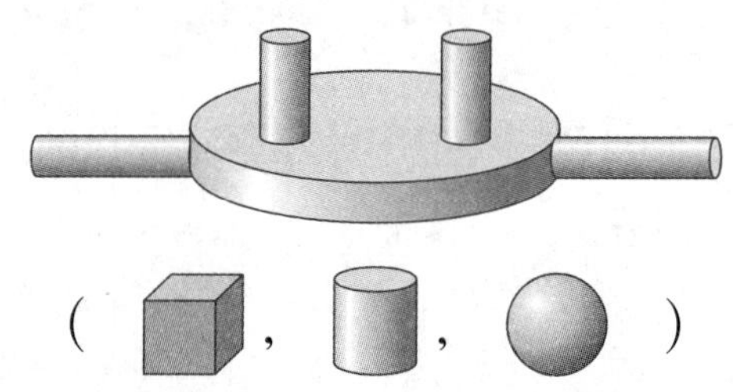

(, ,)

13 여러 가지 모양으로 놀이를 할 때 쌓기 어려운 물건을 찾아 ○표 하세요.

( ) ( ) ( )

14 모양을 몇 개 사용하여 만들었을까요?

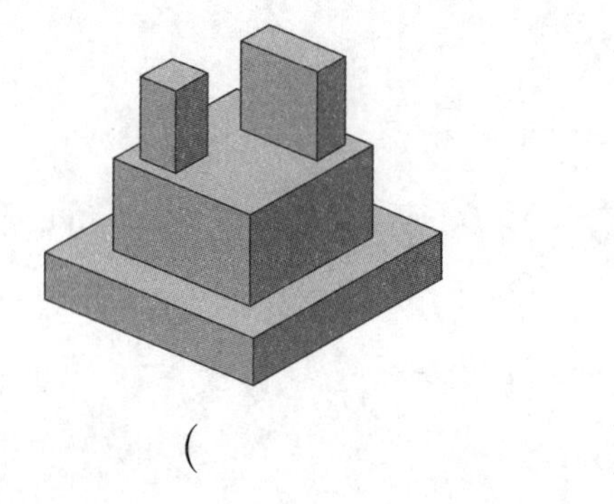

( )

〔15~17〕 그림을 보고 물음에 답하세요.

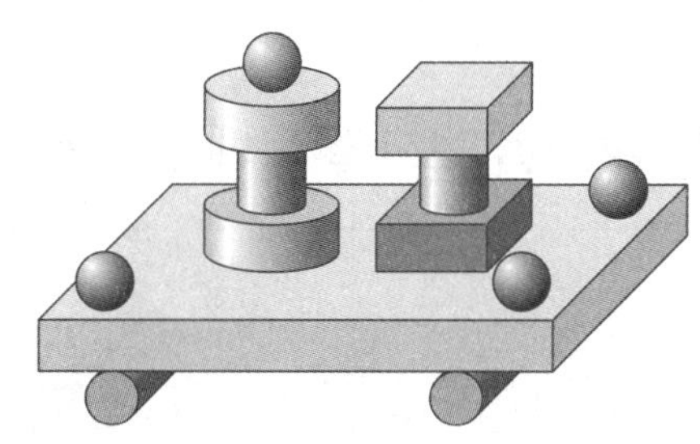

15 모양은 몇 개일까요?

( )

16 모양은 몇 개일까요?

( )

17 가장 많이 사용한 모양에 ○표 하세요.

(, ,)

18 승준이가 설명하는 모양을 찾아 ○표 하세요.

이 모양은 어느 방향으로도
굴러가지 않고 잘 쌓을 수 있어.
승준

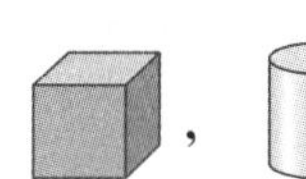 ,  , 

〔19~20〕 그림을 보고 물음에 답하세요.

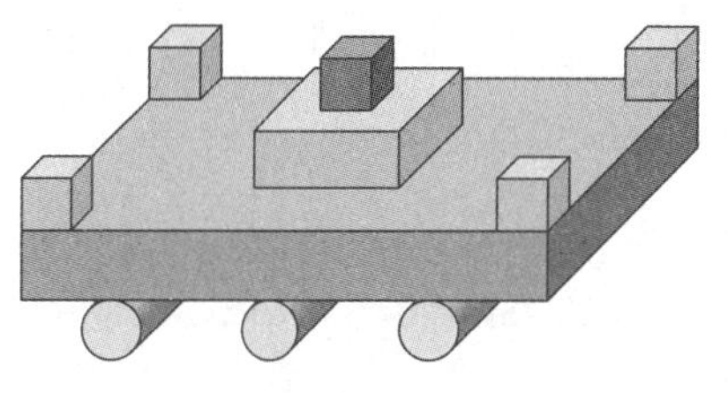

19 모양은 몇 개일까요?

( )

20 사용하지 않은 모양에 ×표 하세요.

(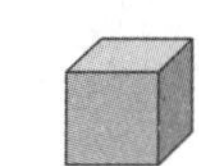 ,  , )

1 모양에 □표 하세요.

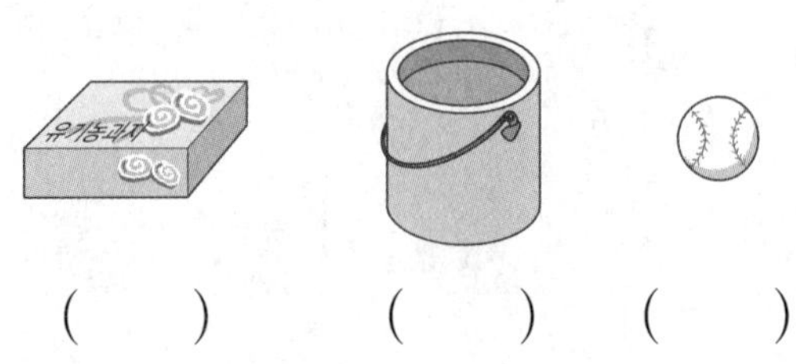

( ) ( ) ( )

2 모양에 △표 하세요.

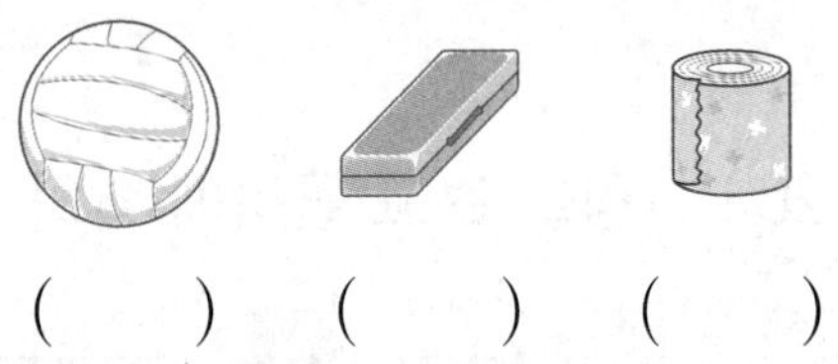

( ) ( ) ( )

3 모양에 ○표 하세요.

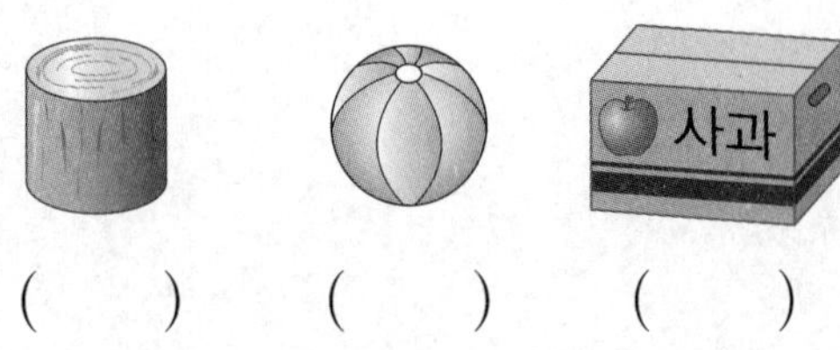

( ) ( ) ( )

4 같은 모양이 아닌 것을 찾아 기호를 써 보세요.

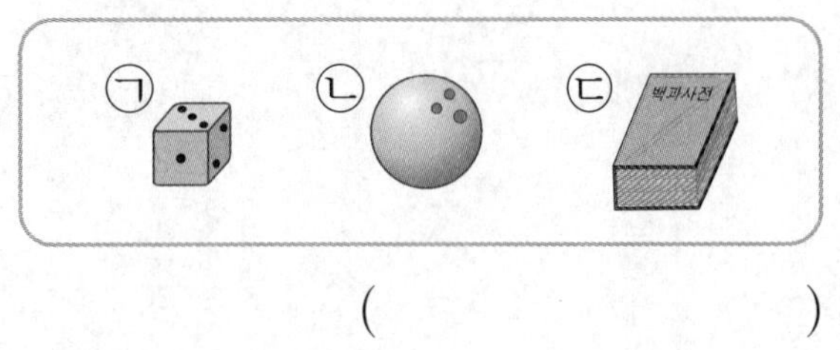

( )

[5~7] 물건을 보고 물음에 답하세요.

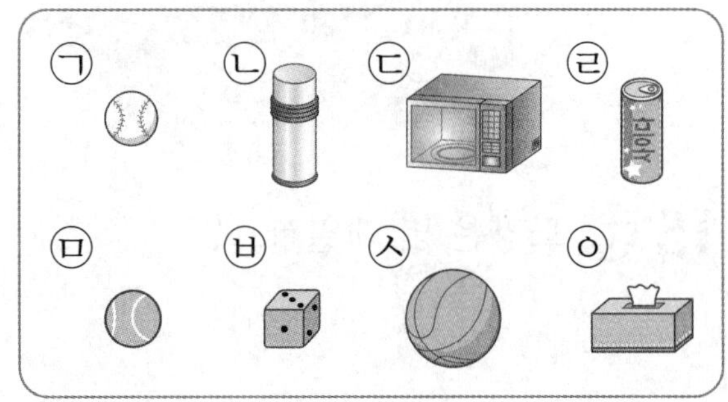

5 모양을 모두 찾아 기호를 써 보세요.

( )

6 모양은 모두 몇 개일까요?

( )

7 모양은 모두 몇 개일까요?

( )

8 같은 모양끼리 모은 것을 찾아 ○표 하세요.

( ) ( )

9 다음 그림은 어떤 모양을 사용하여 만든 것인지 ○표 하세요.

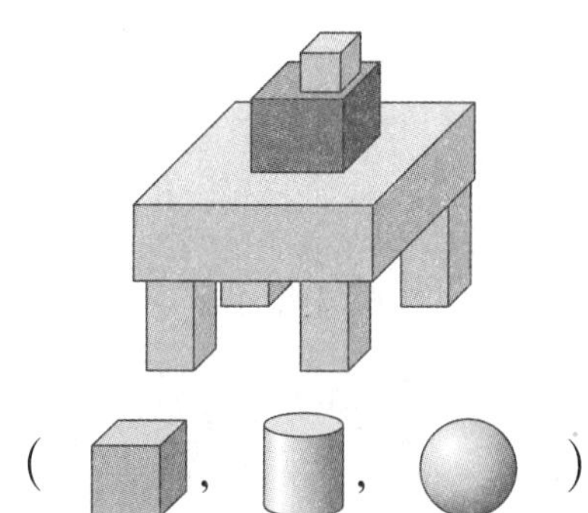

10 관계있는 것끼리 선으로 이어 보세요.

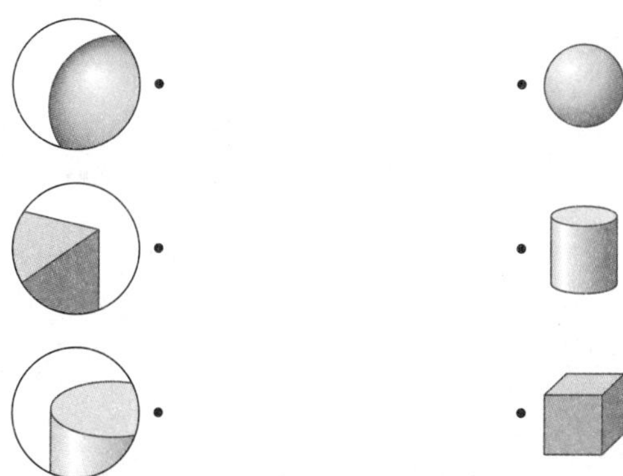

11 그림에서 사용된 모양을 모두 찾아 ○표 하세요.

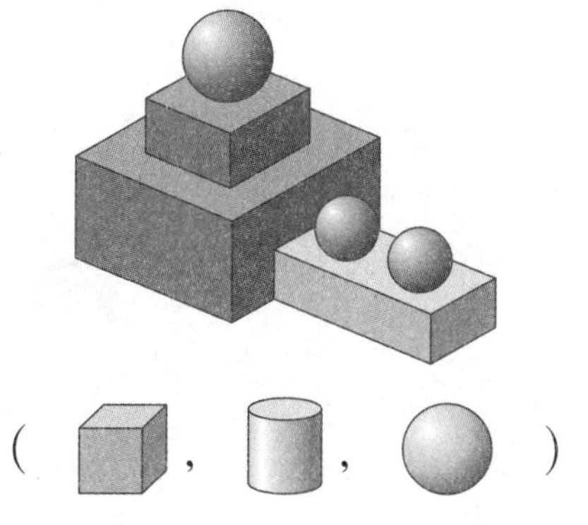

12 모양이 아닌 것을 모두 고르세요.

..........................(   )

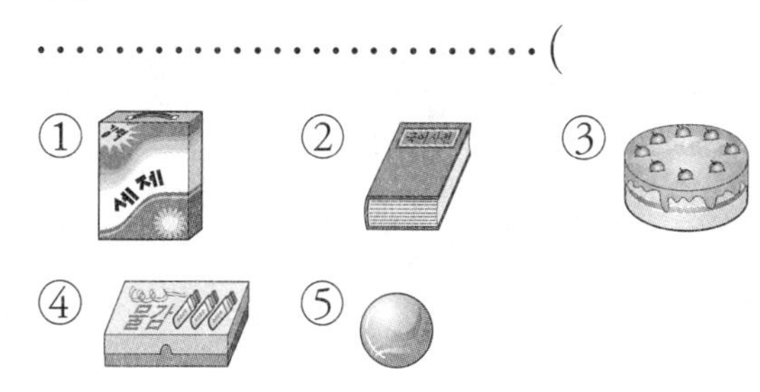

13 , , 모양을 각각 몇 개 사용했는지 써넣으세요.

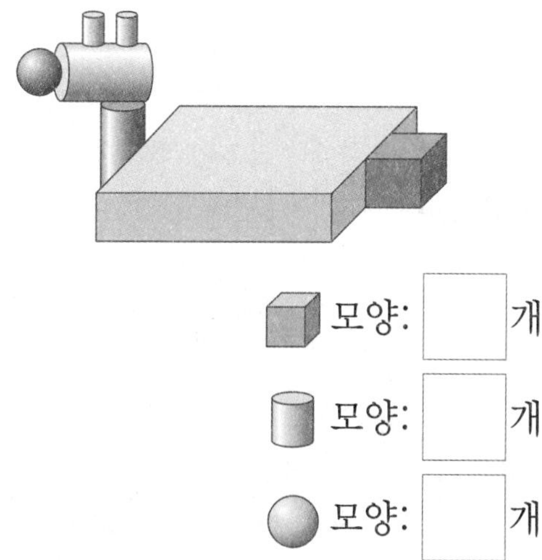

14 그림에서 가장 많은 모양에 ○표 하세요.

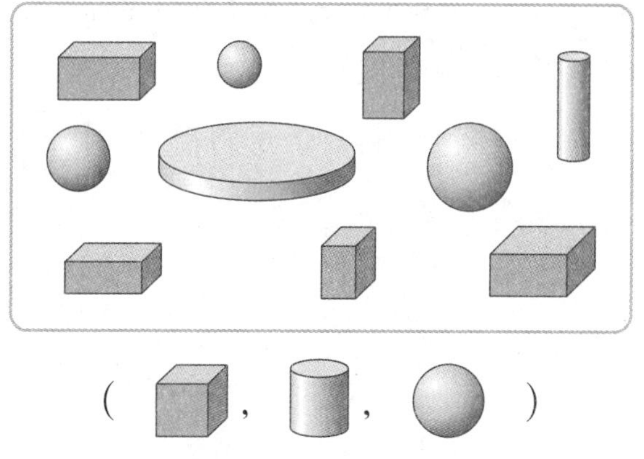

〔15~16〕 그림을 보고 물음에 답하세요.

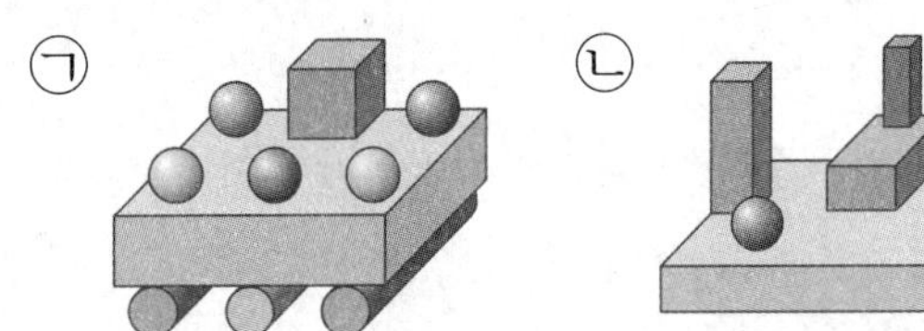

15 ㉡을 만드는 데 사용하지 않은 모양에 ○표 하세요.

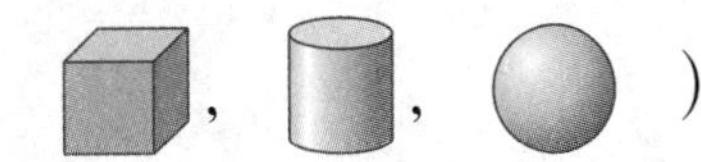

16 ㉠과 ㉡에 있는 ▣ 모양은 모두 몇 개일까요?

(　　　　　　)

17 나무판을 기울여 놓고 다음과 같은 물건을 굴렸을 때 잘 굴러가지 않는 것을 찾아 ○표 하세요.

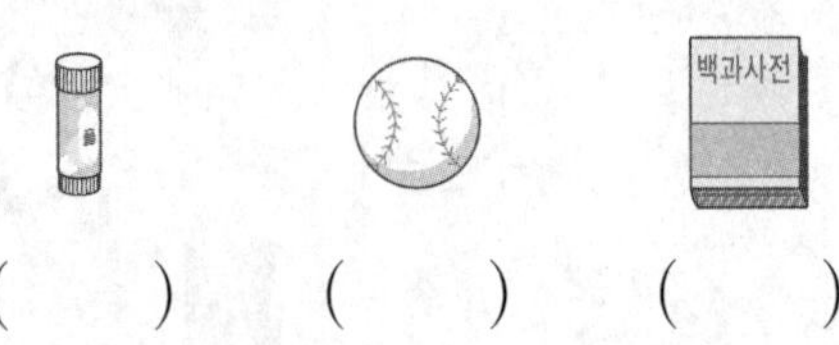

(　　) (　　) (　　)

〔18~19〕 설명에 알맞은 모양을 찾아 ○표 하세요.

18

평평한 부분도 있고 둥근 부분도 있습니다.

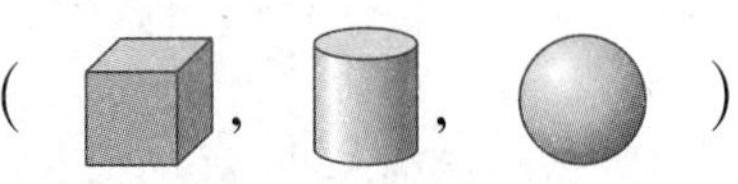

19

모든 부분이 둥급니다.

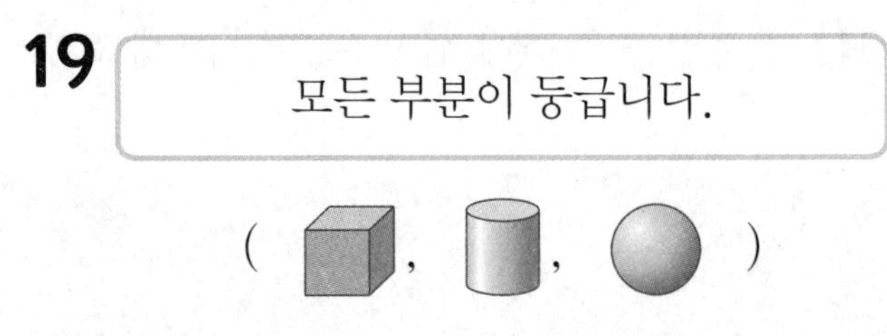

20 다음 모양을 모두 사용하여 만들 수 있는 모양의 기호를 써 보세요.

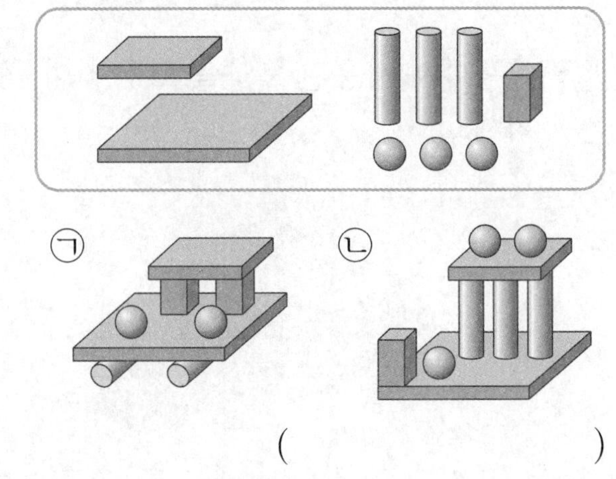

(　　　　　　)

여러 가지 모양

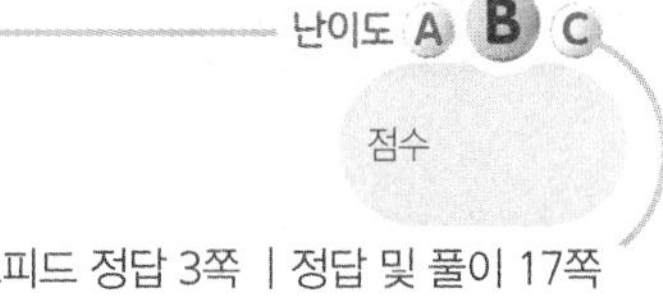

스피드 정답 3쪽 | 정답 및 풀이 17쪽

[1~2] 왼쪽과 모양이 같은 물건에 ○표 하세요.

1

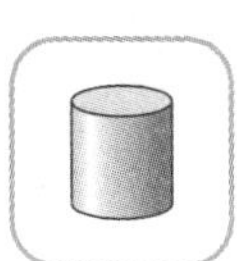   

( ) ( ) ( )

2

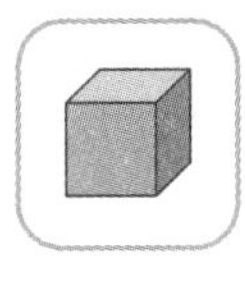  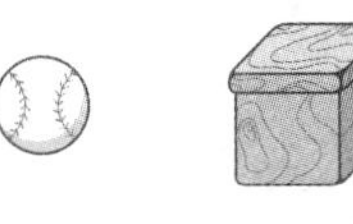 

( ) ( ) ( )

3 다음 물건들은 어떤 모양인지 찾아 ○표 하세요.

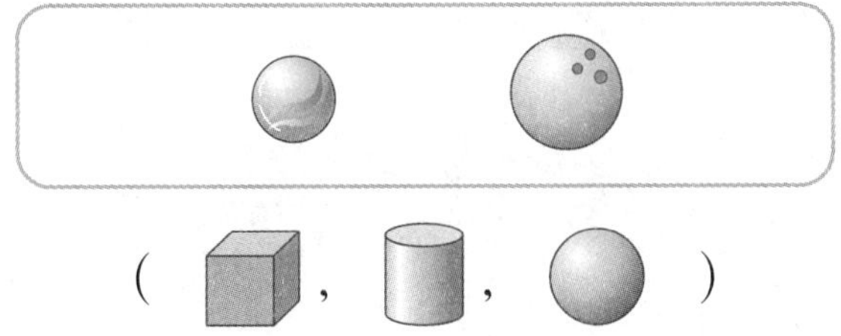

4 모양이 같은 것끼리 선으로 이어 보세요.

 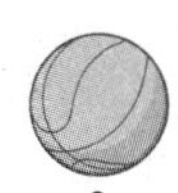 

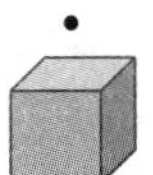 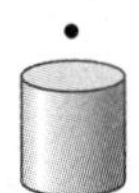 

[5~7] 물건을 보고 물음에 답하세요.

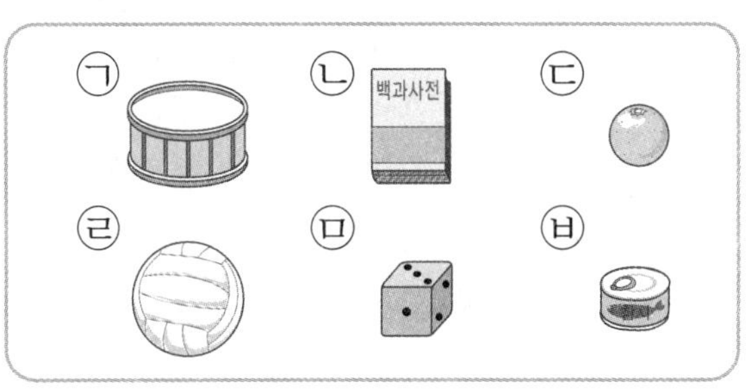

5 ㉠과 같은 모양의 물건을 찾아 기호를 써 보세요.

( )

6 모양의 물건을 모두 찾아 기호를 써 보세요.

( )

7 ㉣은 어떤 모양인지 알맞은 모양에 ○표 하세요.

(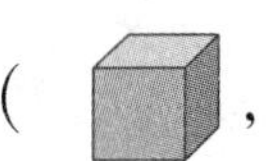   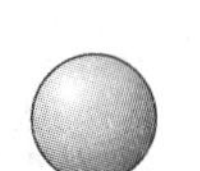)

[8~9] 왼쪽과 같은 모양이 아닌 것을 찾아 ×표 하세요.

8

 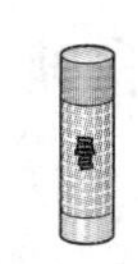 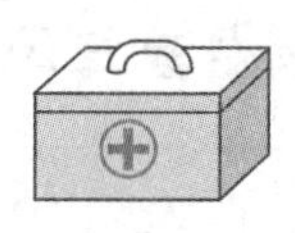 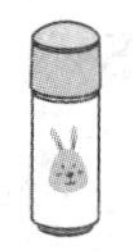

( ) ( ) ( )

9

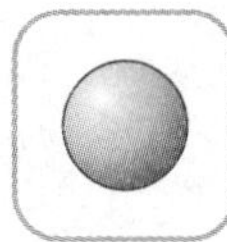  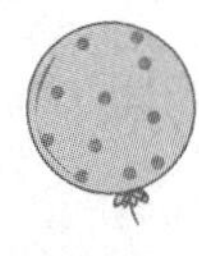 

( ) ( ) ( )

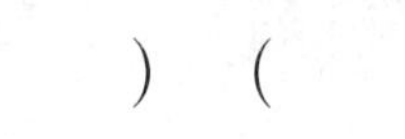

[10~11] 그림을 보고 물음에 답하세요.

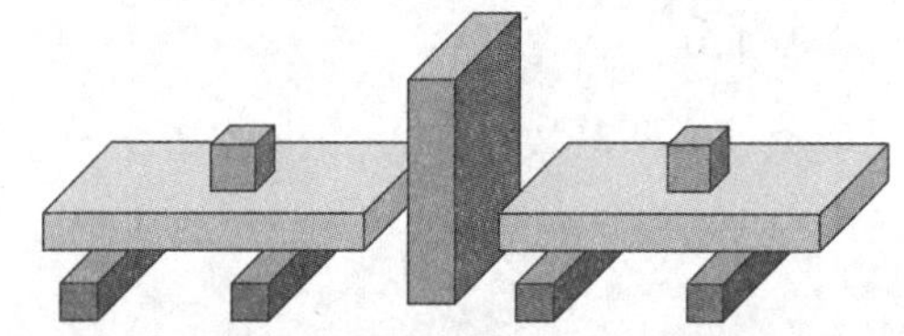

10 그림에서 사용된 모양을 찾아 ○표 하세요.

(, ,)

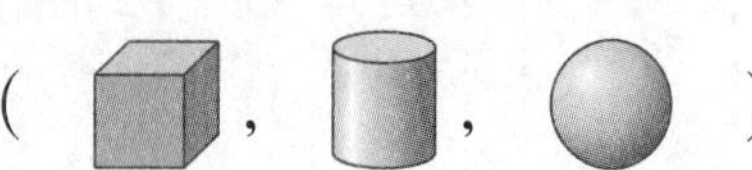

11 위 그림은 **10**에서 찾은 모양을 모두 몇 개 사용했을까요?

( )

12 오른쪽 그림은 어떤 물건의 일부분입니다. 알맞은 모양을 찾아 ○표 하세요.

(, ,)

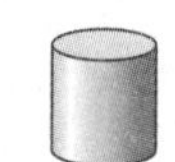 

13 다음 모양을 만드는 데 사용되지 않은 모양에 ○표 하세요.

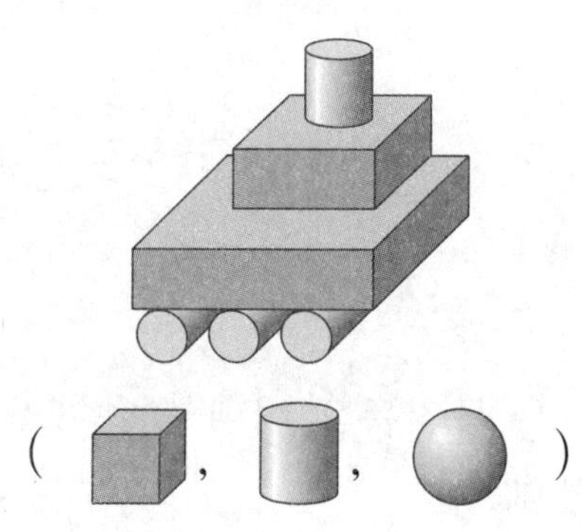

(, ,)

14 쌓을 수 있는 모양에 모두 ○표 하세요.

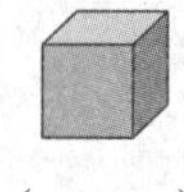  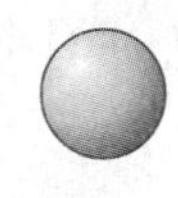

( ) ( ) ( )

15 다음 설명에 알맞은 모양을 찾아 ○표 하세요.

- 잘 굴러갑니다.
- 평평한 부분이 있습니다.

(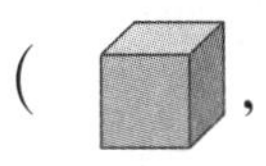, 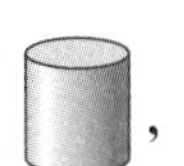, 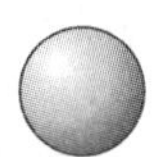)

〔16~17〕 그림을 보고 물음에 답하세요.

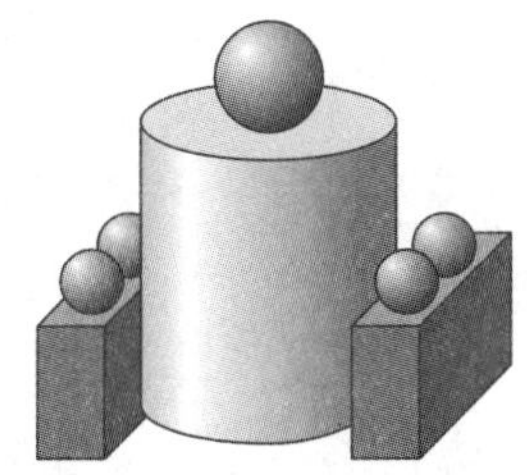

16 , , 모양을 각각 몇 개 사용했는지 써넣으세요.

 모양: □개

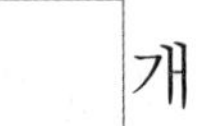 모양: □개

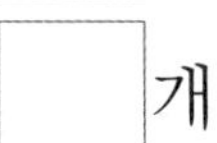 모양: □개

17 가장 적게 사용한 모양에 ○표 하세요.

(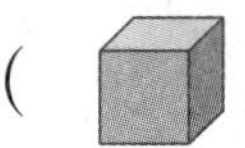    )

서술형

18 축구공이 모양이라면 어떤 일이 생길지 써 보세요.

---

19 다음 모양을 만드는 데 모양을 모양보다 몇 개 더 많이 사용했을까요?

( )

20 , , 모양을 규칙적으로 늘어놓았습니다. □ 안에 놓아야 할 모양에 ○표 하세요.

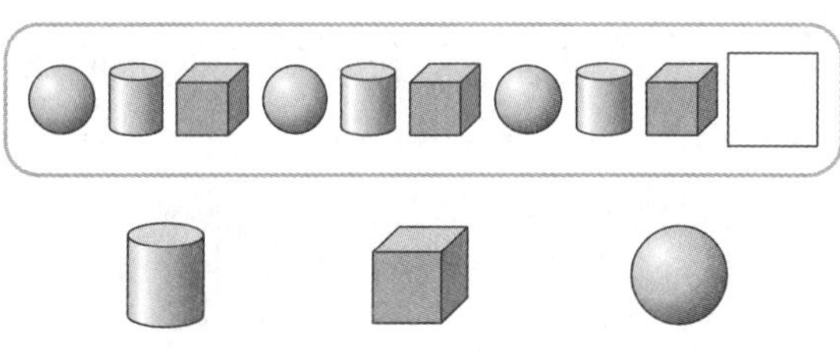

( ) ( ) ( )

1 왼쪽 물건과 같은 모양에 ○표 하세요.

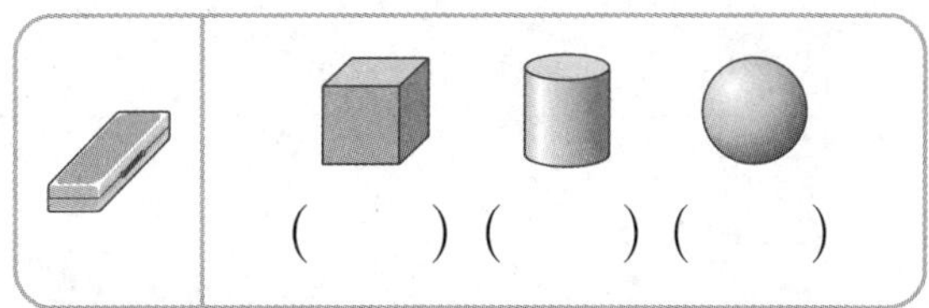

(　) (　) (　)

〔2~3〕 다음 물건들은 어떤 모양인지 찾아 ○표 하세요.

2

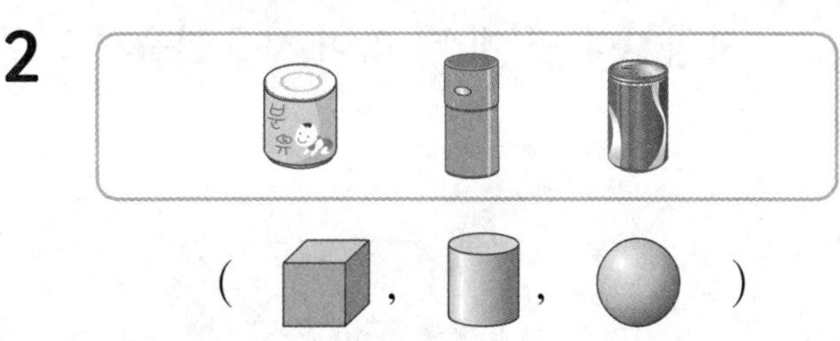

(　,　,　)

3

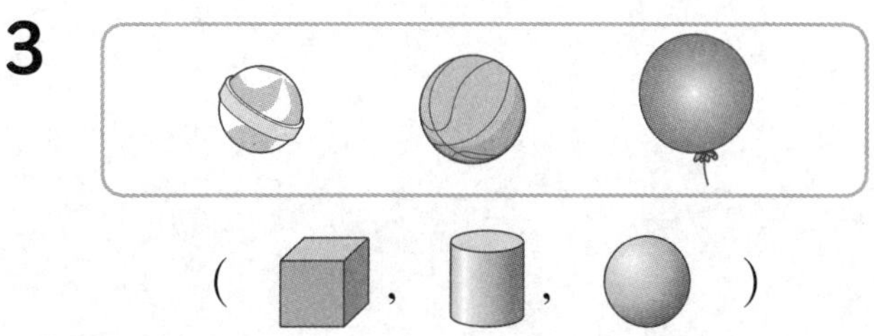

(　,　,　)

4 　모양인 물건을 찾아 이름을 써 보세요.

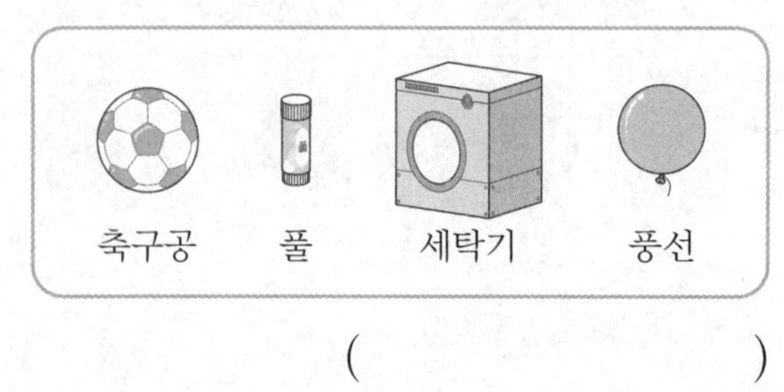

(　　　　)

〔5~6〕 물건을 보고 물음에 답하세요.

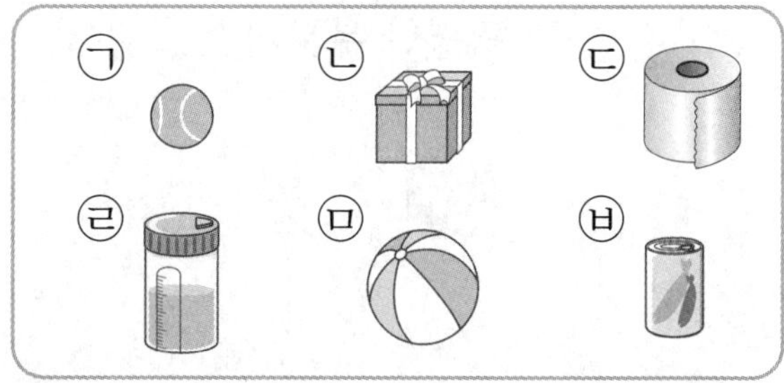

5 　모양 물건을 모두 찾아 기호를 써 보세요.

(　　　　)

6 　모양의 물건은 몇 개일까요?

(　　　　)

7 　모양에 □표, 　모양에 △표, 　모양에 ○표 하세요.

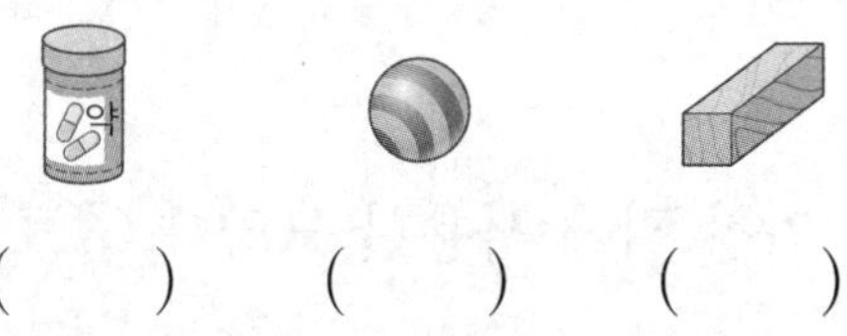

(　) (　) (　)

[8~9] 그림을 보고 물음에 답하세요.

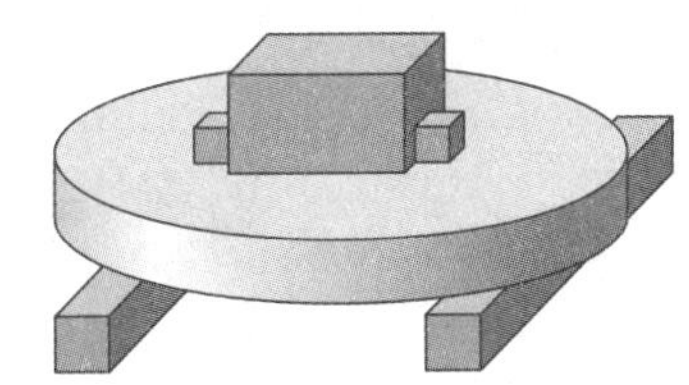

8 모양은 몇 개일까요?

( )

9 사용하지 않은 모양에 ○표 하세요.

(, , 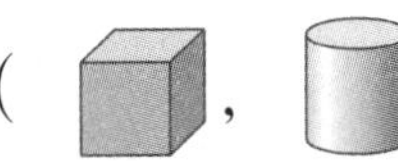)

10 그림에서 모양을 찾아 색칠해 보세요.

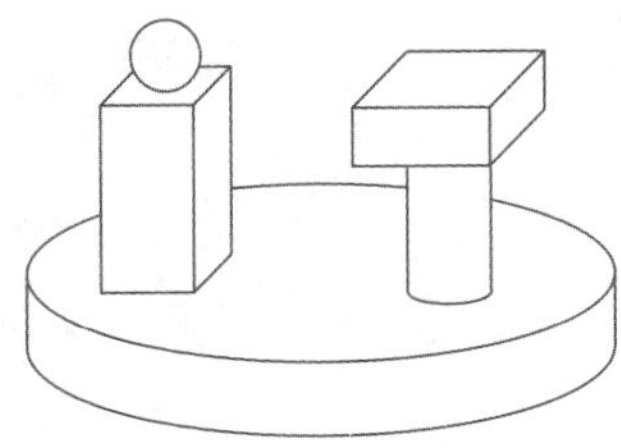

11 모양이 다른 하나에 ×표 하세요.

( ) ( ) ( ) ( )

12 관계있는 것끼리 선으로 이어 보세요.

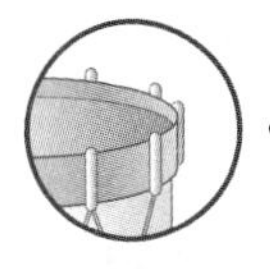 • • 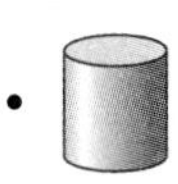

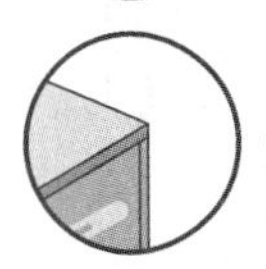 • • 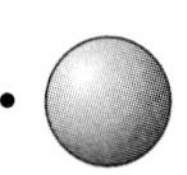

 • • 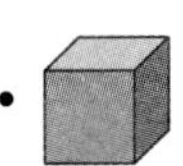

13 , , 모양 중에서 가장 많은 모양은 몇 개일까요?

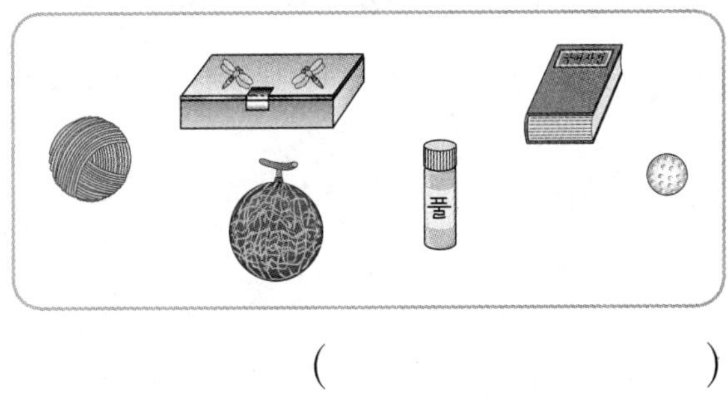

( )

14 오른쪽 물건의 모양에 대하여 바르게 말한 사람은 누구일까요?

민주: 뾰족한 부분이 있어.
혜민: 둥근 부분이 있어.

( )

2 단원

15 상자 안의 물건을 보고 알맞은 모양을 찾아 ○표 하세요.

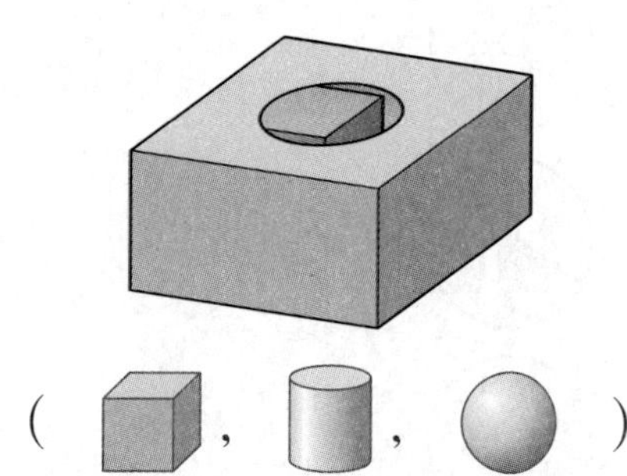

(, ,)

[16~18] 그림을 보고 물음에 답하세요.

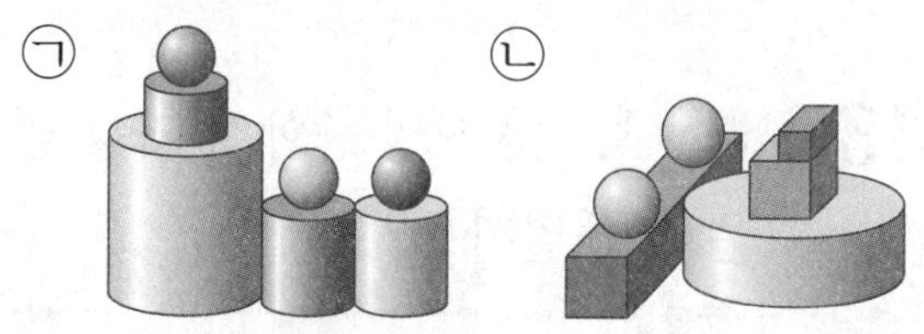

16 ㉠에 있는 모양은 몇 개일까요?

( )

17 ㉠과 ㉡ 중에서 모양을 사용하지 <u>않은</u> 것은 어느 것일까요?

( )

18 ㉡에서 사용한 개수가 2개인 모양을 찾아 ○표 하세요.

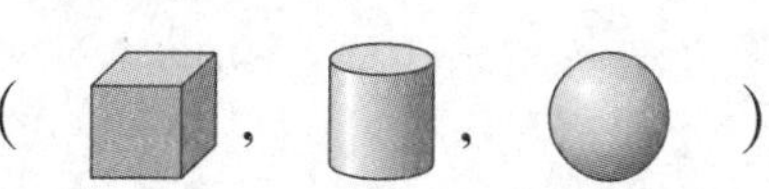

(, ,)

19 다음 모양을 모두 사용하여 만들 수 있는 모양의 기호를 써 보세요.

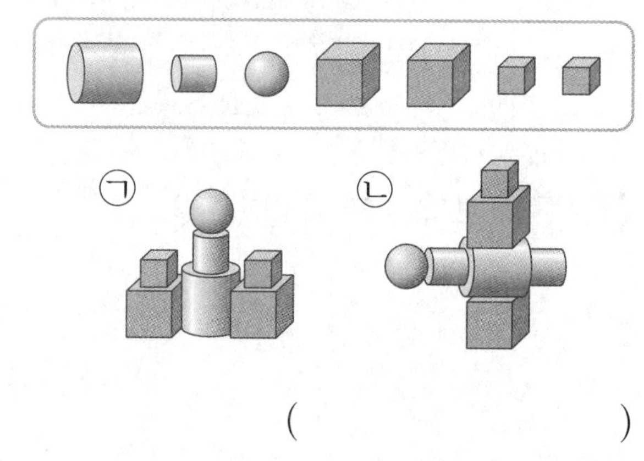

( )

서술형

20 하준이는 모양 3개, 모양 3개, 모양 1개를 가지고 있습니다. 다음과 같은 모양을 만들려면 , , 모양 중 어떤 모양이 몇 개 더 필요한지 풀이 과정을 쓰고 답을 구하세요.

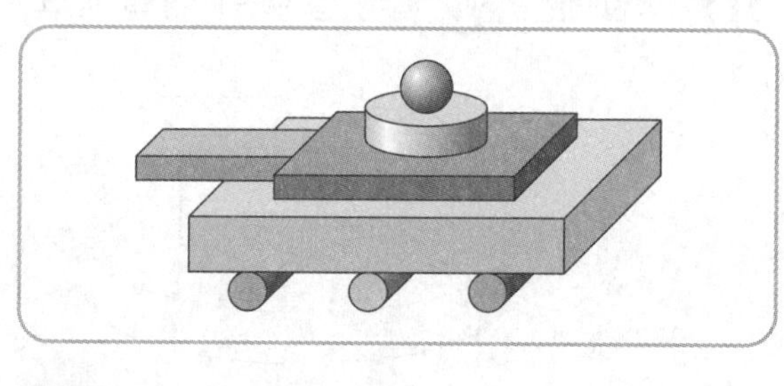

풀이

답 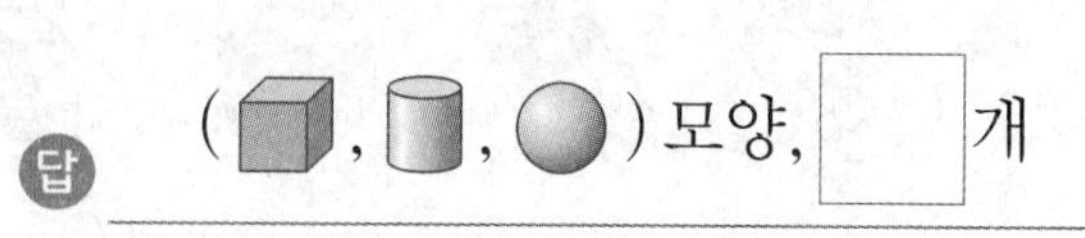

(, ,) 모양, 개

여러 가지 모양

[1~2] 왼쪽과 모양이 같은 물건에 ○표 하세요.

1

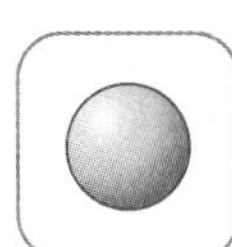   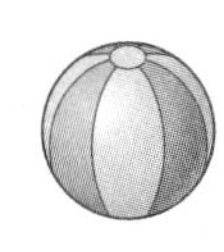

( ) ( ) ( )

2

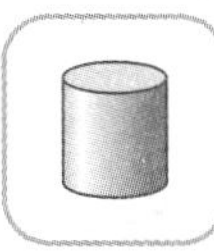 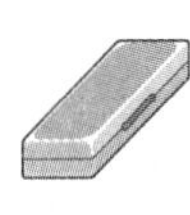  

( ) ( ) ( )

3  모양에 모두 □표 하세요.

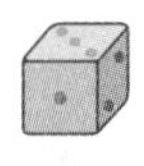  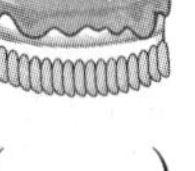 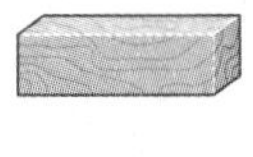

( ) ( ) ( )

4  모양을 모두 고르세요. ···· ( )

① 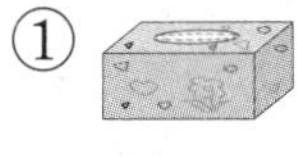 ②   ③  

④  ⑤

[5~7] 물건을 보고 물음에 답하세요.

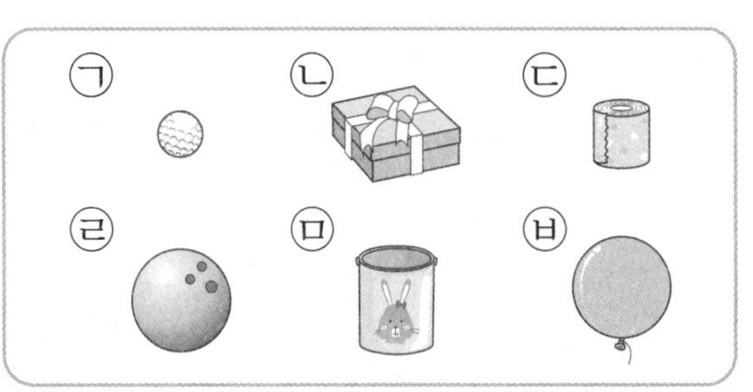

5 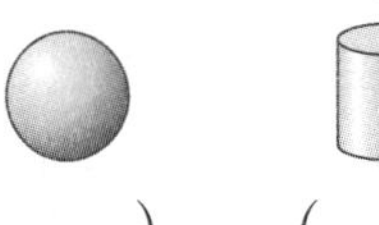 모양의 물건은 모두 몇 개일까요?

( )

6 ㉤과 같은 모양에 ○표 하세요.

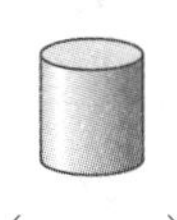 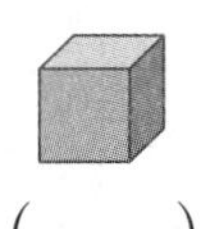

( ) ( ) ( )

7 잘 굴러가지 않는 물건을 찾아 기호를 써 보세요.

( )

8  모양에 □표,  모양에 △표,  모양에 ○표 하세요.

 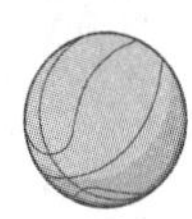 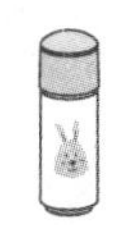 

( ) ( ) ( ) ( )

9 다음 물건 중 가장 많은 모양을 찾아 ○표 하세요.

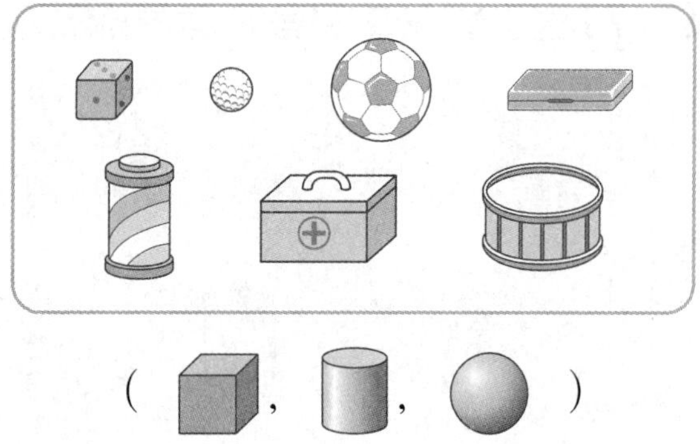

(, ,)

10 다음 모양을 만드는 데 사용한 모양에 모두 ○표 하세요.

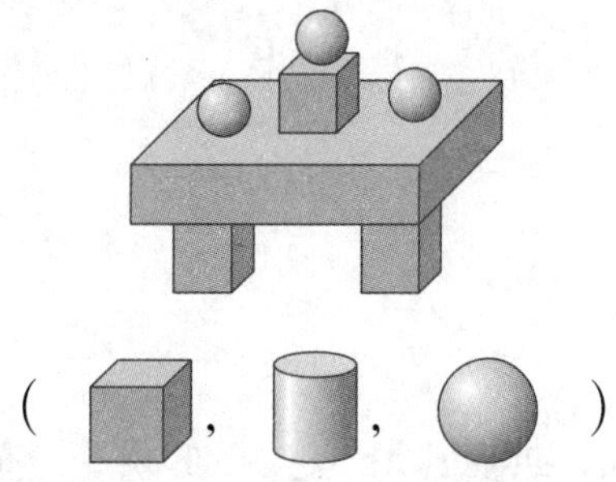

(, ,)

11 평평한 부분이 2개인 모양에 ○표 하세요.

[12~13] 그림을 보고 물음에 답하세요.

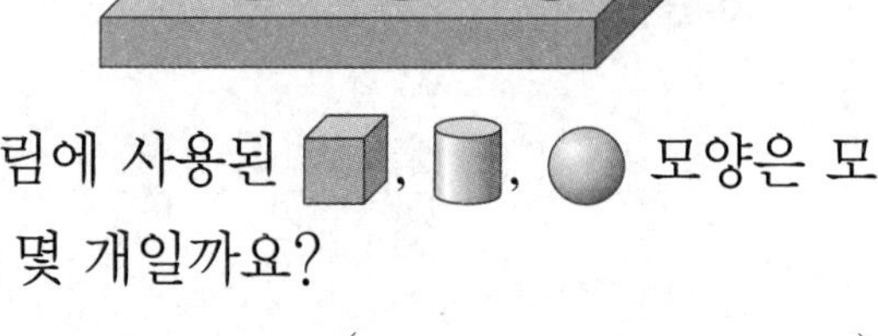

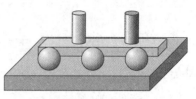

12 그림에 사용된 , , 모양은 모두 몇 개일까요?

( )

13 사용한 모양 중에서 개수가 다른 하나는 어떤 모양인지 ○표 하세요.

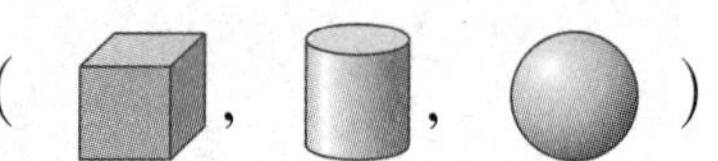

14 설명하는 모양을 찾아 선으로 이어 보세요.

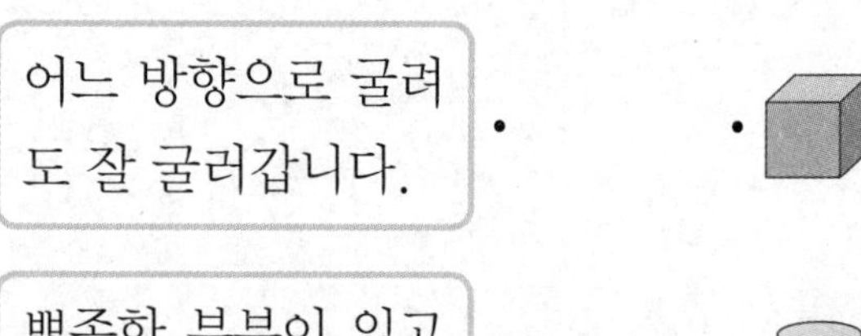

어느 방향으로 굴려도 잘 굴러갑니다.

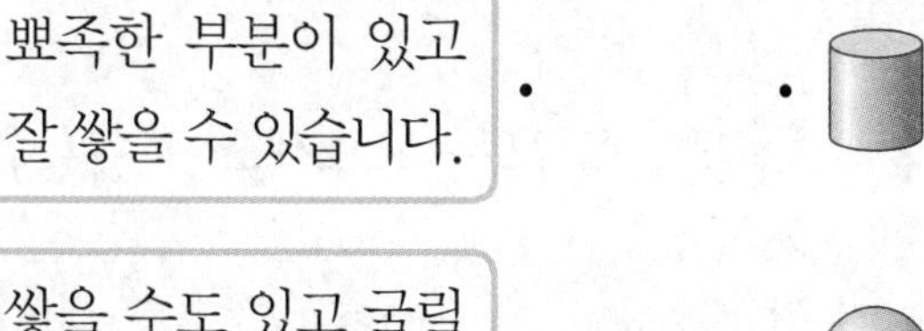

뾰족한 부분이 있고 잘 쌓을 수 있습니다.

쌓을 수도 있고 굴릴 수도 있습니다.

〔15~17〕그림을 보고 물음에 답하세요.

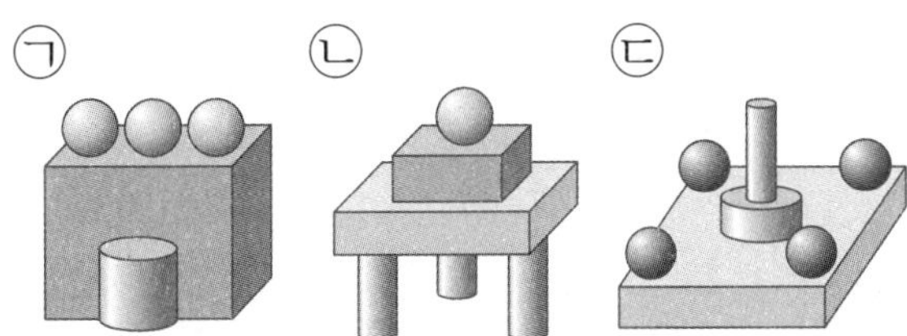

15 [원기둥] 모양이 가장 적게 사용된 것을 찾아 기호를 써 보세요.

(　　　　　　　)

16 [상자] 모양 1개, [원기둥] 모양 1개, [공] 모양 3개로 만든 것을 찾아 기호를 써 보세요.

(　　　　　　　)

서술형

17 ㉢에는 여러 방향으로 잘 굴러가는 모양이 몇 개 사용되었는지 풀이 과정을 쓰고 답을 구하세요.

풀이

답 ______________

서술형

18 어느 쪽에서 보아도 오른쪽 그림과 같이 보이는 모양의 물건을 2개 써 보세요.

____

19 서로 다른 부분을 모두 찾아 오른쪽 그림에 ○표 하세요.

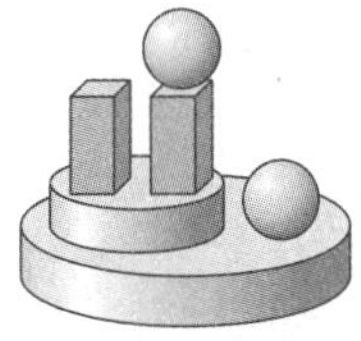

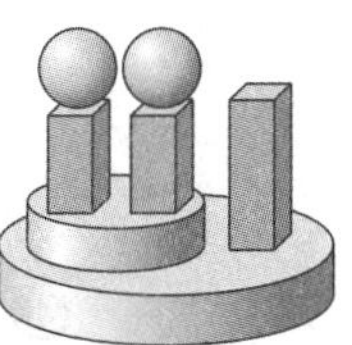

20 주어진 모양보다 [상자] 모양을 한 개 더 사용하여 만든 것을 찾아 기호를 써 보세요.

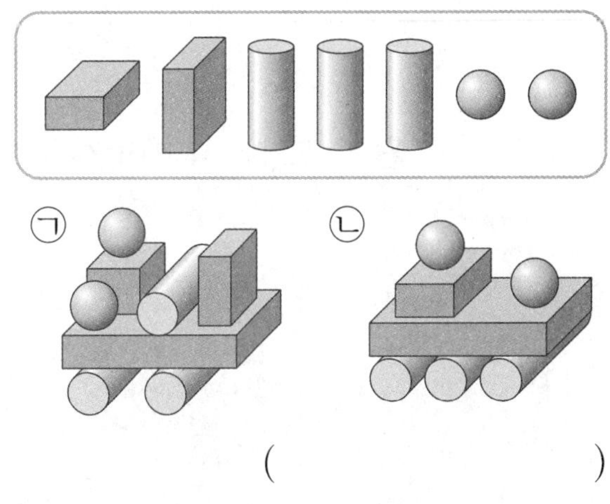

(　　　　　　　)

여러 가지 모양

스피드 정답 4쪽 | 정답 및 풀이 19쪽

1 ▢, ▢, ◯ 모양 중에서 그림에 없는 모양을 구하세요.

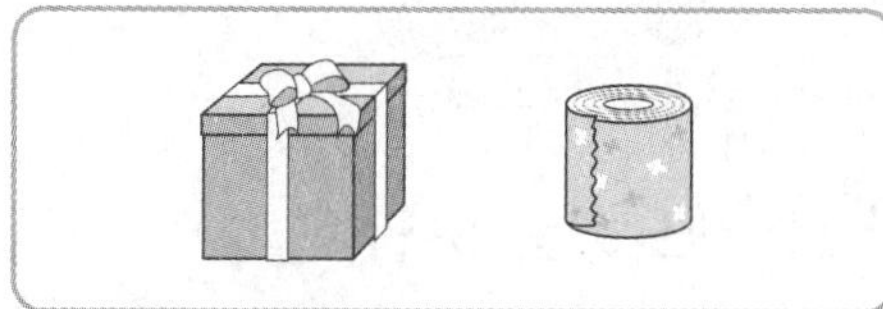

❶ 선물 상자는 어떤 모양인지 ◯표 하세요.

❷ 두루마리 휴지는 어떤 모양인지 ◯표 하세요.

(▢, ▢, ◯)

❸ 그림에 없는 모양은 어떤 모양인지 ◯표 하세요.

(▢, ▢, ◯)

2 ▢, ▢, ◯ 모양 중에서 가장 많은 것은 어떤 모양인지 구하세요.

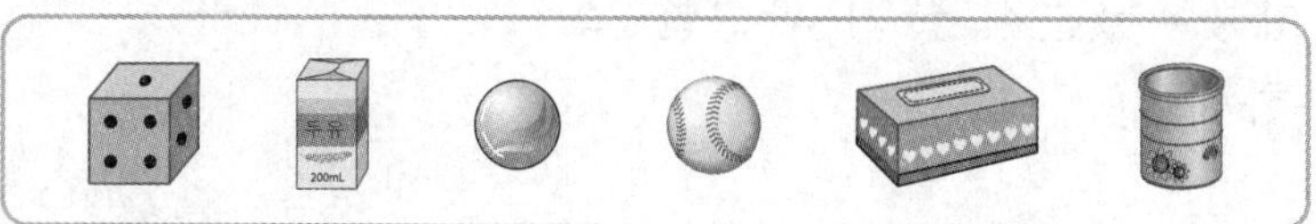

❶ 각 모양은 몇 개인지 구하세요.

❷ 가장 많은 모양은 어떤 모양인지 ◯표 하세요.

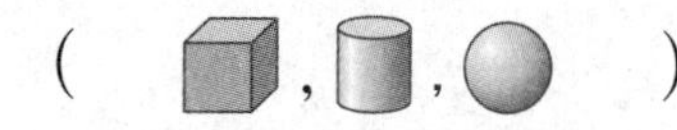

3 보기 는 어떤 모양의 일부분입니다. 다음 중 보기 와 모양이 같은 물건을 찾아 써 보세요.

❶ 보기 는 어떤 모양인지 알맞은 모양에 ○표 하세요.

(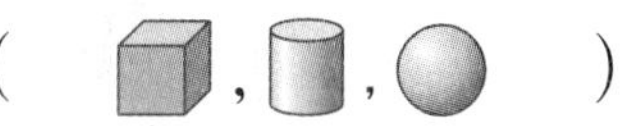)

❷ 보기 와 모양이 같은 물건을 찾아 써 보세요.

(   )

4 ▢, ▢, ◯ 모양 중에서 가장 적게 사용한 모양을 구하세요.

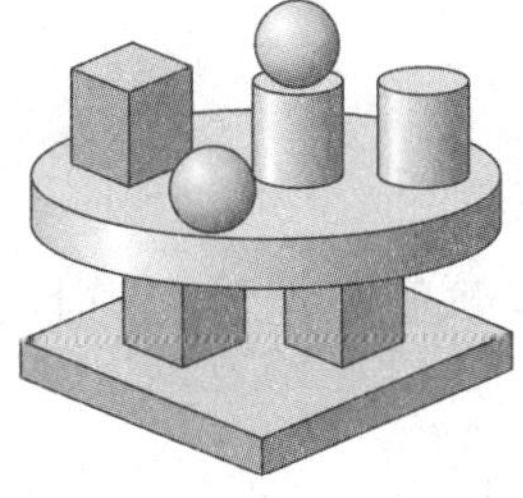

❶ 각 모양을 몇 개씩 사용했는지 구하세요.

▢ 모양 (   )

▢ 모양 (   )

◯ 모양 (   )

❷ 가장 적게 사용한 모양에 ○표 하세요.

()

점수

스피드 정답 4쪽 | 정답 및 풀이 19쪽

1 지혁이와 승윤이가 가지고 있는 물건 중에서 두 사람이 모두 가지고 있는 모양은 무엇인지 풀이 과정을 쓰고 알맞은 답에 ○표 하세요.

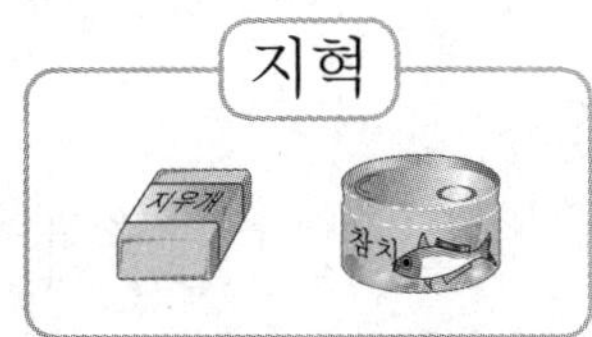

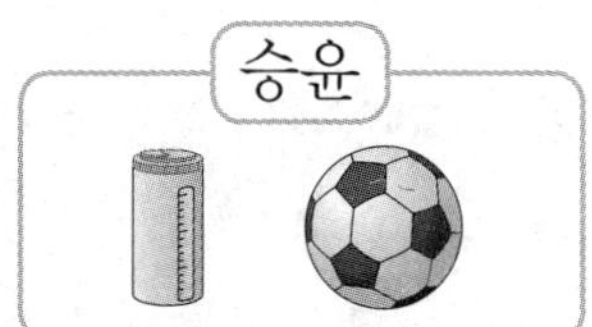

풀이

답 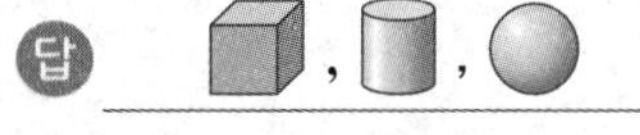

> 어떻게 풀까요?
> 지혁이와 승윤이가 가지고 있는 물건은 어떤 모양인지 알아봅니다.

2 다음에 알맞은 모양은 무엇인지 풀이 과정을 쓰고 알맞은 답에 ○표 하세요.

- 둥근 부분이 있습니다.
- 어느 방향으로 굴려도 잘 굴러갑니다.

풀이

답 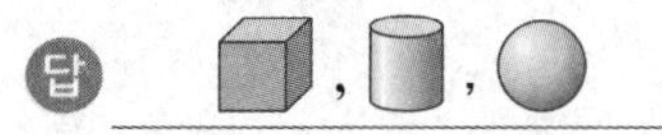

> 어떻게 풀까요?
>  모양의 특징을 생각해 봅니다.

3 , , 모양 중에서 ㉠, ㉡에 모두 사용하지 않은 모양은 무엇인지 풀이 과정을 쓰고 알맞은 답에 ○표 하세요.

㉠ 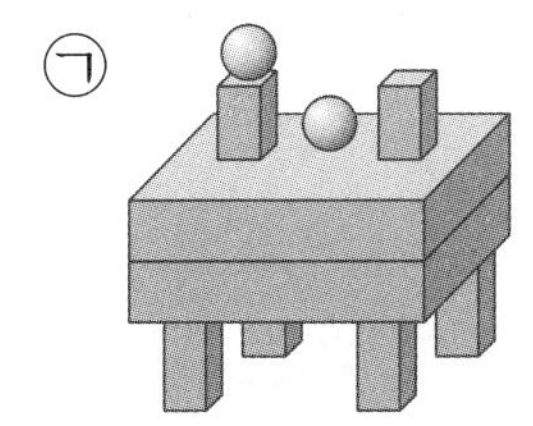

㉡ 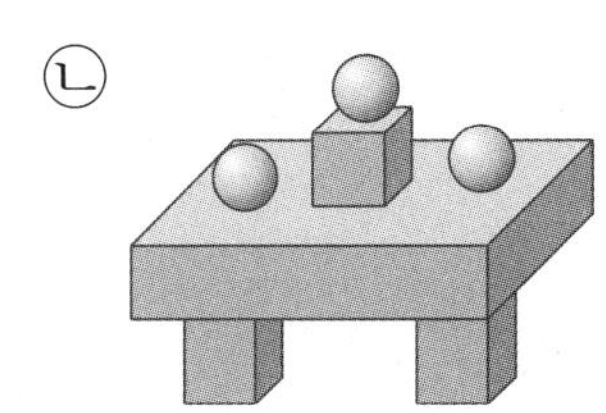

풀이

답 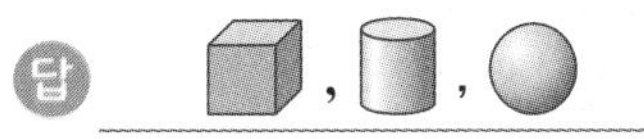

> 어떻게 풀까요?
>
> ㉠과 ㉡ 모양에서 , , 모양 중 사용한 모양을 각각 찾아 봅니다.

4 주어진 모양을 모두 사용하여 만든 모양은 어느 것인지 풀이 과정을 쓰고 답을 구하세요.

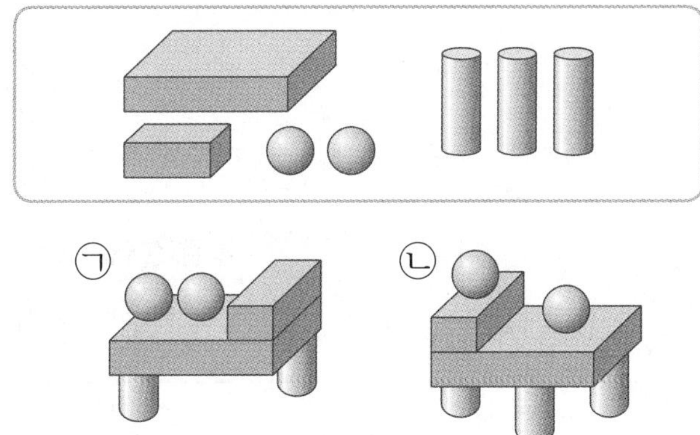

㉠ ㉡

풀이

답 ____________

> 어떻게 풀까요?
>
> 주어진 모양에서 각 모양의 수를 세고, ㉠과 ㉡ 모양에서 각 모양의 수를 세어 비교합니다.

밀크티 성취도 평가
오답 베스트 5

여러 가지 모양

스피드 정답 4쪽 | 정답 및 풀이 19쪽

1 설명에 맞는 모양을 찾아 ○표 하세요.

평평한 부분과 둥근 부분이 다 있는 모양입니다.

(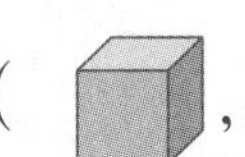, , 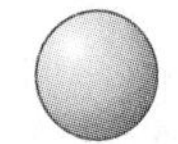)

2 오른쪽 모양에는 왼쪽에 보이는 모양과 같은 모양이 모두 몇 개 있을까요?

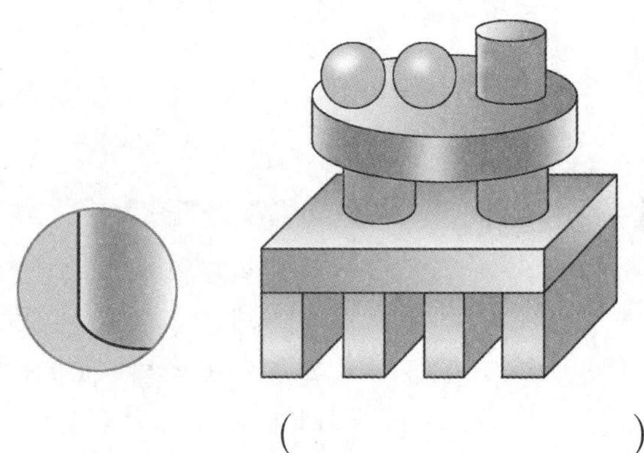

( )

3 다음 중 잘 굴러가지 않는 모양은 모두 몇 개일까요?

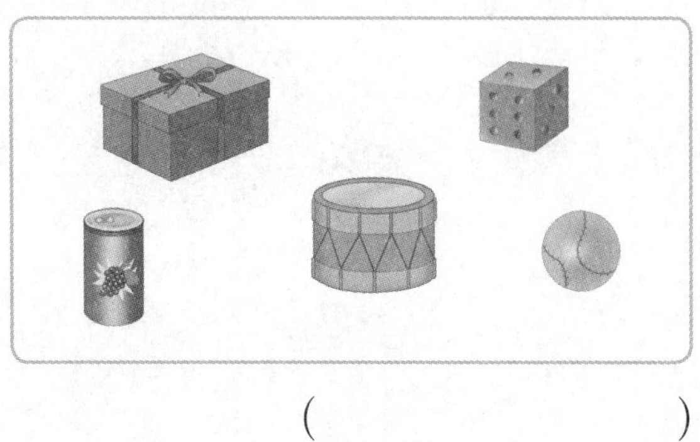

( )

4 ▢, ▢, ○ 모양을 각각 몇 개 사용했는지 구하세요.

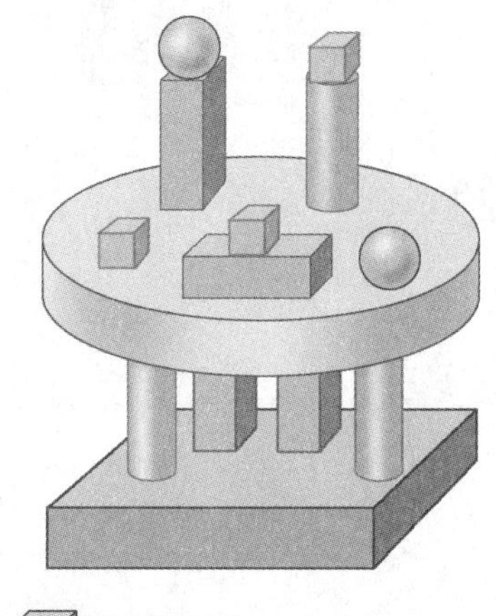

▢ 모양 ( )

▢ 모양 ( )

○ 모양 ( )

5 주아가 다음과 같은 모양을 만들었더니 ▢ 모양 1개가 남았습니다. 주아가 처음에 가지고 있던 ▢ 모양은 몇 개일까요?

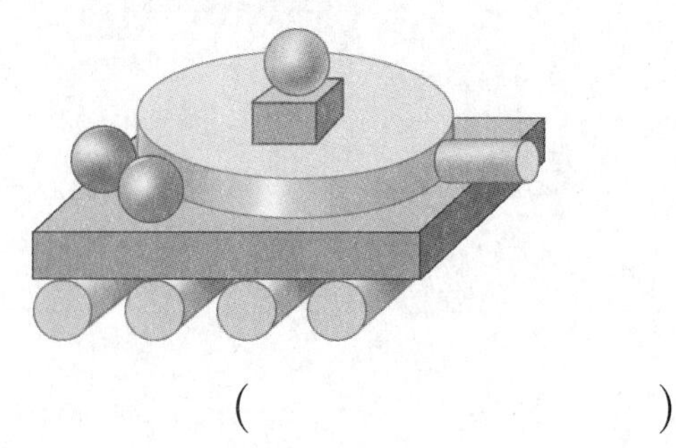

( )

덧셈과 뺄셈

개념정리 덧셈과 뺄셈

개념 1 모으기와 가르기

(1) 모으기와 가르기

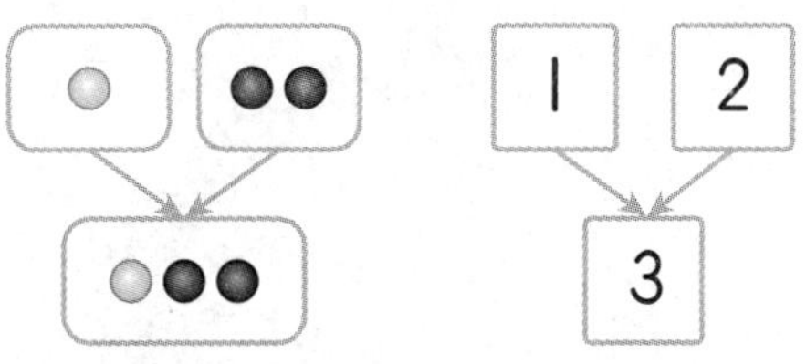

• 1과 2를 모으면 3이 됩니다.

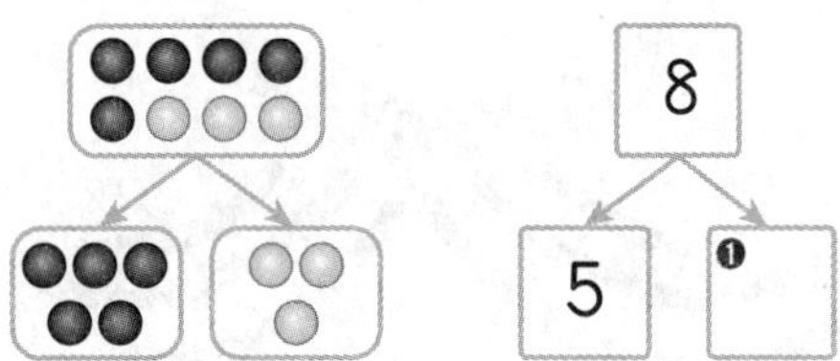

• 8은 5와 3으로 가를 수 있습니다.

(2) 수를 여러 가지 방법으로 가르기

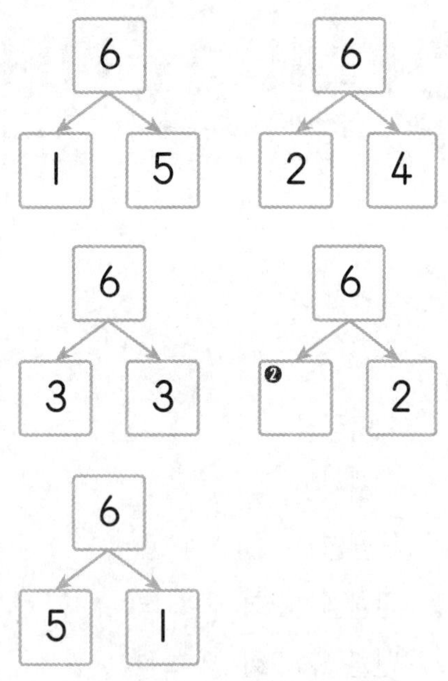

• 6은 1과 5, 2와 4, 3과 3, 4와 2, 5와 1로 가르기 할 수 있습니다.

참고

6을 가르기 할 때 0과 6, 6과 0으로 가를 수도 있습니다.

개념 2 덧셈 알아보기

덧셈식 2+3=5

- 2 더하기 3은 5와 같습니다.
- 2와 3의 합은 ❸ ☐ 입니다.

개념 3 덧셈하기

(1) 덧셈하기

• 모으기를 이용하여 합 구하기

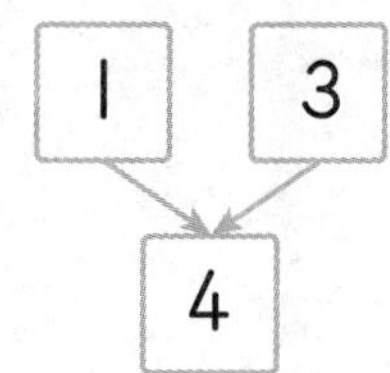

⇨ 1과 3을 모으면 4가 됩니다.

• 그림을 그려서 덧셈하기

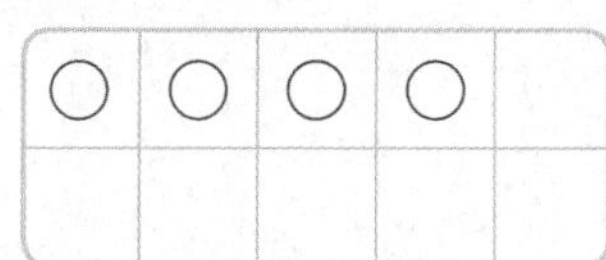

⇨ ○를 1개 그린 다음 3개를 더 그리면 모두 4개입니다.

• 덧셈식으로 나타내기

1+3=❹ ☐

⇨ 병아리는 모두 4마리입니다.

| 정답 | ❶ 3 ❷ 4 ❸ 5 ❹ 4

(2) 더하는 수가 1씩 커지는 덧셈하기

6+1=7
6+2=8
6+3=❺ □

⇨ 더하는 수가 1씩 커질 때 합이 1씩 커집니다.

개념 4 뺄셈 알아보기

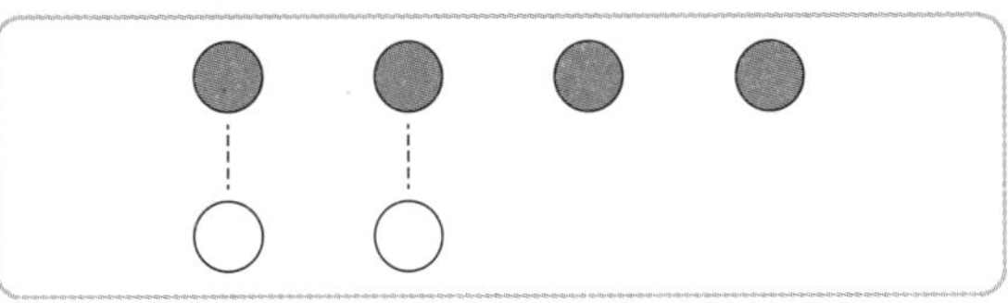

뺄셈식 4−2=2

4 빼기 2는 2와 같습니다.
4와 2의 차는 ❻ □ 입니다.

개념 5 뺄셈하기

(1) 뺄셈하기

• 가르기를 이용하여 차 구하기

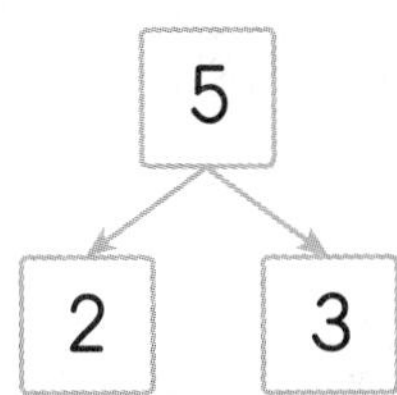

⇨ 5는 2와 3으로 가를 수 있습니다.

• 그림을 그려서 뺄셈하기

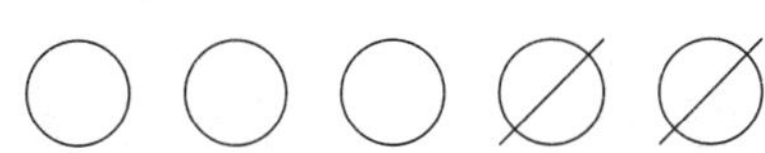

⇨ /으로 지우고 남은 ○는 3개입니다.

• 뺄셈식으로 나타내기

5−2=❼ □

⇨ 남은 새는 3마리입니다.

(2) 빼는 수가 1씩 커지는 뺄셈하기

7−4=3
7−5=2
7−6=❽ □

⇨ 빼는 수가 1씩 커질 때 차가 1씩 작아집니다.

개념 6 0이 있는 덧셈과 뺄셈하기

3+0=3

(어떤 수)+0=(어떤 수)
0+(어떤 수)=(어떤 수)

4−0=4 (어떤 수)−0=(어떤 수)

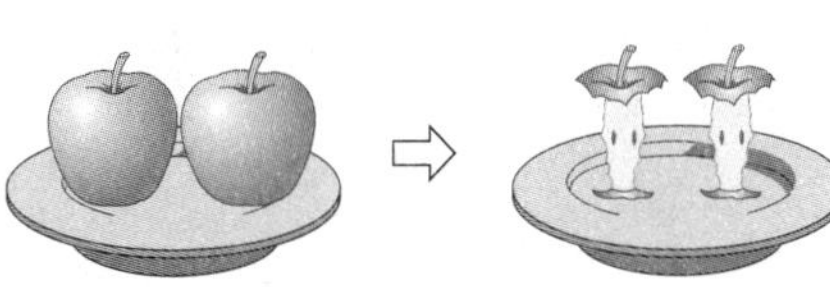

2−2=0 (전체)−(전체)=0

| 정답 | ❺ 9 ❻ 2 ❼ 3 ❽ 1

쪽지시험 1회 덧셈과 뺄셈

스피드 정답 4쪽 | 정답 및 풀이 20쪽

[1~4] 그림을 보고 빈칸에 알맞은 수를 써넣으세요.

1

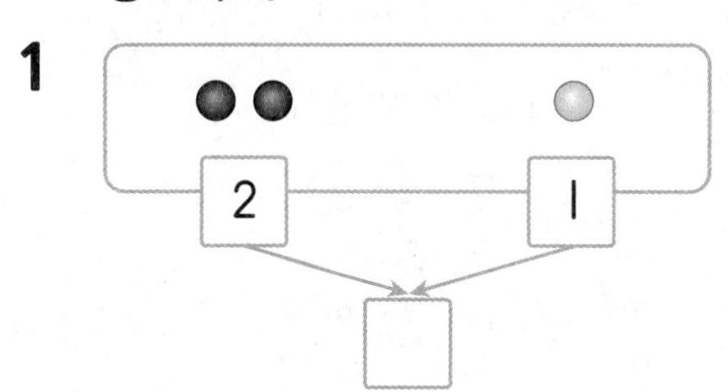

2

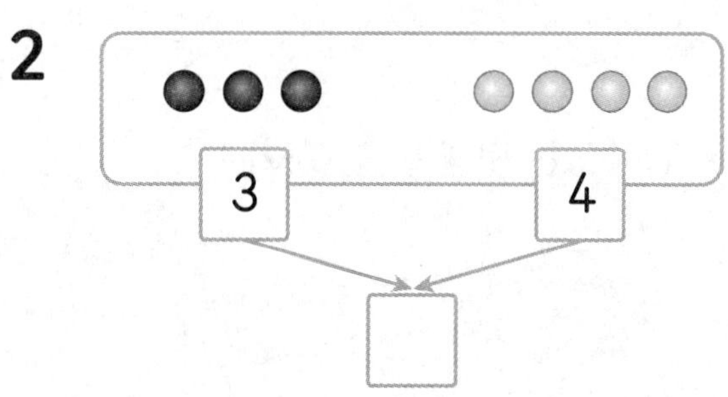

3

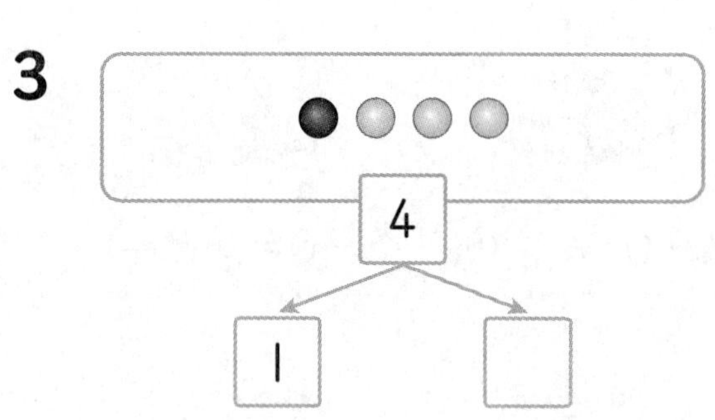

4

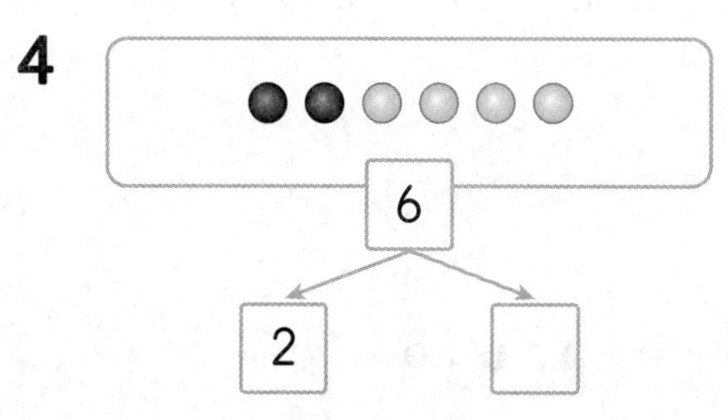

[5~8] 모으기와 가르기를 해 보세요.

5 **6**

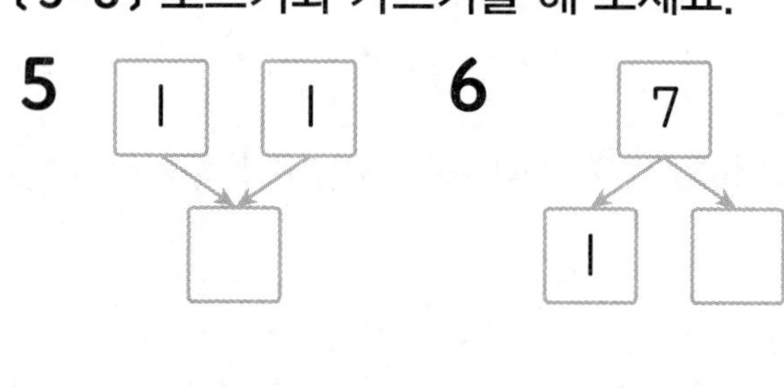

7 **8**

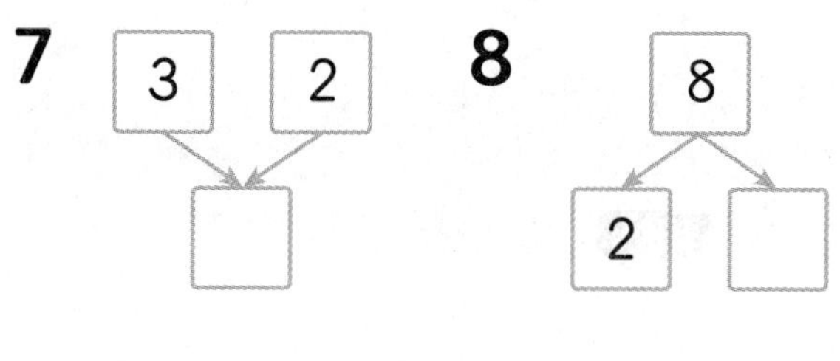

9 4를 두 가지 방법으로 가르기 해 보세요.

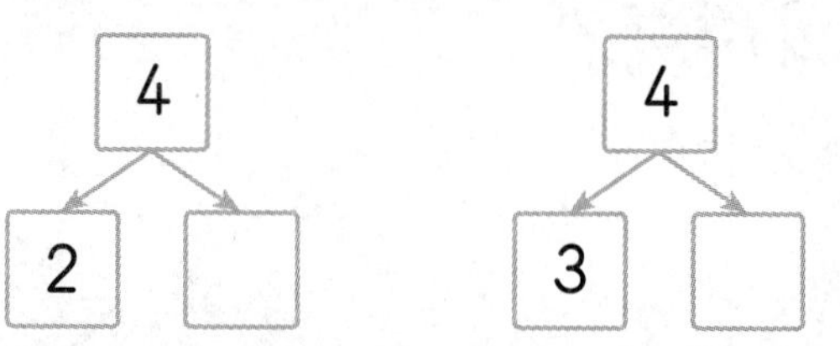

10 5를 여러 가지 방법으로 가르기 해 보세요.

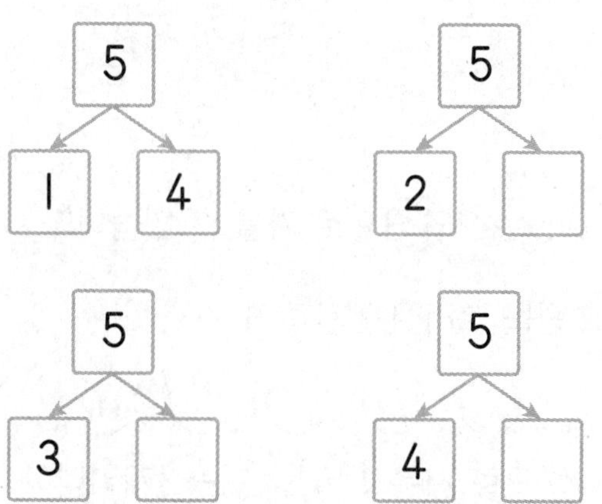

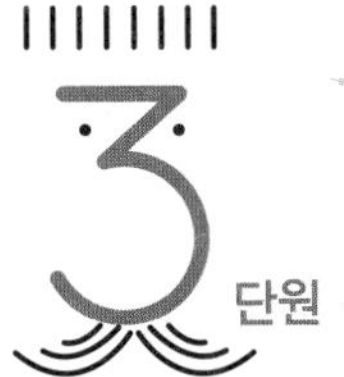

쪽지시험 2회 덧셈과 뺄셈

스피드 정답 5쪽 | 정답 및 풀이 20쪽

1 그림을 보고 □ 안에 알맞은 수를 써넣으세요.

코끼리 2마리와 1마리를 더하면 코끼리는 모두 □마리입니다.

2 그림에 알맞은 덧셈식을 읽어 보세요.

3+4=7

3 □ 4는 7과 같습니다.

3과 4의 합은 □입니다.

[3~4] 그림을 보고 덧셈을 해 보세요.

3

2+4=□

4

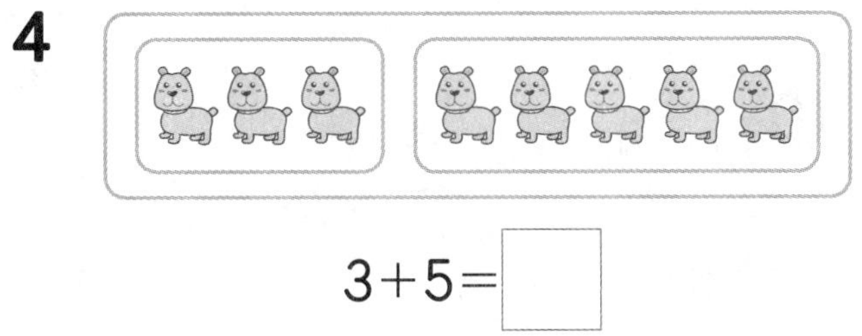

3+5=□

[5~6] 그림에 알맞은 덧셈식을 써 보세요.

5

1+□=□

6

4+□=□

[7~10] 빈칸에 알맞은 수를 써넣고 덧셈을 해 보세요.

7

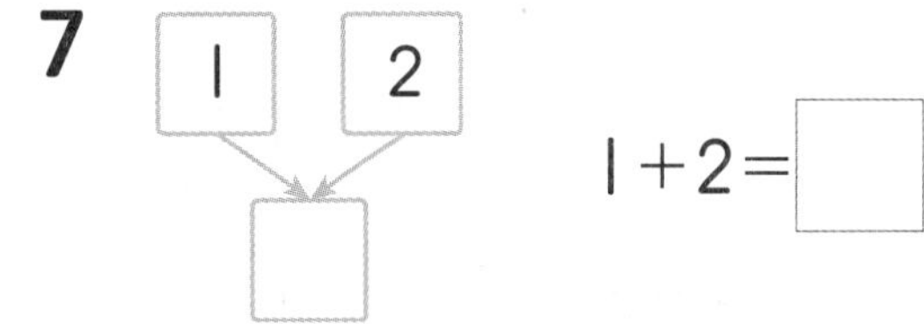

1+2=□

8

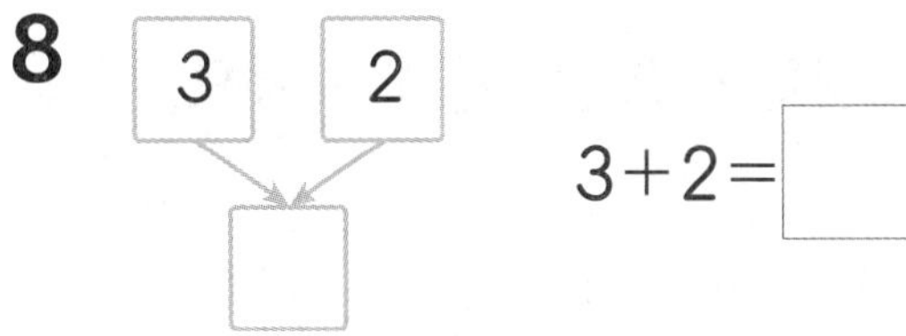

3+2=□

9

4+4=□

10

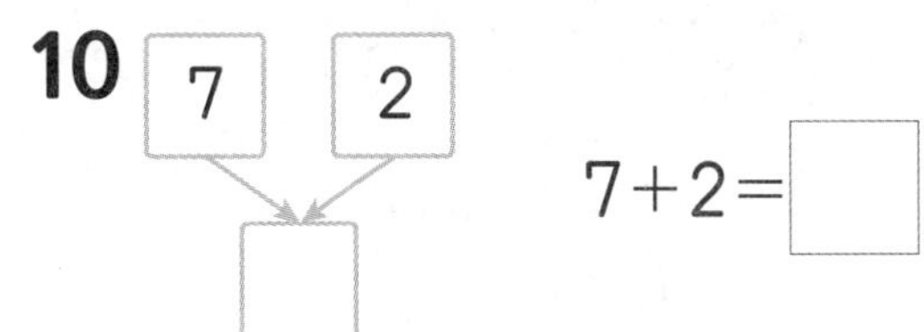

7+2=□

쪽지시험 3회 덧셈과 뺄셈

점수

스피드 정답 5쪽 | 정답 및 풀이 20쪽

1 그림을 보고 □ 안에 알맞은 수를 써넣으세요.

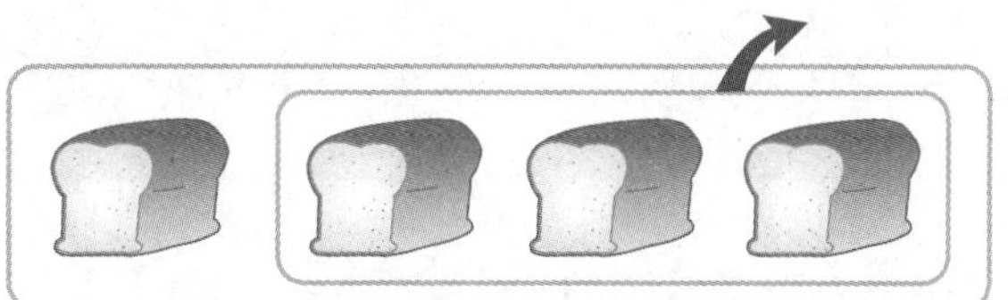

빵 4개가 있었는데 3개를 먹어서 □개가 남았습니다.

2 그림에 알맞은 뺄셈식을 읽어 보세요.

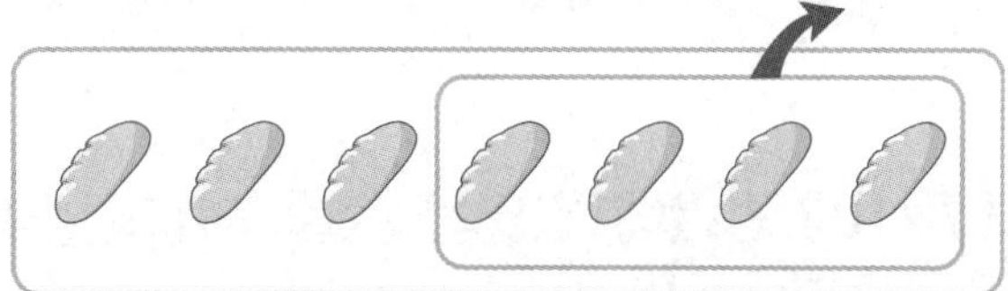

7－4＝3

- 7 □ 4는 3과 같습니다.
- 7과 4의 차는 □입니다.

[3~4] 그림을 보고 뺄셈을 해 보세요.

6－3＝□

8－2＝□

[5~6] 그림에 알맞은 뺄셈식을 써 보세요.

5

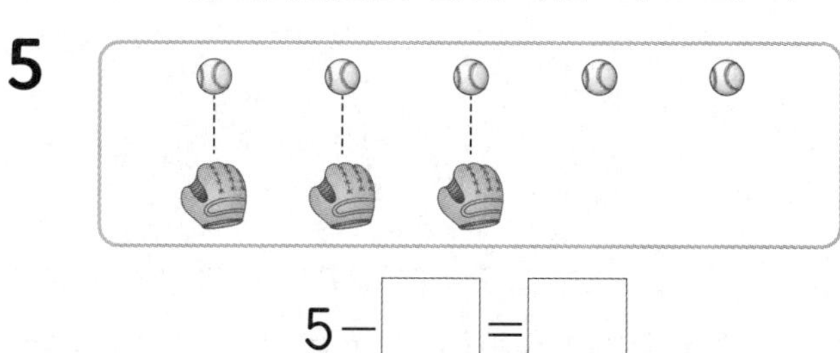

5－□＝□

6

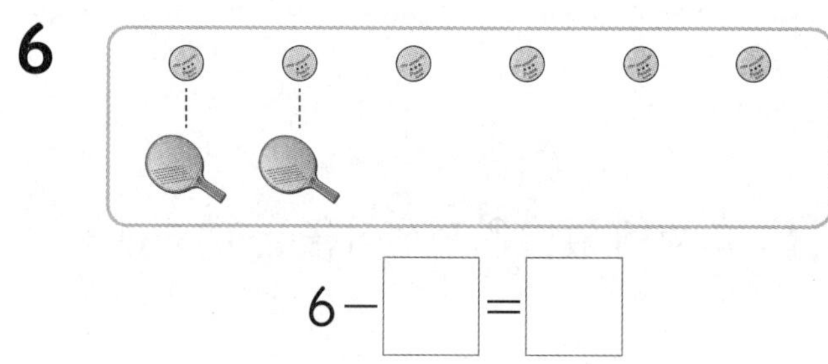

6－□＝□

[7~10] 빈칸에 알맞은 수를 써넣고 뺄셈을 해 보세요.

7

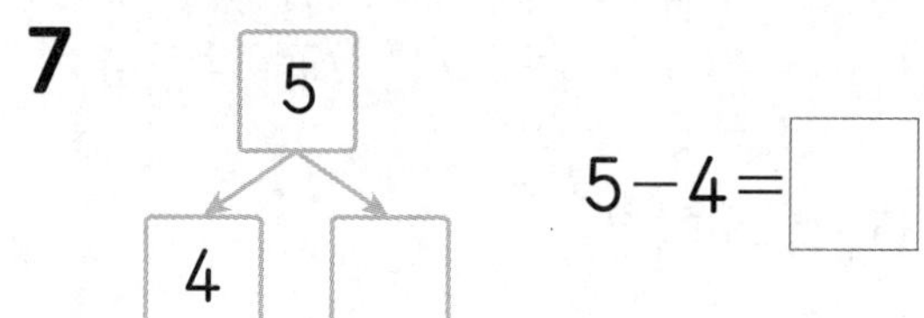

5－4＝□

8

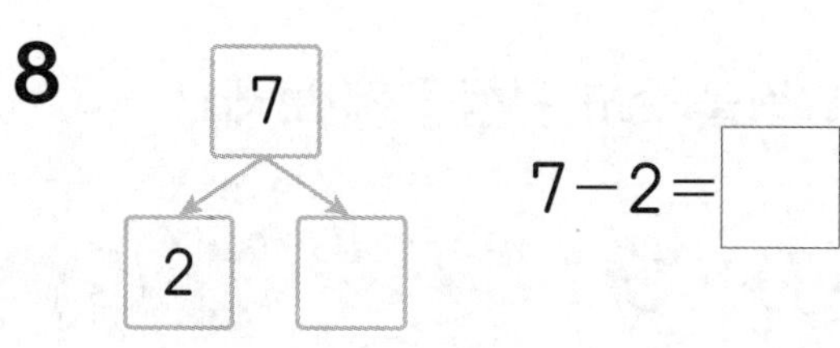

7－2＝□

9

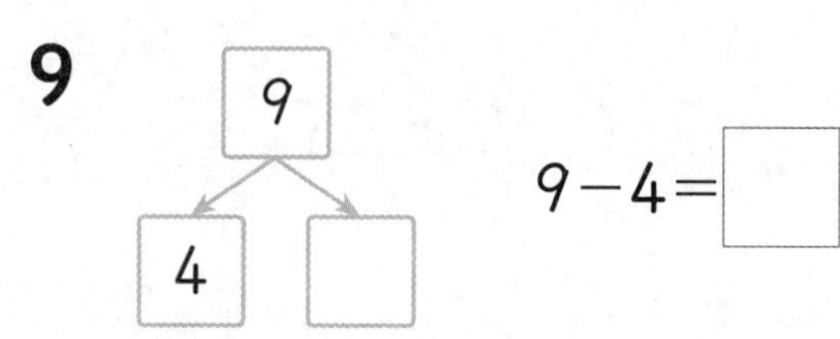

9－4＝□

10

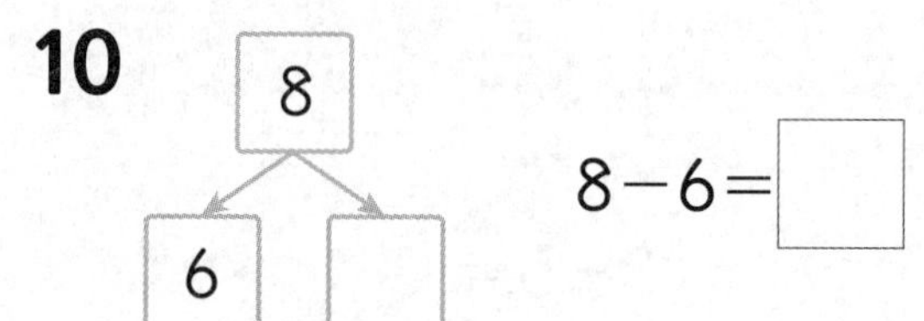

8－6＝□

쪽지시험 4회 덧셈과 뺄셈

점수

스피드 정답 5쪽 | 정답 및 풀이 20쪽

[1~5] □ 안에 알맞은 수를 써넣으세요.

1 2+1=3

2+2=4

2+3=□

2 5+4=9

5+3=8

5+2=□

3 7−6=1

7−5=2

7−4=□

4 6−1=5

6−2=4

6−3=□

5 8−4=4

8−5=3

8−□=2

[6~7] 계산 결과를 찾아 선으로 이어 보세요.

6

1+3 •	• 6
4+2 •	• 4
8+1 •	• 9

7

5−4 •	• 6
9−3 •	• 7
8−1 •	• 1

8 합이 8인 식을 찾아 ○표 하세요.

2+6	3+4
(　　)	(　　)

9 차가 5인 식을 찾아 ○표 하세요.

9−5	8−3
(　　)	(　　)

10 오렌지 4개 중에서 1개를 먹었다면 남은 오렌지는 몇 개일까요?

(　　　　　　)

3 단원

쪽지시험 5회 덧셈과 뺄셈

점수

스피드 정답 5쪽 | 정답 및 풀이 20쪽

〔1~2〕 덧셈을 해 보세요.

1

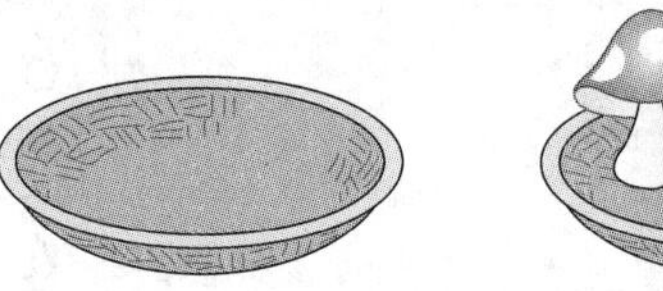

$0+3=\square$

2

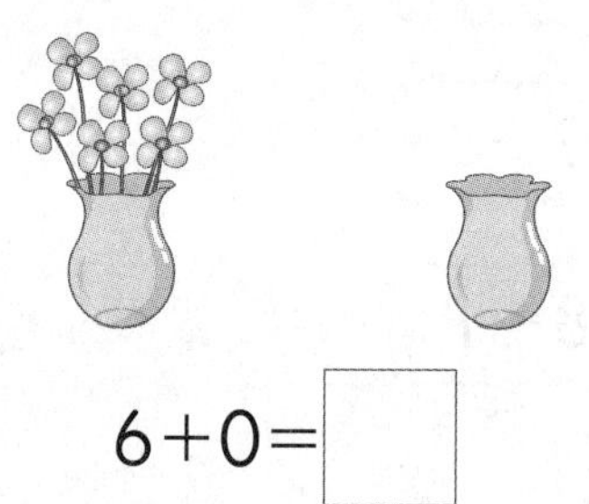

$6+0=\square$

〔3~4〕 뺄셈을 해 보세요.

3

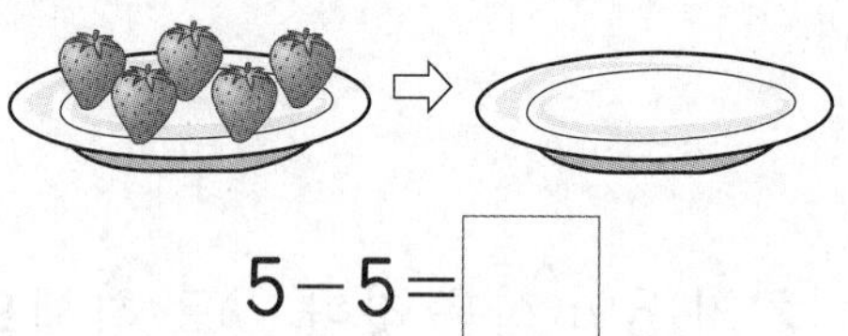

$5-5=\square$

4

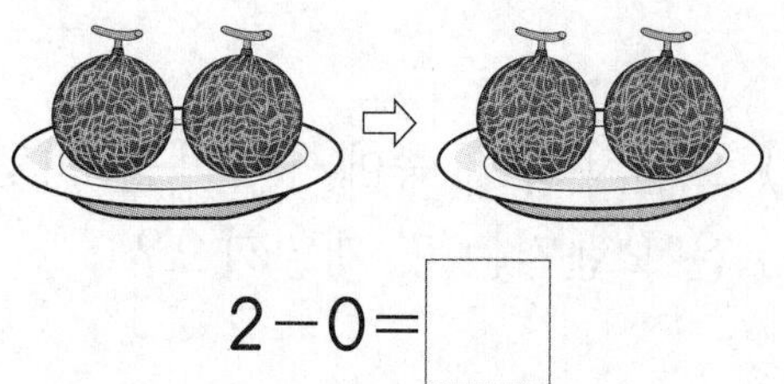

$2-0=\square$

〔5~6〕 그림을 보고 덧셈식과 뺄셈식을 써 보세요.

5

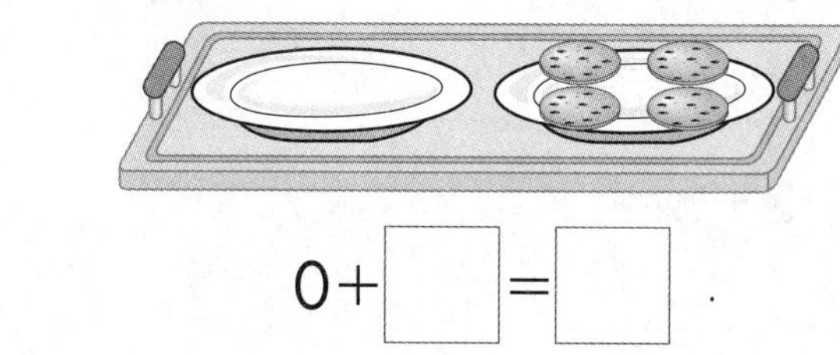

$0+\square=\square$

6

$4-\square=\square$

〔7~10〕 덧셈과 뺄셈을 해 보세요.

7 $5+0=\square$

8 $0+6=\square$

9 $8-0=\square$

10 $9-9=\square$

단원평가 1회 덧셈과 뺄셈

난이도 A B C

점수

스피드 정답 5쪽 | 정답 및 풀이 20쪽

[1~2] 그림을 보고 빈칸에 알맞은 수를 써넣으세요.

1

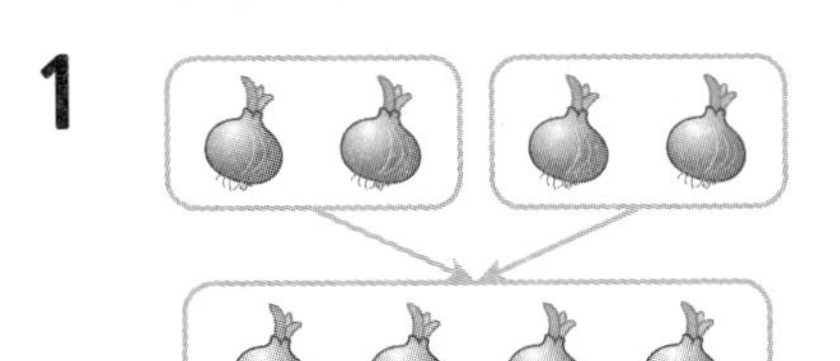

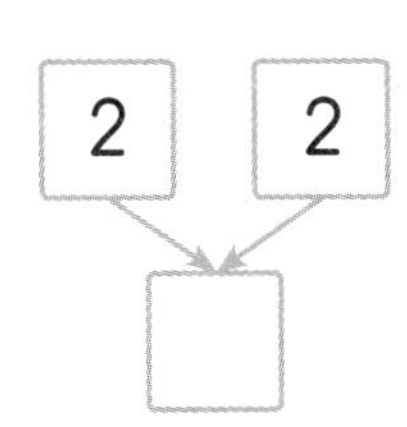

2

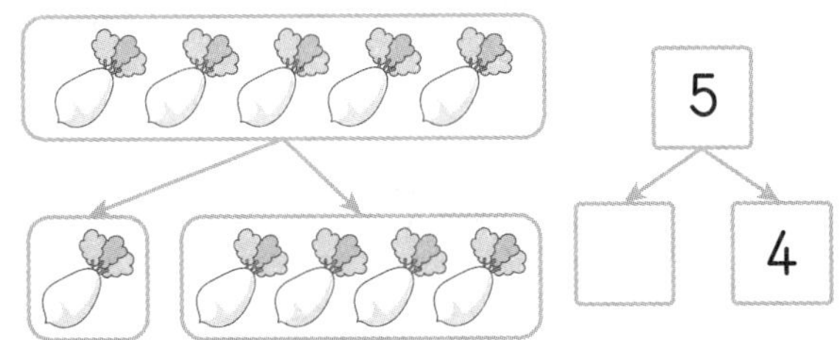

3 덧셈식을 읽어 보세요.

2+4=6

- 2 [ ] 4는 6과 같습니다.
- 2와 4의 [ ] 은/는 6입니다.

4 두 수를 모아 빈칸에 알맞은 수를 써넣으세요.

6	2

5 가르기를 해 보세요.

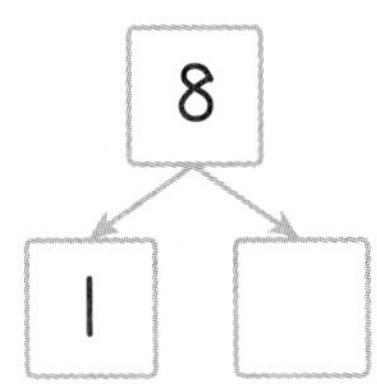

6 다음을 식으로 바르게 나타낸 것은 어느 것일까요? ·················· (　　　)

5 더하기 1은 6과 같습니다.

① 3+2=5　② 4+3=7
③ 5+1=6　④ 4+2=6
⑤ 6+1=7

7 그림을 보고 빈칸에 알맞은 수를 써넣고 뺄셈을 해 보세요.

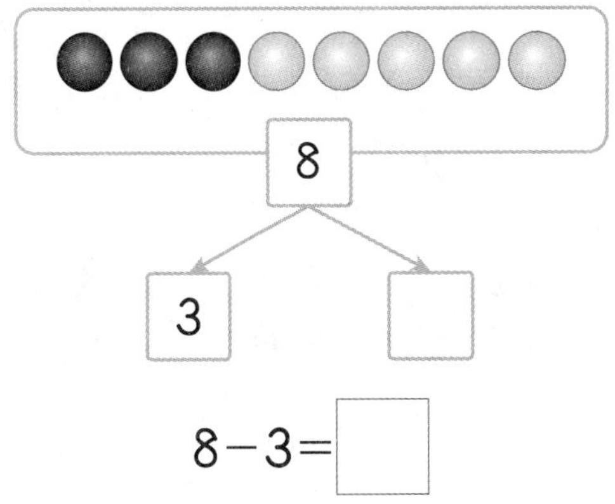

8−3=[ ]

8 그림을 보고 뺄셈식을 쓰고 읽어 보세요.

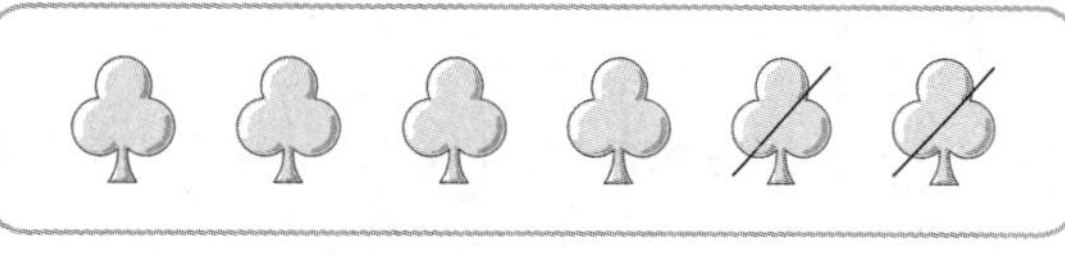

6－2＝□

6 빼기 2는 □ 와/과 같습니다.

9 6을 3과 어떤 수로 가르려고 합니다. 어떤 수를 구하세요.

( )

10 빈칸에 공통으로 들어갈 수 있는 수는 어느 것일까요? ·············· ( )

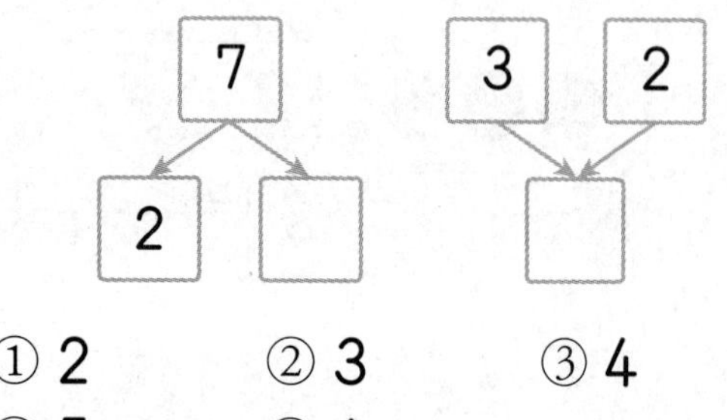

① 2 ② 3 ③ 4
④ 5 ⑤ 6

11 9를 위와 아래의 두 수로 가르기 할 때, 빈칸에 알맞은 수를 써넣으세요.

9	2		4
		6	

12 빈칸에 알맞은 수를 써넣고 덧셈식을 써 보세요.

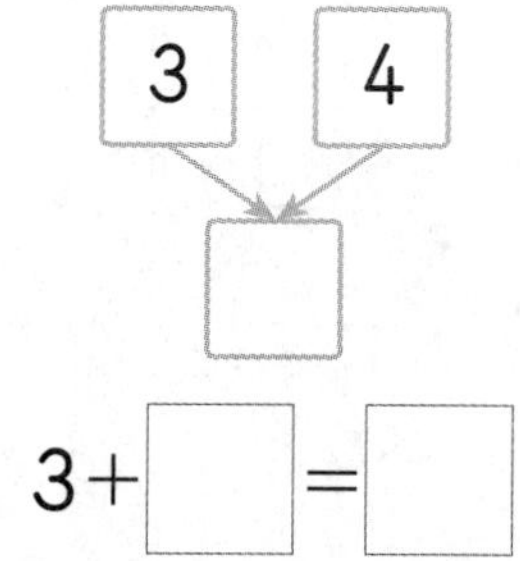

3＋□＝□

13 그림을 보고 검은색 별 수와 흰색 별 수의 차를 뺄셈식으로 나타내 보세요.

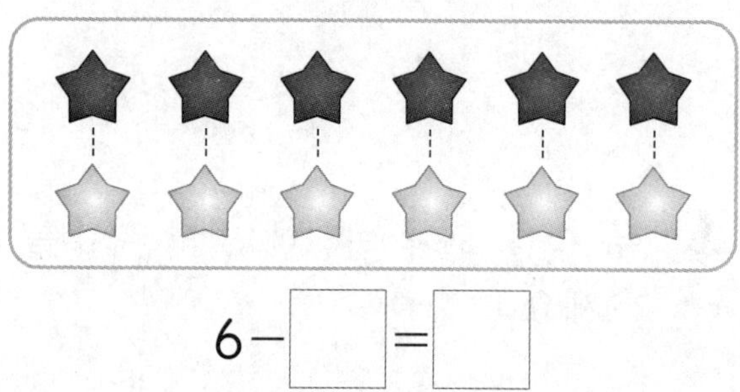

6－□＝□

〔14~15〕 계산해 보세요.

14 $2+4=\square$

15 $7-5=\square$

16 빈칸에 알맞은 수를 써넣으세요.

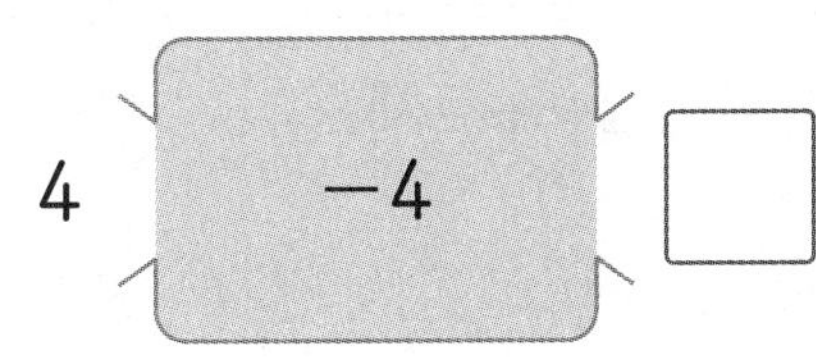

17 계산 결과가 더 큰 쪽에 ○표 하세요.

9−4	8−2
( )	( )

18 모으기를 하여 9가 되는 두 수에 색칠해 보세요.

〔19~20〕 그림을 보고 물음에 답하세요.

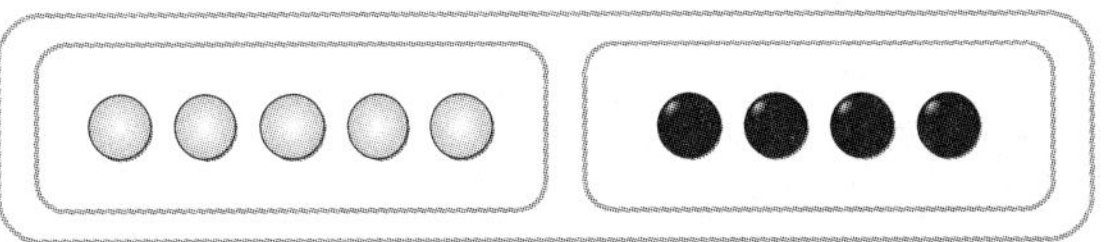

19 바둑돌은 모두 몇 개인지 덧셈식을 써 보세요.

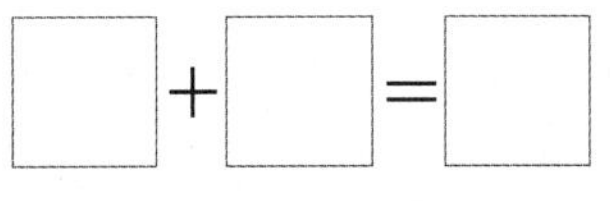

20 흰색 바둑돌과 검은색 바둑돌의 차는 몇 개인지 뺄셈식을 써 보세요.

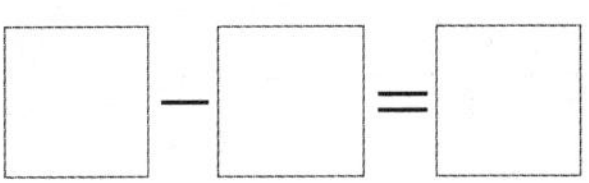

3 단원

단원평가 2회

덧셈과 뺄셈

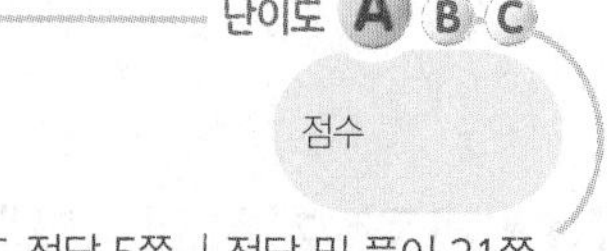

스피드 정답 5쪽 | 정답 및 풀이 21쪽

[1~2] 그림을 보고 빈칸에 알맞은 수를 써 넣으세요.

1

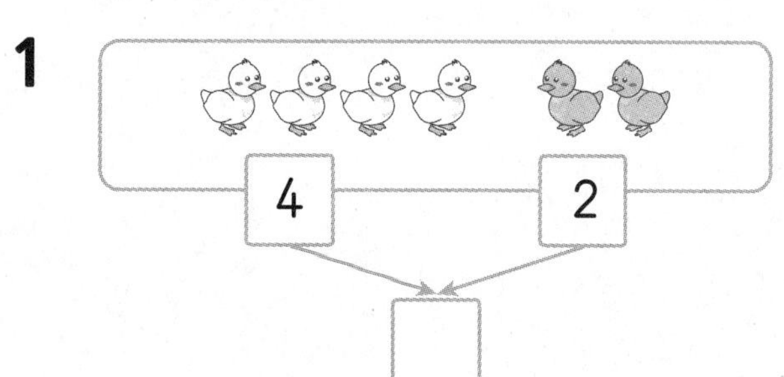

2

7

4 □

3 빈칸에 알맞은 수만큼 ○를 그려 넣으세요.

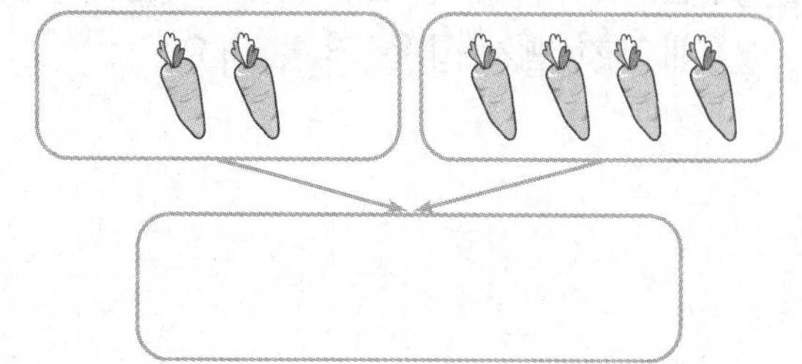

4 그림을 보고 덧셈을 해 보세요.

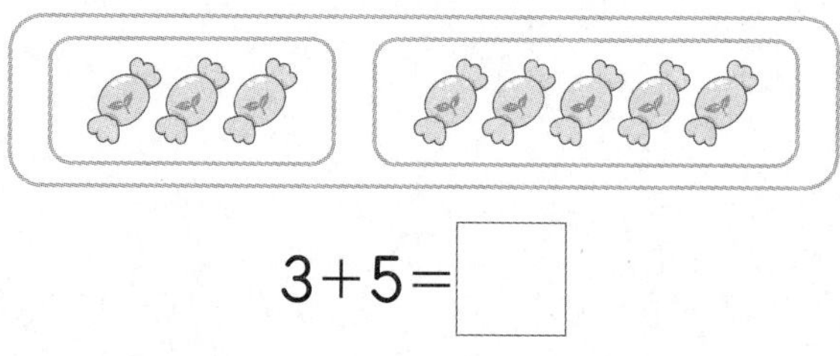

3+5=□

5 모으기를 해 보세요.

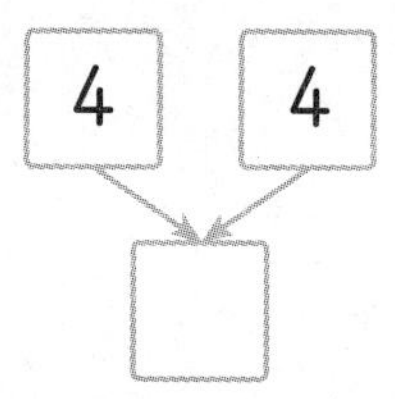

6 가르기를 해 보세요.

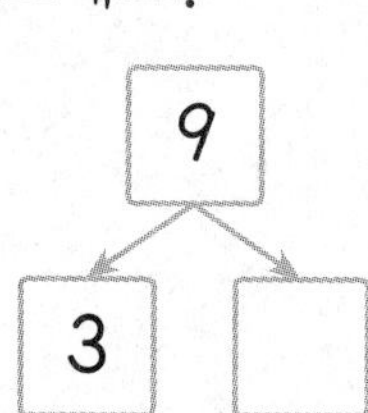

7 그림을 보고 덧셈식을 쓰고 읽어 보세요.

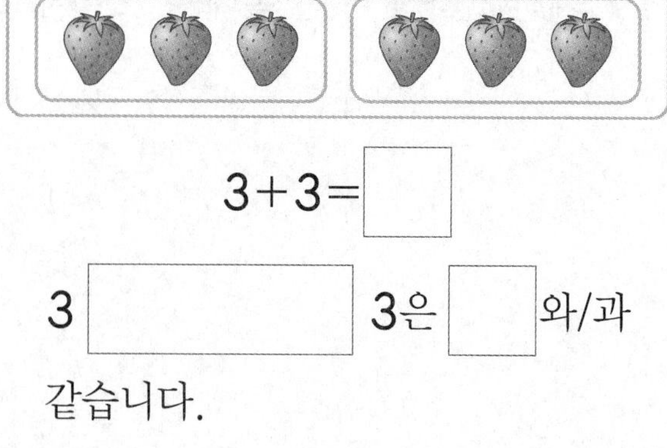

3+3=□

3 □ 3은 □ 와/과 같습니다.

8 그림을 보고 숟가락은 포크보다 몇 개 더 많은지 알아보세요.

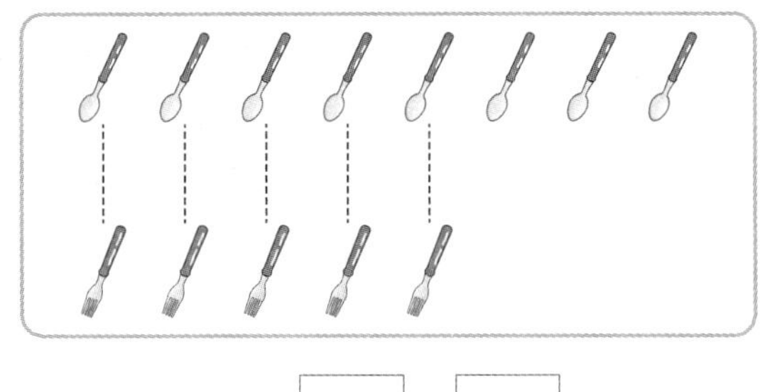

8－□＝□

숟가락은 포크보다 □개 더 많습니다.

9 다음을 식으로 써 보세요.

6 빼기 5는 1과 같습니다.

식 ____________________

10 4와 2를 모으면 어떤 수가 될까요?

( )

[11~12] 그림에 알맞은 식을 써 보세요.

11

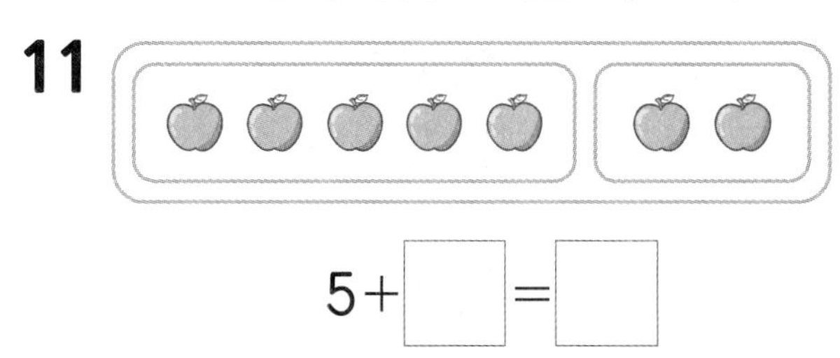

5＋□＝□

12

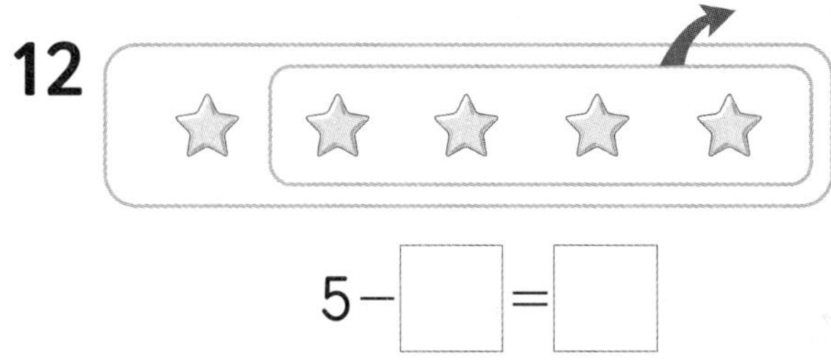

5－□＝□

13 빈칸에 알맞은 수를 써넣고 덧셈식을 써 보세요.

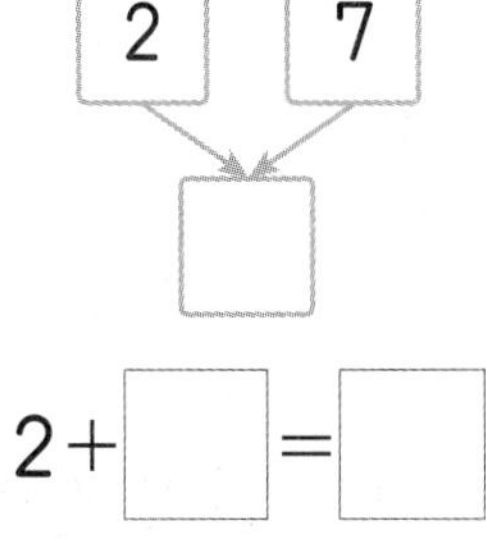

2＋□＝□

14 뺄셈을 해 보세요.

6－3＝□

3 단원

15 뺄셈을 해 보세요.

3−0=3

3−1=2

3−2=□

16 계산 결과가 더 큰 것에 ○표 하세요.

6−1	0+3
(　　)	(　　)

17 빈칸에 알맞은 수를 써넣으세요.

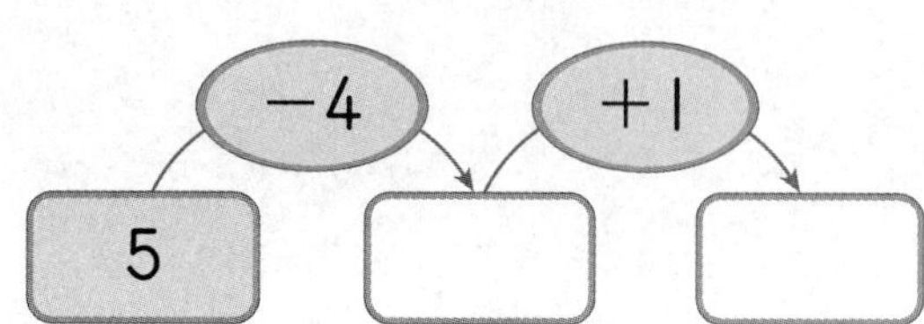

18 관계있는 것끼리 선으로 잇고 □ 안에 알맞은 수를 써넣으세요.

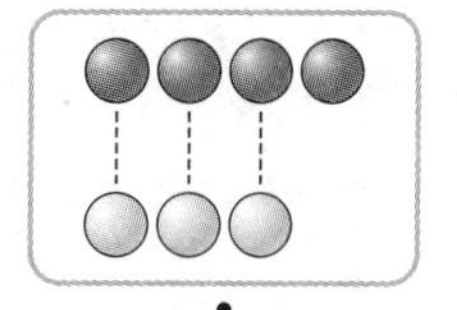

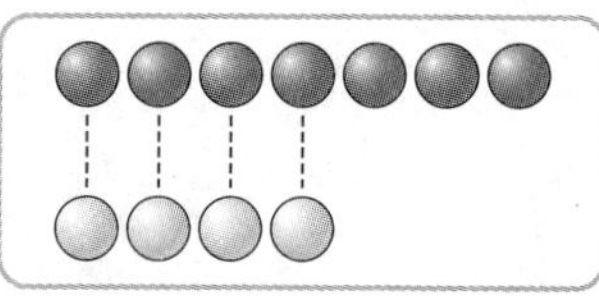

7−4=□　　4−3=□

19 모으기를 하여 8이 되는 두 수를 선으로 이어 보세요.

7　4　5

3　　4

20 5명의 학생이 교실에 있습니다. 2명의 학생이 교실에 더 들어왔다면 교실에는 모두 몇 명의 학생이 있을까요?

(　　　　　)

단원평가 3회 덧셈과 뺄셈

난이도 A B C

점수

스피드 정답 5쪽 | 정답 및 풀이 21쪽

〔1~2〕 그림을 보고 □ 안에 알맞은 수를 써 넣으세요.

1

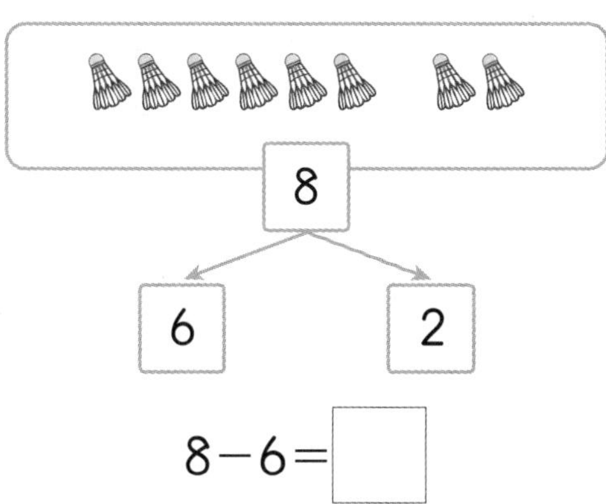

8−6=□

2

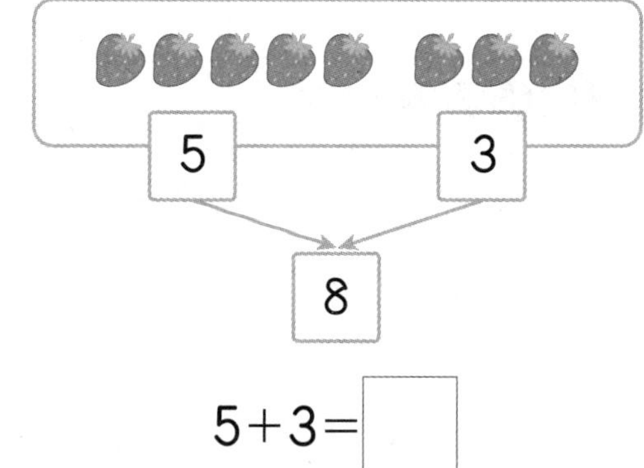

5+3=□

3 모으기를 해 보세요.

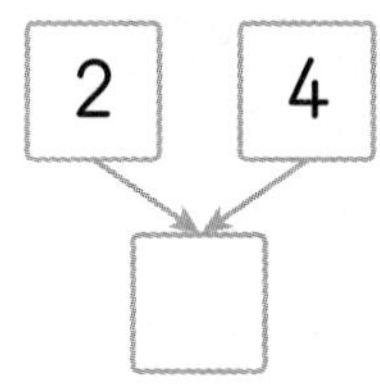

〔4~5〕 그림을 보고 덧셈과 뺄셈을 해 보세요.

4

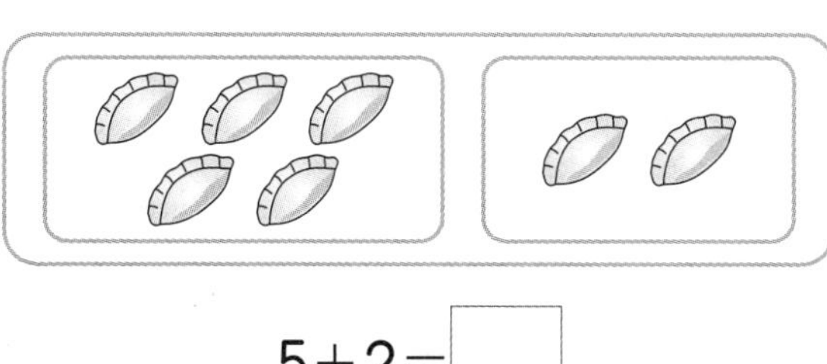

5+2=□

5

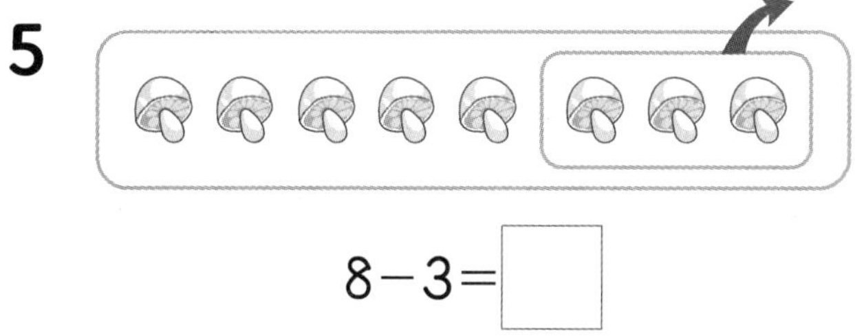

8−3=□

6 다음을 식으로 써 보세요.

8 빼기 4는 4와 같습니다.

식 ____________________

7 덧셈을 해 보세요.

5+4=□

8 뺄셈을 해 보세요.

$9-6=\square$

9 (　) 안의 두 수를 모으면 몇일까요?

(2, 5)　(6, 1)　(3, 4)

(　　　　　　)

10 8을 위와 아래의 두 수로 가르기 할 때, 빈칸에 알맞은 수를 써넣으세요.

8	4	3	2	1

11 □ 안에 알맞은 수를 써넣으세요.

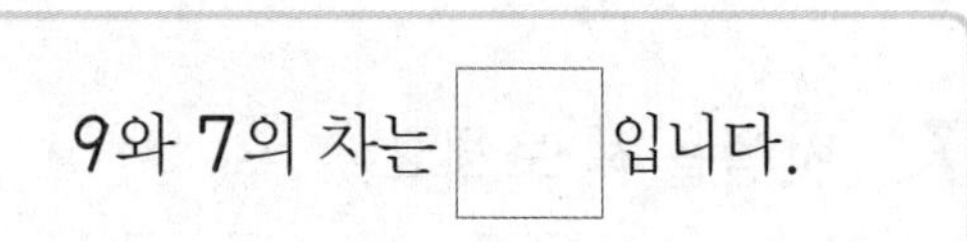

12 6을 똑같은 두 수로 가르기 하고 뺄셈식을 써 보세요.

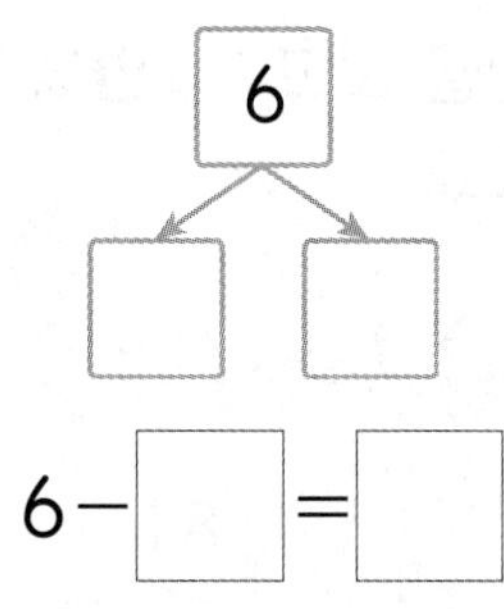

$6-\square=\square$

13 관계있는 것끼리 선으로 이어 보세요.

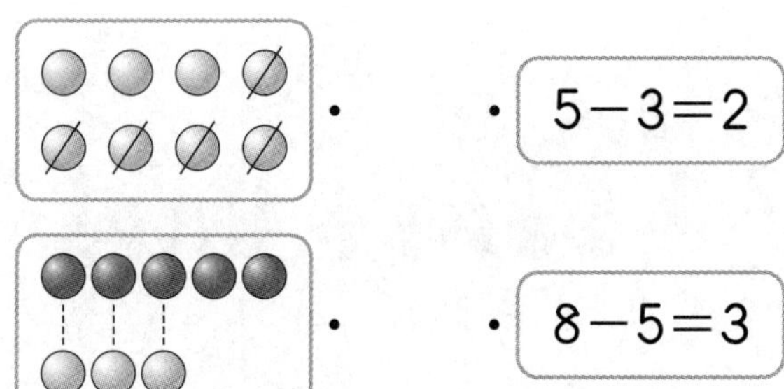

14 계산 결과가 다른 하나를 찾아 기호를 써 보세요.

㉠ 5−1　㉡ 8−3
㉢ 7−3　㉣ 9−5

(　　　　　　)

15 바둑판의 바둑돌을 보고 검은색 바둑돌이 흰색 바둑돌보다 몇 개 더 많은지 알아보세요.

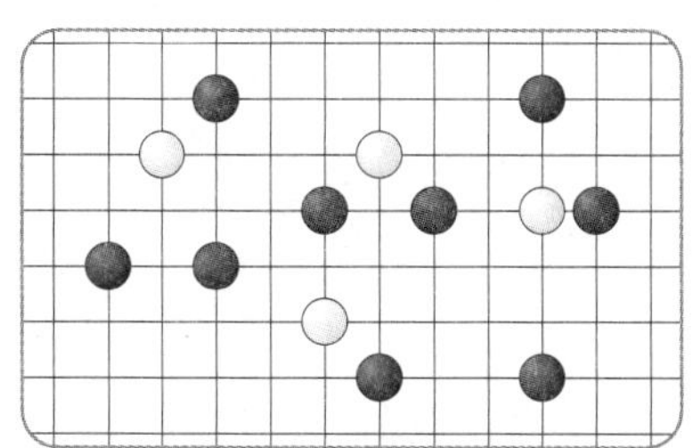

검은색 바둑돌이 흰색 바둑돌보다

□ − □ = □(개) 더 많습니다.

16 계산 결과가 같은 것끼리 선으로 이어 보세요.

7−4 •	• 3+0
2+5 •	• 6−6
1−1 •	• 9−2

17 사탕을 주원이는 6개 가지고 있고 도현이는 2개 가지고 있습니다. 주원이는 도현이보다 사탕을 몇 개 더 많이 가지고 있을까요?

(　　　　　　　　)

18 3장의 수 카드 중 2장을 골라 합이 가장 큰 덧셈식을 만들어 보세요.

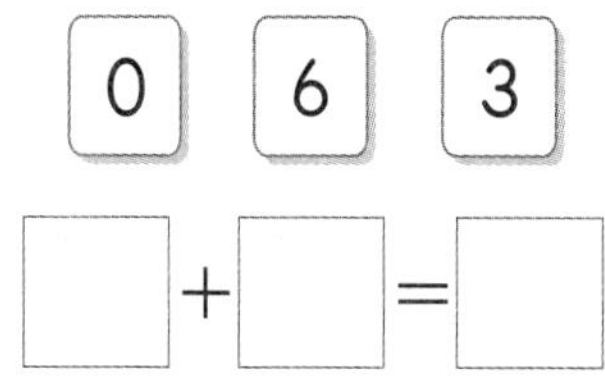

0　6　3

□ + □ = □

19 빈칸에 들어갈 두 수의 차는 얼마인지 구하세요.

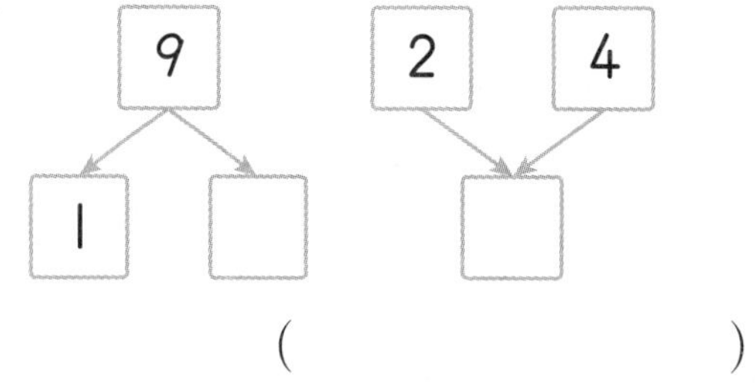

(　　　　　　　　)

서술형

20 필통 안에 사인펜 3자루, 연필 4자루가 있습니다. 필통 안에 있는 사인펜과 연필은 모두 몇 자루인지 풀이 과정을 쓰고 답을 구하세요.

풀이

답 ______________

3 단원

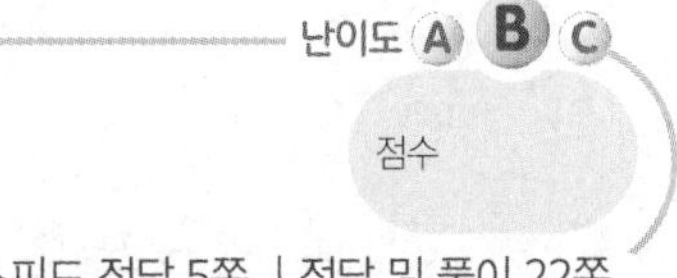

단원평가 4회 덧셈과 뺄셈

스피드 정답 5쪽 | 정답 및 풀이 22쪽

1 모으기를 해 보세요.

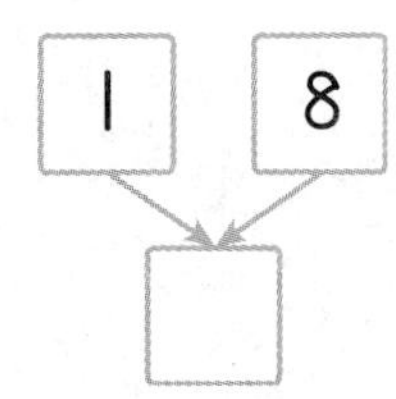

2 그림을 보고 빈칸에 알맞은 수를 써넣고 덧셈을 해 보세요.

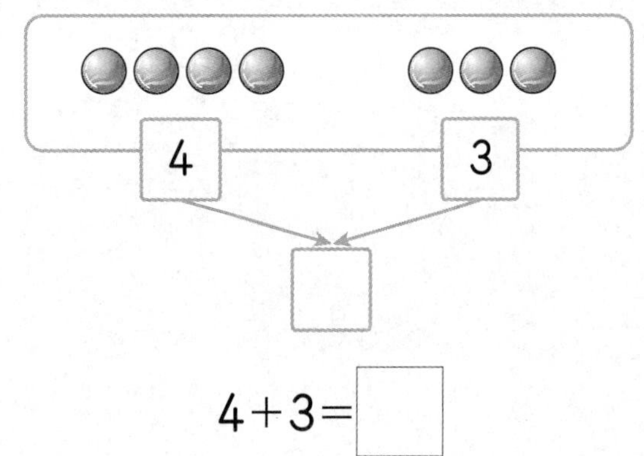

4+3=□

3 그림을 보고 뺄셈식을 쓰고 읽어 보세요.

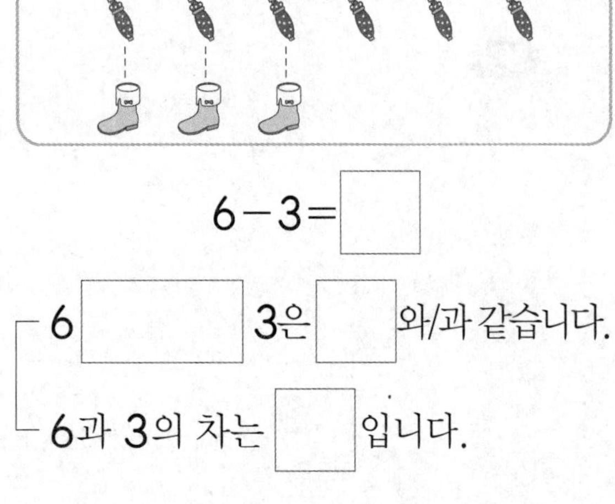

6−3=□

6 □ 3은 □ 와/과 같습니다.

6과 3의 차는 □ 입니다.

4 그림을 보고 □ 안에 알맞은 수를 써넣으세요.

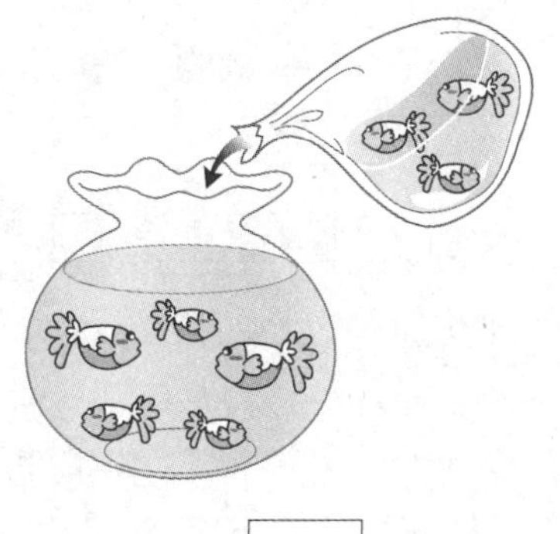

물고기 5마리와 □ 마리를 모으면 모두 □ 마리가 됩니다.

5 뺄셈을 해 보세요.

7−2=□

6 그림에 알맞은 뺄셈식을 써 보세요.

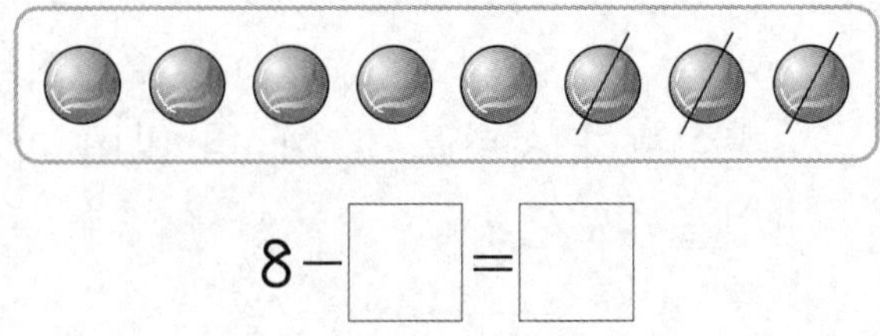

8−□=□

7 보기 와 같이 덧셈식을 써 보세요.

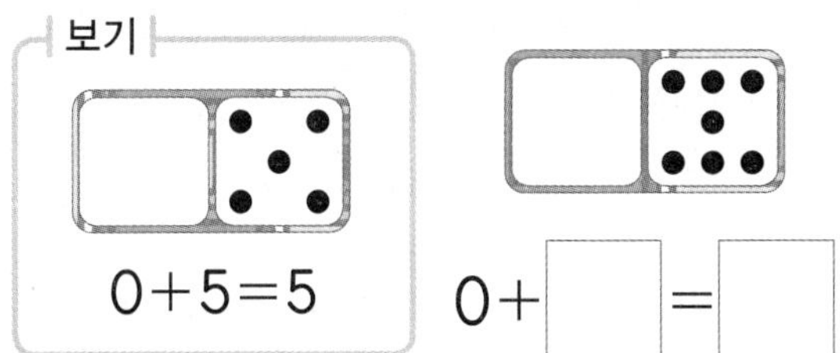

8 빈칸에 알맞은 수를 써넣고 뺄셈을 해 보세요.

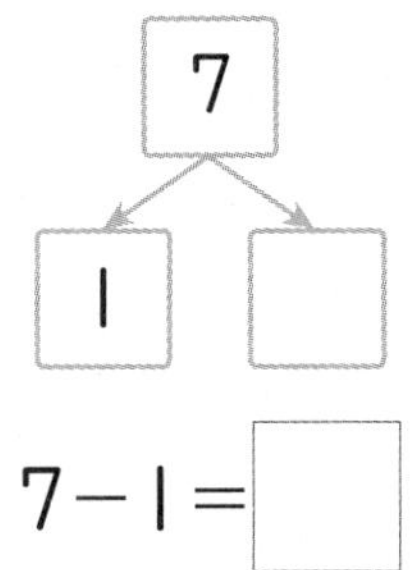

7−1=☐

9 모으기를 하여 9가 되는 두 수를 찾아 ◯표 하세요.

1	4	7	5	3

10 빈칸에 알맞은 수만큼 ◯를 그리고 ☐ 안에 알맞은 수를 써넣으세요.

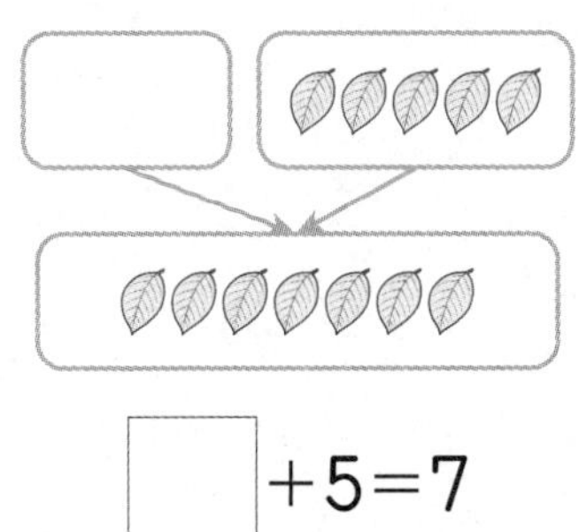

☐+5=7

11 빈칸에 알맞은 수를 써넣으세요.

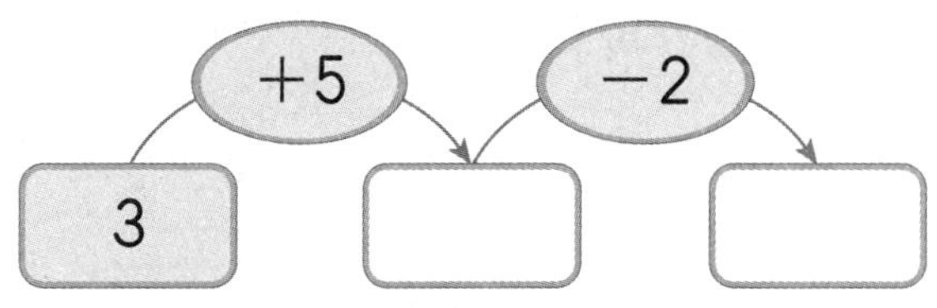

12 계산 결과가 더 작은 것에 ◯표 하세요.

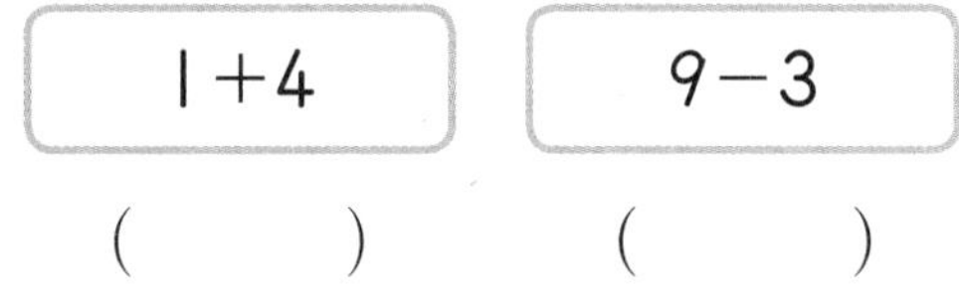

( ) ( )

13 모으기를 하여 7이 되는 것은 어느 것일까요? ……………………… ( )

① (2, 6) ② (3, 5)
③ (4, 5) ④ (4, 3)
⑤ (1, 7)

14 4장의 수 카드 중 가장 큰 수에서 가장 작은 수를 빼는 식을 쓰고 계산해 보세요.

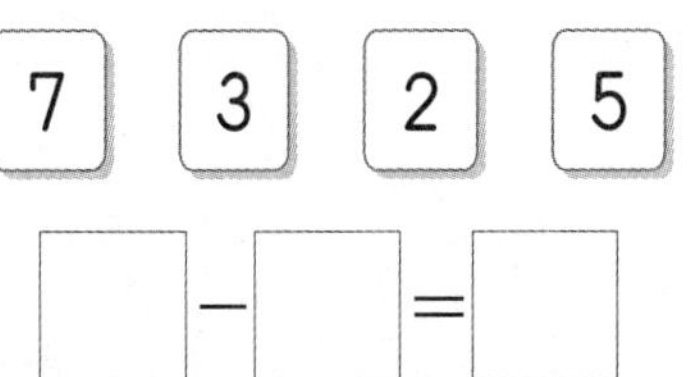

☐−☐=☐

3 단원

15 2+0과 계산 결과가 같은 것은 모두 몇 개일까요?

6−4	7−5
2+2	1+1
9−7	2−2

( )

16 다음 중 뺄셈을 잘못한 것은 어느 것일까요? ························( )

① 8−4=4 ② 7−6=1
③ 6−3=2 ④ 7−2=5
⑤ 8−5=3

17 붕어빵 8개를 민준이와 서우가 똑같이 나누어 먹었습니다. 민준이가 먹은 붕어빵은 몇 개일까요?

( )

18 하윤이는 색종이를 7장 가지고 있습니다. 그중에서 4장으로 종이학을 접으면 남은 색종이는 몇 장일까요?

( )

19 주사위 3개를 동시에 던져서 나온 주사위의 눈이 다음과 같습니다. 나온 눈의 수를 모두 모으면 얼마일까요?

⚂ ⚄ ⚀

( )

서술형

20 만화책을 선우는 9권, 하율이는 3권, 건우는 5권 읽었습니다. 만화책을 가장 많이 읽은 사람은 가장 적게 읽은 사람보다 몇 권 더 많이 읽었는지 풀이 과정을 쓰고 답을 구하세요.

풀이

답 ____________

단원평가 5회

덧셈과 뺄셈

난이도 A B C

점수

스피드 정답 6쪽 | 정답 및 풀이 22쪽

1 모으기를 해 보세요.

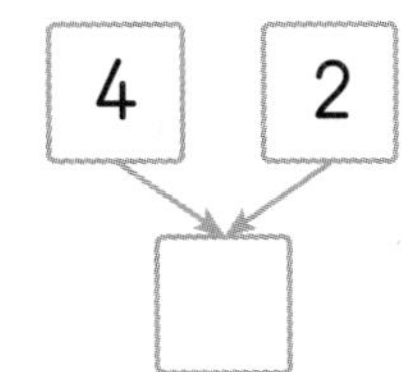

2 뺄셈을 해 보세요.

9−2=□

3 덧셈을 해 보세요.

3+6=□

4 덧셈식을 읽어 보세요.

1+6=7

(　　　　　　　　　　)

5 관계있는 것끼리 선으로 이어 보세요.

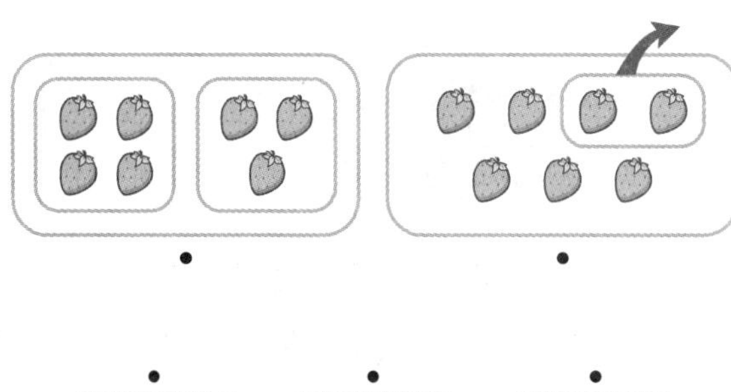

5+1　　4+3　　7−2

6 보기 와 같이 덧셈식을 써 보세요.

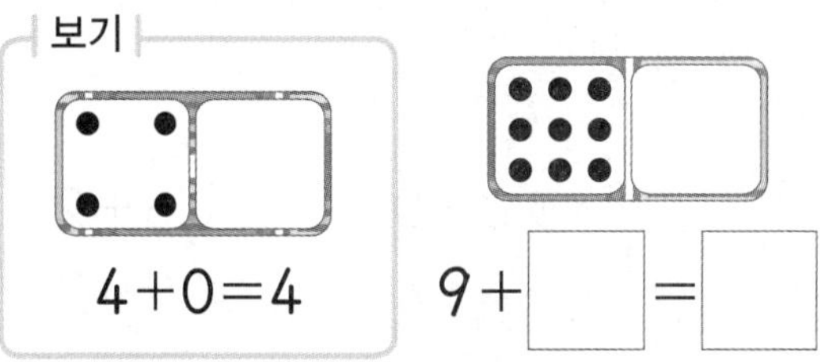

보기

4+0=4

9+□=□

7 모으기를 하여 8이 되도록 두 수를 묶어 보세요.

1	7	8
6	5	3
2	4	9

8 감이 몇 개 남았는지 알맞은 식을 써 보세요.

감이 4개 열려 있었는데
까치가 감 4개를 모두 먹었습니다.

□ − □ = □

9 계산 결과가 다른 하나를 찾아 기호를 써 보세요.

㉠ 8−0 ㉡ 6+2
㉢ 4+4 ㉣ 9−2

( )

10 두 수를 모으기 한 수가 가장 큰 것을 찾아 기호를 써 보세요.

㉠ 2와 5 ㉡ 3과 6 ㉢ 1과 7

( )

11 3장의 수 카드 중에서 가장 큰 수와 가장 작은 수의 차를 구하세요.

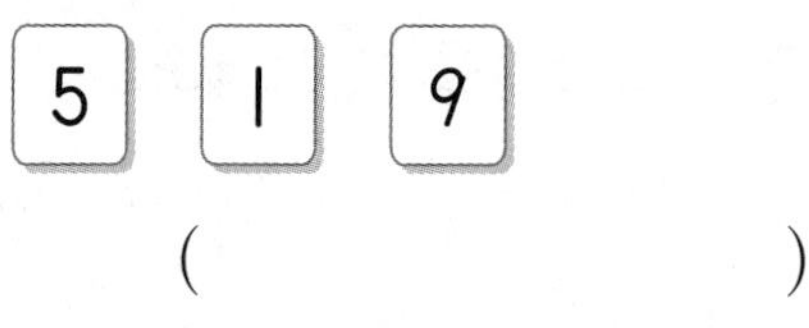

( )

12 계산 결과가 같은 것끼리 선으로 이어 보세요.

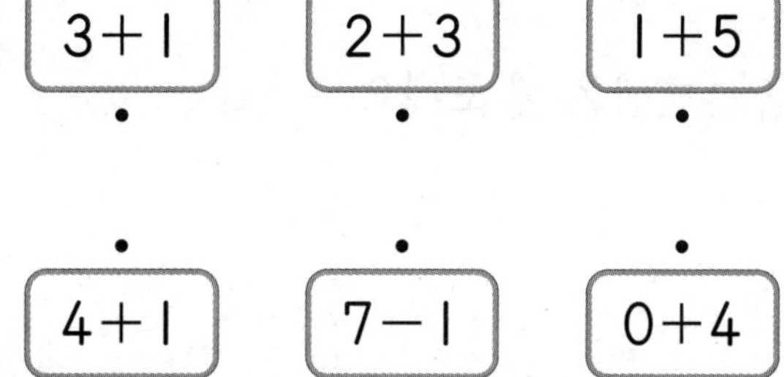

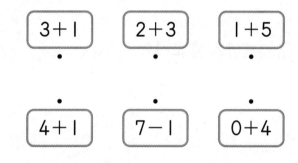

13 빈칸에 알맞은 수를 써넣으세요.

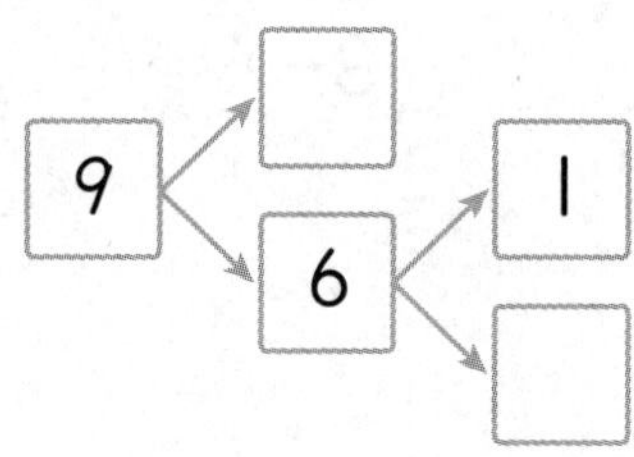

14 계산 결과가 6−2보다 큰 것을 모두 찾아 ○표 하세요.

2+1 8−2 0+5

15 모으기를 보고 만든 덧셈식에서 잘못된 곳을 찾아 바르게 고쳐 보세요.

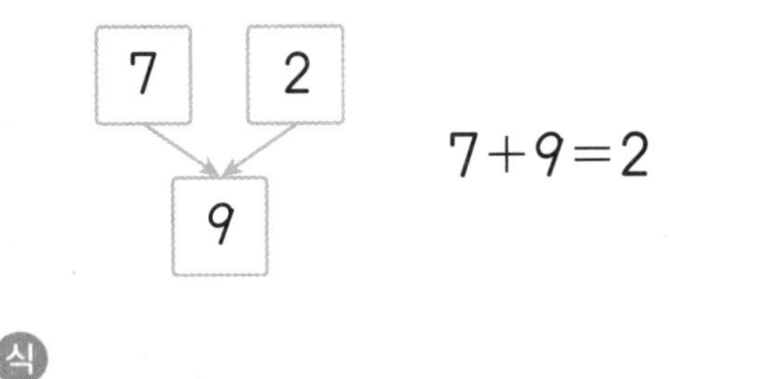

$7+9=2$

식

16 주어진 수를 모두 이용하여 덧셈식과 뺄셈식을 만들어 보세요.

6	2	8

덧셈식

뺄셈식

서술형

17 지환이와 수호는 피자를 똑같이 3조각씩 먹었습니다. 두 사람이 먹은 피자는 모두 몇 조각인지 풀이 과정을 쓰고 답을 구하세요.

풀이

답

18 리본을 지유는 3개, 은호는 4개, 민서는 6개 가지고 있습니다. 리본을 가장 많이 가지고 있는 사람은 가장 적게 가지고 있는 사람보다 몇 개 더 많이 가지고 있을까요?

(   )

3 단원

19 세 사람이 가진 수 카드가 다음과 같습니다. 카드에 적힌 두 수를 모으기 한 수만큼 점수를 얻기로 하면 점수가 가장 높은 사람은 누구일까요?

〈다은〉 〈수현〉 〈준서〉

(   )

서술형

20 동우는 사과를 2개 가지고 있고 진영이는 동우보다 사과를 4개 더 많이 가지고 있습니다. 두 사람이 가지고 있는 사과는 모두 몇 개인지 풀이 과정을 쓰고 답을 구하세요.

풀이

답

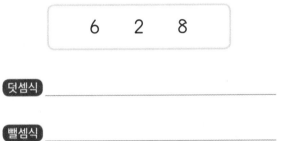

서술형 평가 1 덧셈과 뺄셈

스피드 정답 6쪽 | 정답 및 풀이 23쪽

1 효민이는 주황색 색연필을 4자루, 초록색 색연필을 3자루 가지고 있습니다. 효민이가 가지고 있는 색연필은 모두 몇 자루인지 구하세요.

❶ 4와 3을 모으면 얼마일까요?

(　　　　　　　　)

❷ 효민이가 가지고 있는 색연필은 모두 몇 자루일까요?

(　　　　　　　　)

2 곶감 9개를 두 개의 접시에 나누어 담으려고 합니다. 한 접시에 3개를 담았다면 다른 접시에는 몇 개를 담아야 하는지 구하세요.

❶ 9는 3과 어떤 수로 가를 수 있을까요?

(　　　　　　　　)

❷ 다른 접시에는 곶감을 몇 개 담아야 할까요?

(　　　　　　　　)

3 귤 5개가 있었습니다. 동현이가 4개를 먹은 뒤 민재가 1개를 먹었습니다. 두 사람이 먹고 남은 귤은 몇 개인지 구하세요.

❶ 동현이가 먹고 남은 귤은 몇 개일까요?

( )

❷ 민재가 먹고 남은 귤은 몇 개일까요?

( )

❸ 두 사람이 먹고 남은 귤은 몇 개일까요?

( )

3 단원

4 ㉠과 ㉡의 합을 구하세요.

6+0=㉠
5−2=㉡

❶ ㉠은 얼마일까요?

( )

❷ ㉡은 얼마일까요?

( )

❸ ㉠과 ㉡의 합을 구하세요.

( )

풀이 과정을 직접 쓰는

서술형 평가 ② 덧셈과 뺄셈

점수

스피드 정답 6쪽 | 정답 및 풀이 23쪽

1 9명이 탄 버스가 정류장에 섰습니다. 이번 정류장에서 6명이 내렸다면 버스에 남아 있는 사람은 몇 명인지 풀이 과정을 쓰고 답을 구하세요.

풀이

답 ______________

어떻게 풀까요?

처음 버스에 타고 있던 사람 수에서 이번 정류장에서 내린 사람의 수를 빼는 뺄셈식을 세워 답을 구합니다.

2 사탕을 희정이는 2개 가지고 있고 수정이는 희정이보다 2개 더 많이 가지고 있습니다. 희정이와 수정이가 가지고 있는 사탕은 모두 몇 개인지 풀이 과정을 쓰고 답을 구하세요.

풀이

답 ______________

어떻게 풀까요?

먼저 수정이가 가지고 있는 사탕 수를 구합니다.

3 3장의 수 카드 중에서 가장 큰 수와 가장 작은 수의 합은 얼마인지 풀이 과정을 쓰고 답을 구하세요.

1	7	6

풀이

답 ______________

어떻게 풀까요?

수 카드의 수를 작은 수부터 차례대로 써 보며 가장 큰 수와 가장 작은 수를 찾습니다.

4 연필 8자루를 제나와 초롱이가 나누어 가졌습니다. 제나가 초롱이보다 2자루 더 많이 가졌다면 초롱이가 가진 연필은 몇 자루인지 풀이 과정을 쓰고 답을 구하세요.

풀이

답 ______________

어떻게 풀까요?

먼저 8을 가르기 할 수 있는 방법을 모두 구합니다.

스피드 정답 6쪽 | 정답 및 풀이 23쪽

1 열차에 3명이 타고 있다가 정거장에서 아무도 타지 않았습니다. 지금 열차에 몇 명이 타고 있는지 덧셈식을 써 보세요.

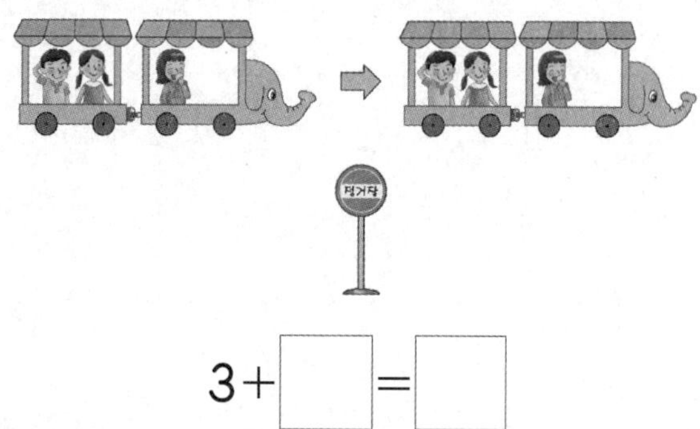

3+□=□

2 그림을 보고 사자와 호랑이의 차는 몇 마리인지 뺄셈식을 써 보세요.

□−□=□

3 빈칸에 알맞은 수를 써넣으세요.

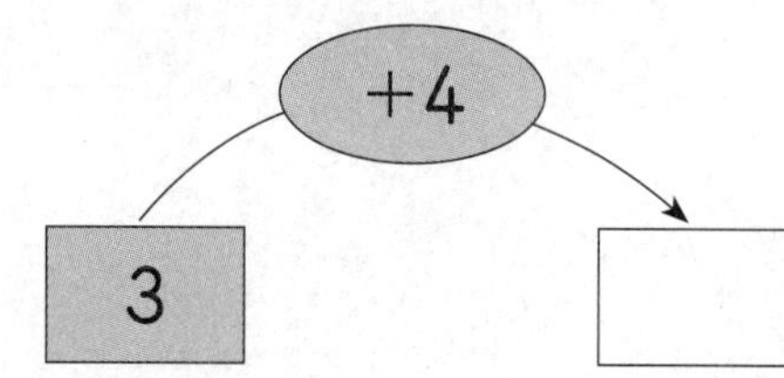

4 4장의 수 카드 중에서 가장 큰 수와 가장 작은 수의 합을 구하세요.

7 3 2 5

( )

5 수 카드 중에서 두 번째로 큰 수와 가장 작은 수의 차를 구하세요.

4 1 6 3

( )

비교하기

비교하기

개념 1 길이 비교하기

(1) 물건의 길이 비교하기

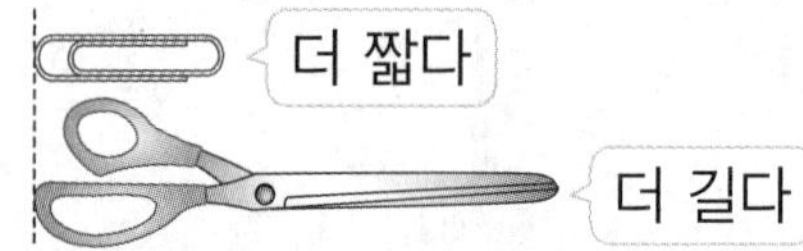

- 한쪽 끝을 맞추고 다른 쪽 끝을 비교합니다.
- 클립과 가위 중에 ❶ [ ] 이/가 더 깁니다.

(2) 키 비교하기

- 아래쪽을 맞추고 위쪽 끝을 비교합니다.
- 제나와 윤호 중에 ❷ [ ] 의 키가 더 작습니다.

개념 2 무게 비교하기

- 손으로 들어 보거나 경험을 생각하여 비교합니다.
- 고양이와 코끼리 중에 ❸ [ ] 가 더 무겁습니다.

개념 3 넓이 비교하기

- 한쪽 끝을 맞추어 겹쳐 맞대어 보았을 때 남는 쪽이 더 넓습니다.
- 책과 스케치북 중에 ❹ [ ] 이 더 좁습니다.

개념 4 담을 수 있는 양 비교하기

(1) 그릇의 모양과 크기가 다른 경우

- **그릇의 크기가 클수록** 담을 수 있는 양이 많습니다.
- 주전자가 컵보다 담을 수 있는 양이 더 많습니다.

(2) 그릇의 모양과 크기가 같은 경우

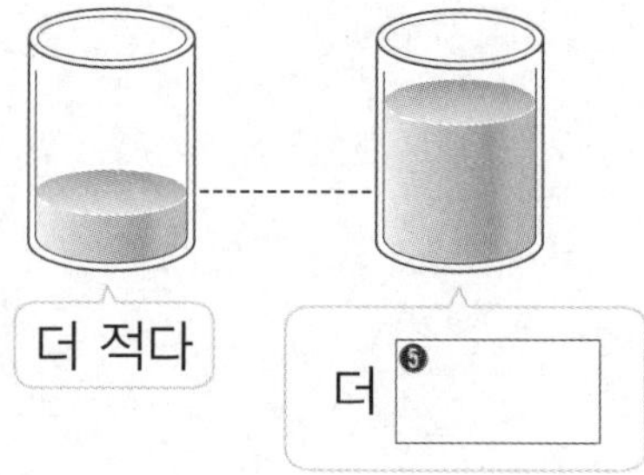

- **물의 높이가 높을수록** 물의 양이 많습니다.
- 왼쪽 컵에 담긴 물의 양이 오른쪽 컵에 담긴 물의 양보다 더 적습니다.

| 정답 | ❶ 가위 ❷ 제나 ❸ 코끼리 ❹ 책 ❺ 많다

쪽지시험 1회 비교하기

스피드 정답 6쪽 | 정답 및 풀이 24쪽

1 더 긴 것에 ○표 하세요.

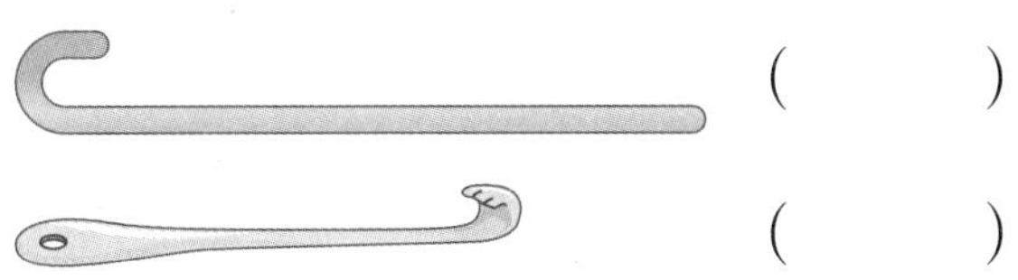

( )
( )

2 더 짧은 것에 △표 하세요.

( )
( )

[3~4] 그림을 보고 알맞은 말에 ○표 하세요.

3 아빠는 유진이보다 키가 더
(큽니다 , 작습니다).

4 유진이는 엄마보다 키가 더
(큽니다 , 작습니다).

5 가장 긴 것에 ○표 하세요.

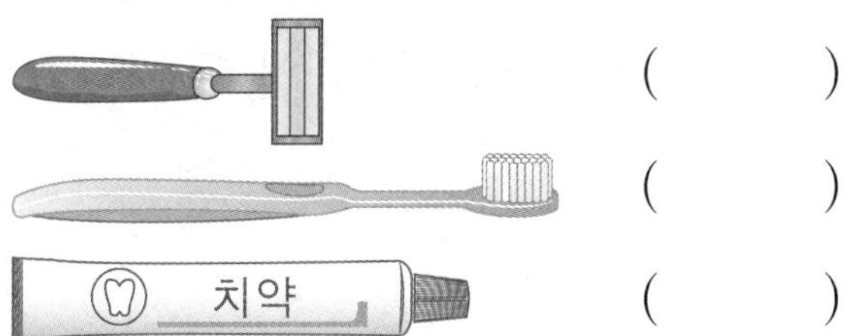

( )
( )
( )

6 더 무거운 것에 ○표 하세요.

( ) ( )

7 더 가벼운 것에 △표 하세요.

( ) ( )

[8~9] 그림을 보고 알맞은 말에 ○표 하세요.

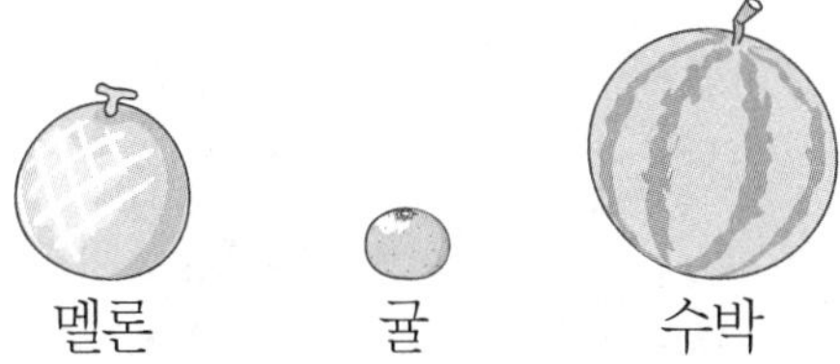

8 멜론은 귤보다 더
(가볍습니다 , 무겁습니다).

9 귤은 수박보다 더
(가볍습니다 , 무겁습니다).

10 가장 무거운 것에 ○표 하세요.

( ) ( ) ( )

쪽지시험 2회 비교하기

점수

스피드 정답 6쪽 | 정답 및 풀이 24쪽

[1~2] 그림을 보고 알맞은 말에 ○표 하세요.

1

공책은 신문보다 더
(넓습니다 , 좁습니다).

2

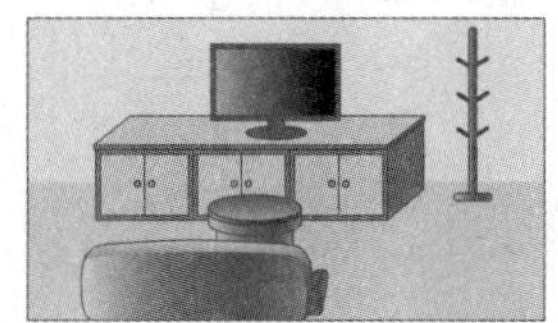

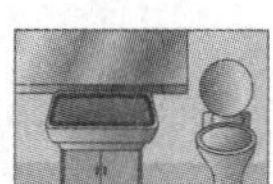

거실은 화장실보다 더
(넓습니다 , 좁습니다).

3 더 넓은 것에 ○표 하세요.

(　　) (　　)

4 더 좁은 것에 △표 하세요.

(　　) (　　)

5 관계있는 것끼리 선으로 이어 보세요.

 •　　•  더 좁다

 •　　• 더 넓다

6 더 많이 담을 수 있는 것에 ○표 하세요.

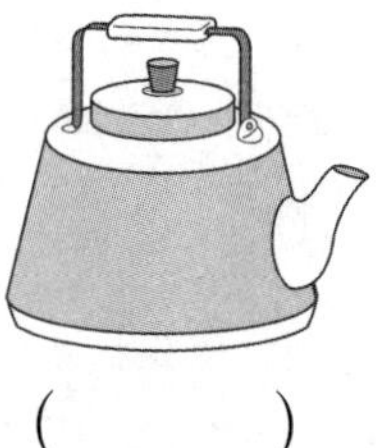 

(　　) (　　)

7 담긴 물의 양이 더 많은 것에 ○표 하세요.

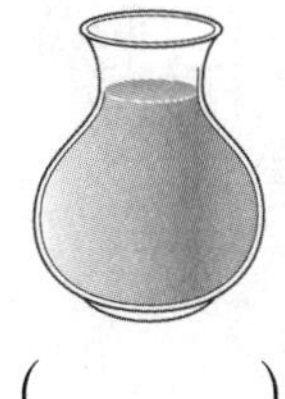 

(　　) (　　)

[8~9] 담긴 물의 양이 더 적은 것에 △표 하세요.

8

(　　) (　　)

9

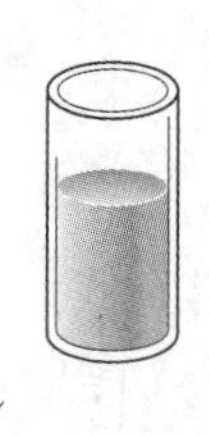 

(　　) (　　)

10 컵에 물이 가득 차 있습니다. 담긴 물의 양이 더 많은 것의 기호를 써 보세요.

가  나 

(　　　　)

비교하기

1 더 긴 것에 ○표 하세요.

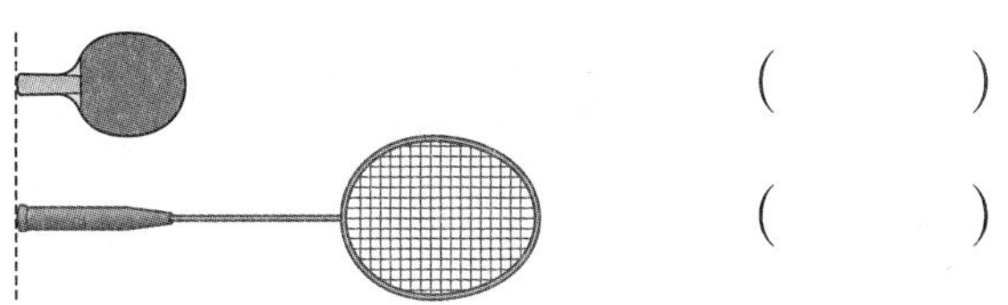

( )
( )

2 더 짧은 것에 △표 하세요.

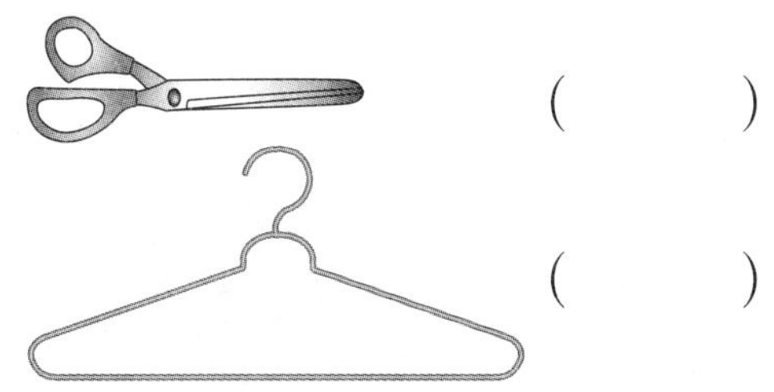

( )
( )

3 □ 안에 알맞은 말을 써넣으세요.

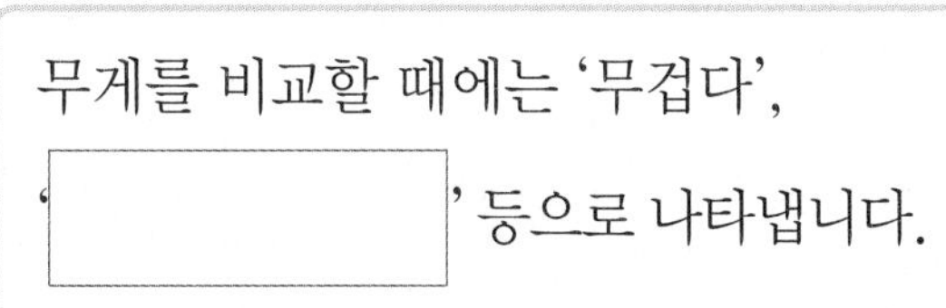

무게를 비교할 때에는 '무겁다',
'□' 등으로 나타냅니다.

4 더 긴 것에 ○표 하세요.

( ) ( )

5 더 가벼운 것에 △표 하세요.

( ) ( )

6 그림을 보고 알맞은 말에 ○표 하세요.

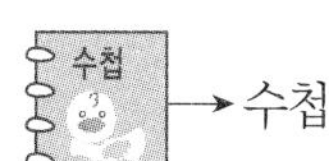

수첩이 사진보다 더
(넓습니다 , 좁습니다).

7 관계있는 것끼리 선으로 이어 보세요.

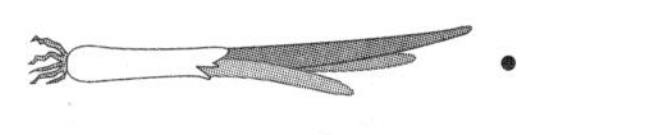 • • 더 짧다

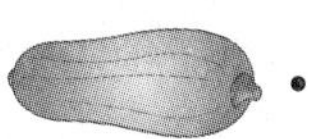 • • 더 길다

8 그림을 보고 알맞은 말에 ○표 하세요.

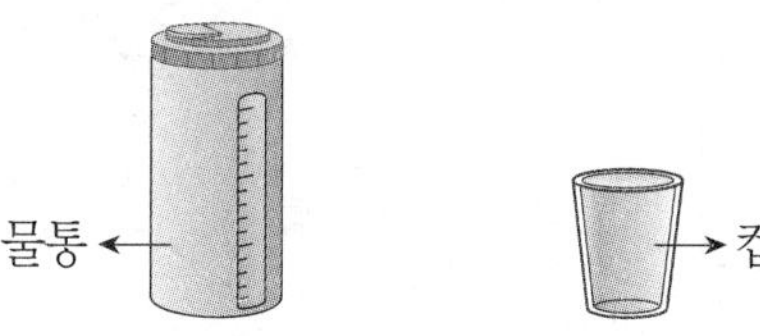

컵이 물통보다 담을 수 있는 양이 더
(많습니다 , 적습니다).

9 더 넓은 것에 ○표 하세요.

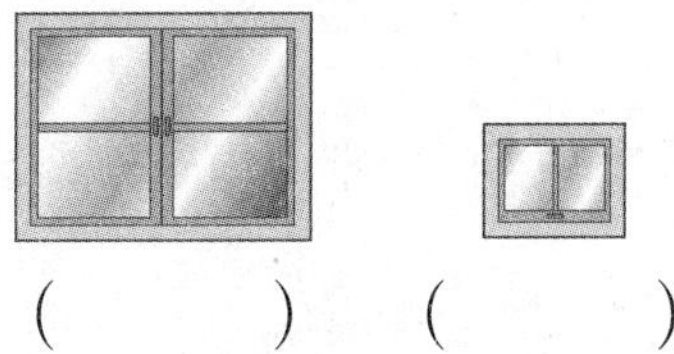

( ) ( )

10 담을 수 있는 물의 양이 더 적은 것의 기호를 써 보세요.

( )

11 그림을 보고 더 무거운 사람의 이름을 써 보세요.

( )

12 가장 짧은 것에 △표 하세요.

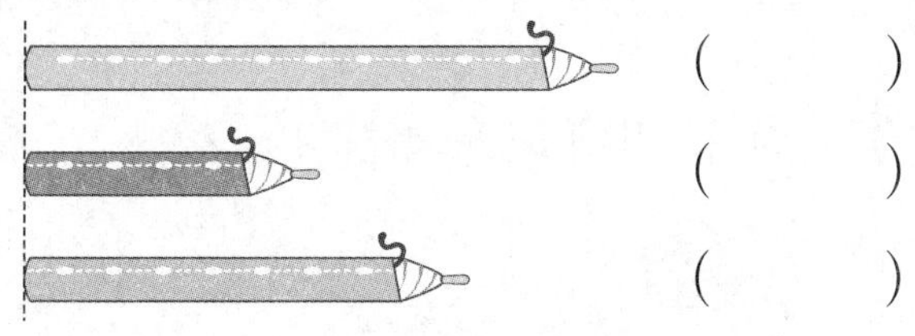

( )

( )

( )

13 야구공보다 더 가벼운 것에 △표 하세요.

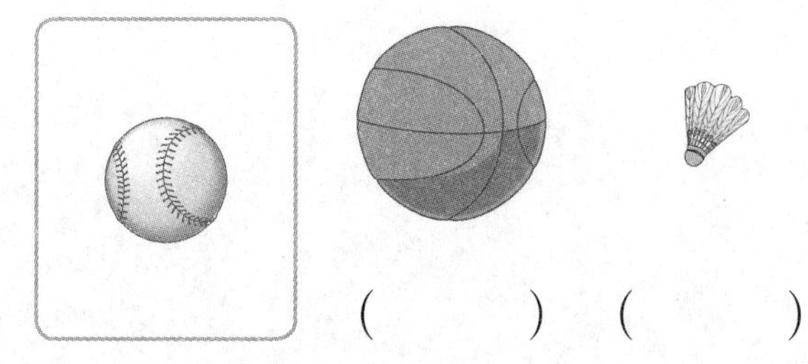

( ) ( )

14 가장 넓은 것에 ○표, 가장 좁은 것에 △표 하세요.

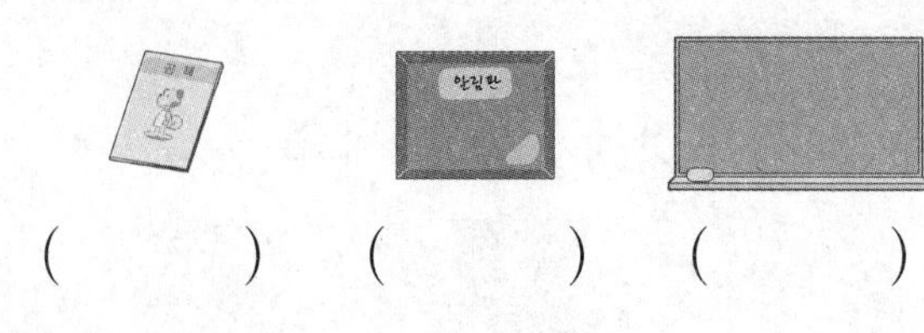

( ) ( ) ( )

15 가장 무거운 것에 ○표, 가장 가벼운 것에 △표 하세요.

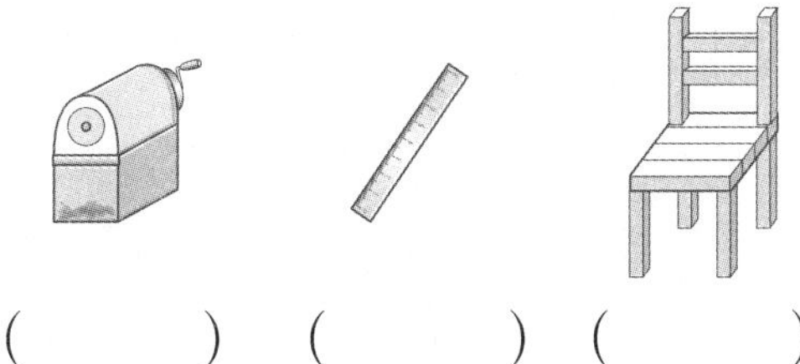

( ) ( ) ( )

16 두 줄넘기 중에서 곧게 폈을 때 더 긴 것을 찾아 기호를 써 보세요.

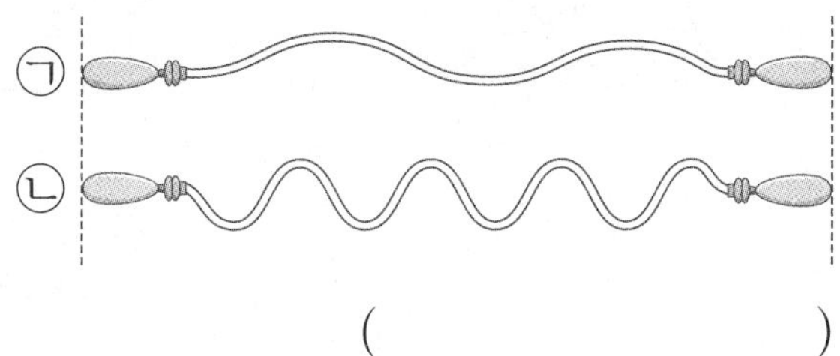

( )

17 가장 많이 담을 수 있는 것을 찾아 기호를 써 보세요.

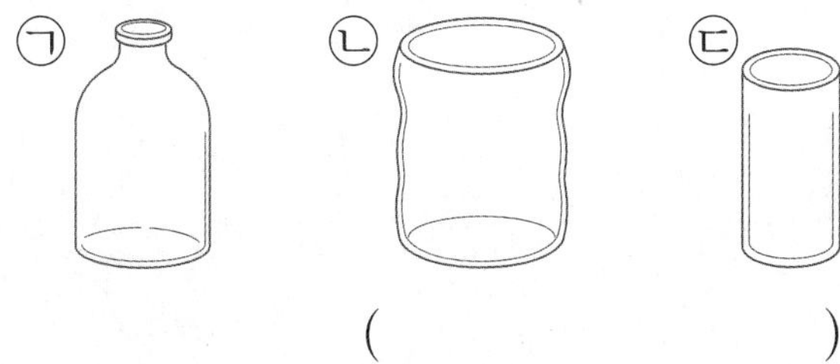

( )

18 넓은 것부터 차례대로 기호를 써 보세요.

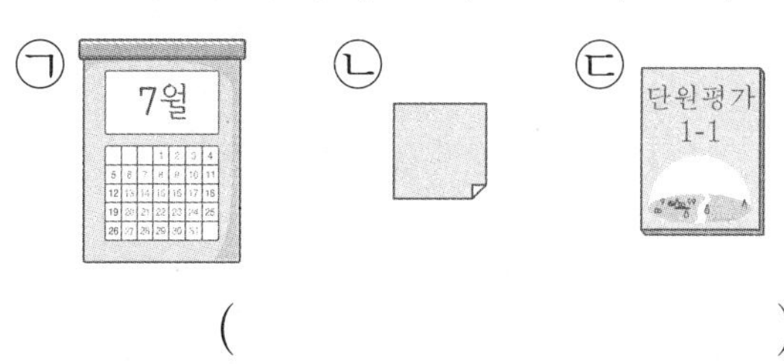

( )

19 담긴 물의 양이 적은 그릇부터 차례대로 기호를 써 보세요.

( )

20 긴 것부터 순서대로 1, 2, 3을 써 보세요.

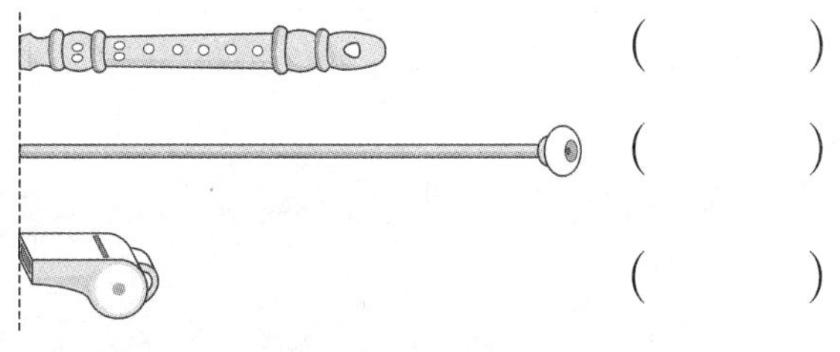

( )

( )

( )

단원평가 2회

비교하기

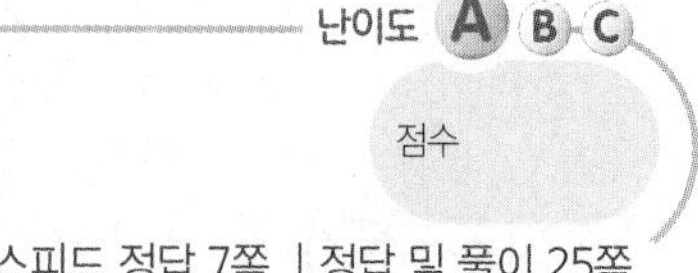

스피드 정답 7쪽 | 정답 및 풀이 25쪽

1 더 짧은 것에 △표 하세요.

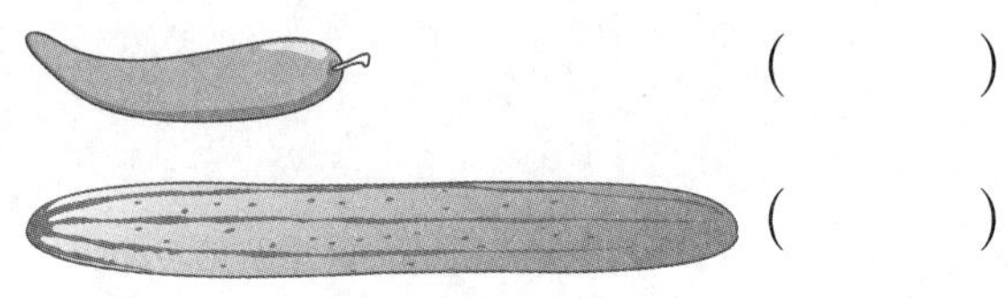

( )
( )

2 더 낮은 것에 △표 하세요.

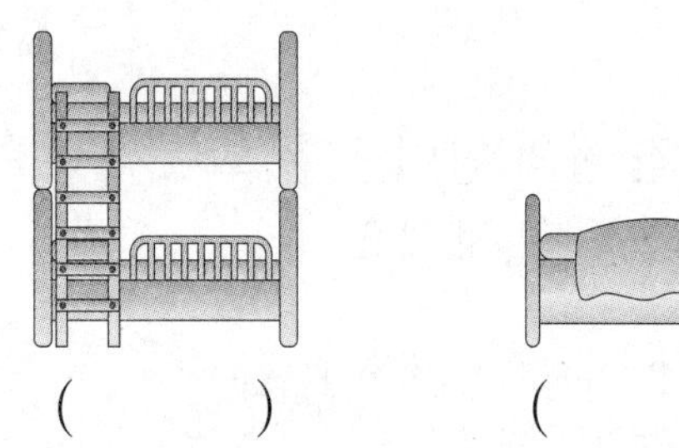

( ) ( )

3 더 무거운 것에 ○표 하세요.

( ) ( )

4 더 가벼운 것에 △표 하세요.

( ) ( )

5 더 낮은 것에 △표 하세요.

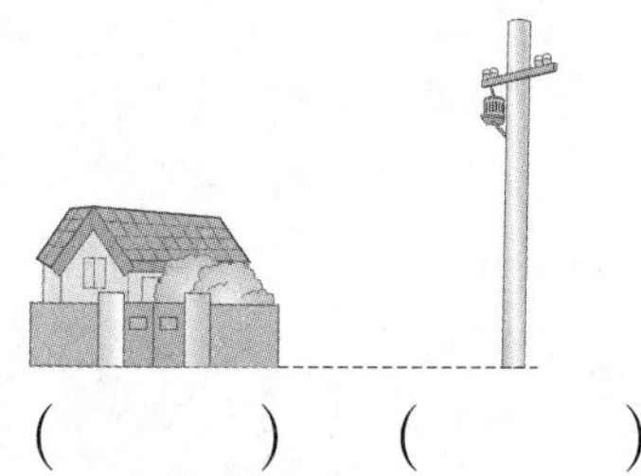

( ) ( )

6 관계있는 것끼리 선으로 이어 보세요.

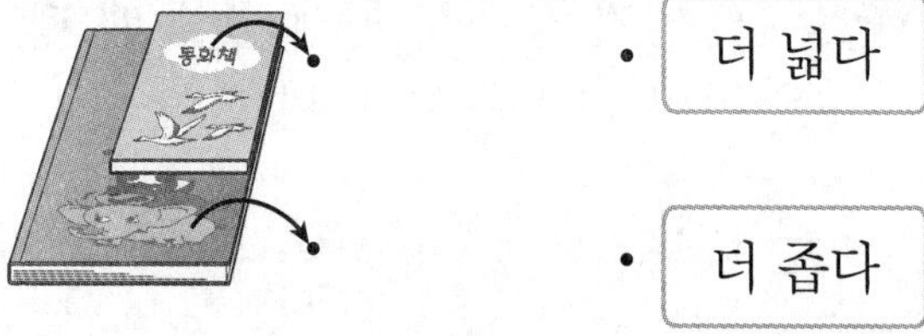

[7~8] 그림을 보고 알맞은 말에 ○표 하세요.

7

채민이는 소희보다 키가 더
(큽니다 , 작습니다).

8

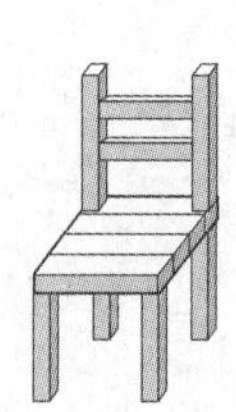

의자가 신발주머니보다 더
(무겁습니다 , 가볍습니다).

9 두 연필의 길이를 비교하는 방법으로 바른 것을 찾아 기호를 써 보세요.

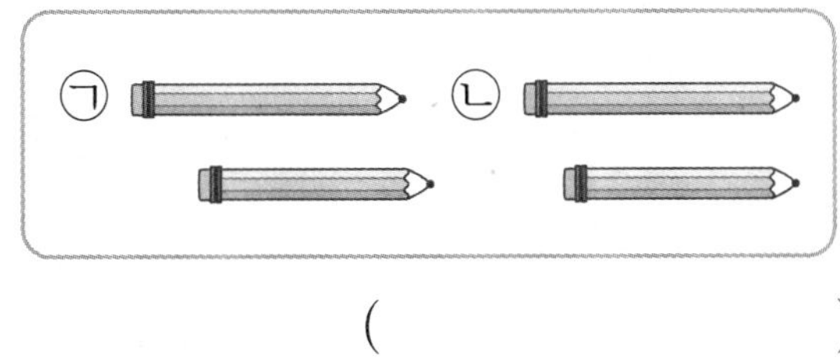

( )

10 더 좁은 것의 이름을 써 보세요.

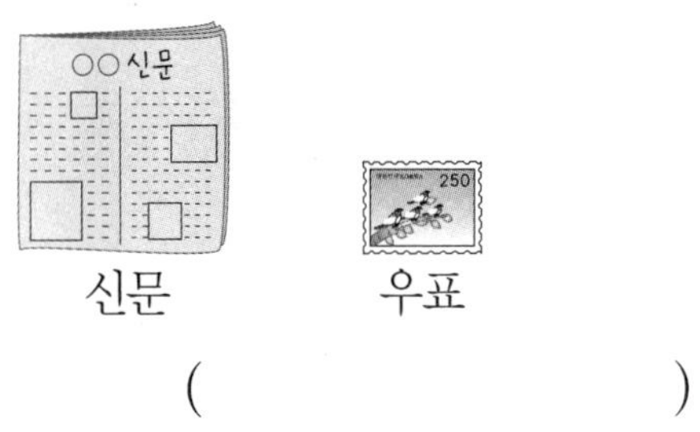

신문 우표

( )

11 담긴 물의 양이 더 많은 그릇의 기호를 써 보세요.

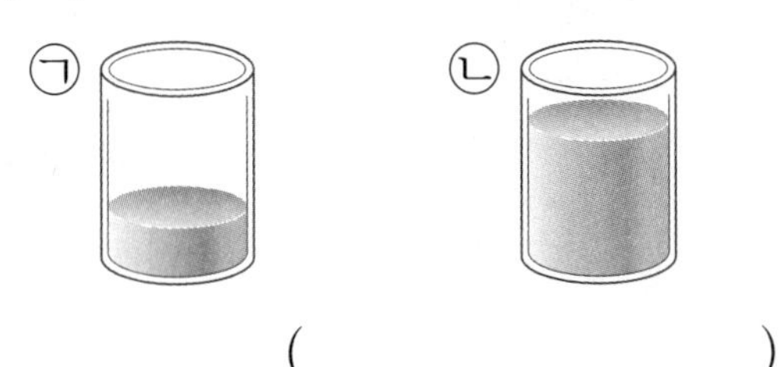

( )

12 테니스장과 축구장 중 더 넓은 곳은 어디일까요?

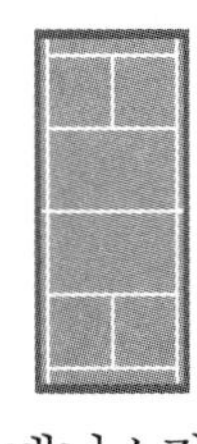

테니스장

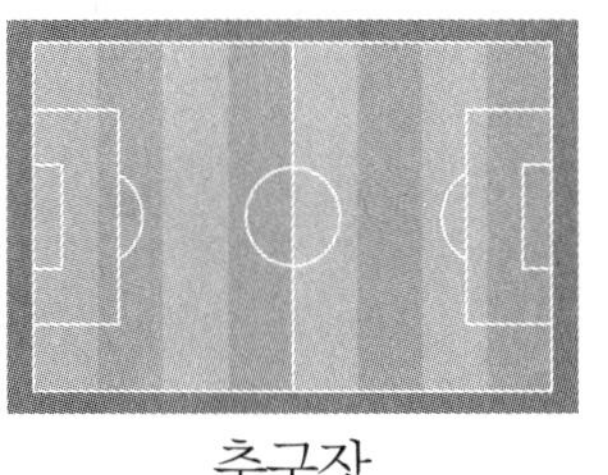
축구장

( )

13 가장 넓은 것에 ○표 하세요.

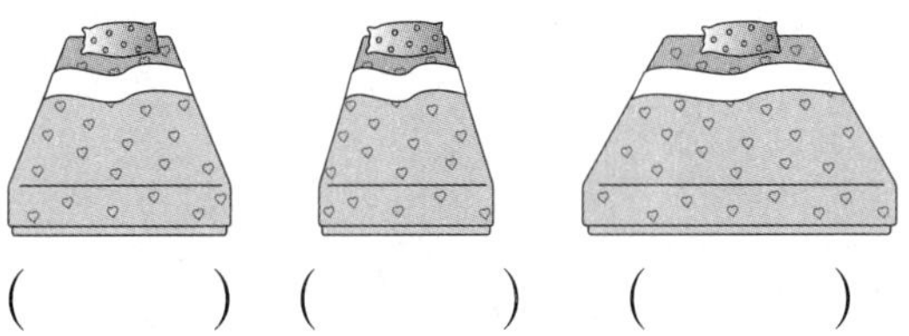

( ) ( ) ( )

14 가장 무거운 과일의 이름을 써 보세요.

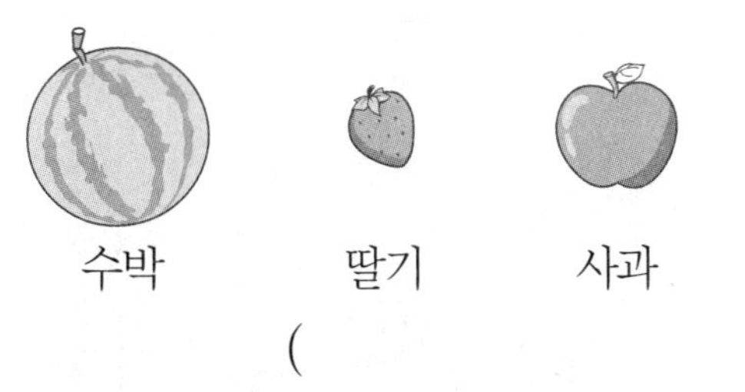
수박 딸기 사과

( )

15 가장 넓은 것에 색칠해 보세요.

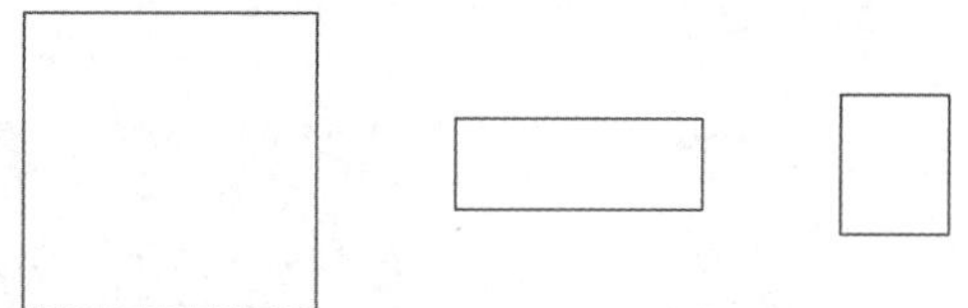

16 가장 긴 것에 ○표, 가장 짧은 것에 △표 하세요.

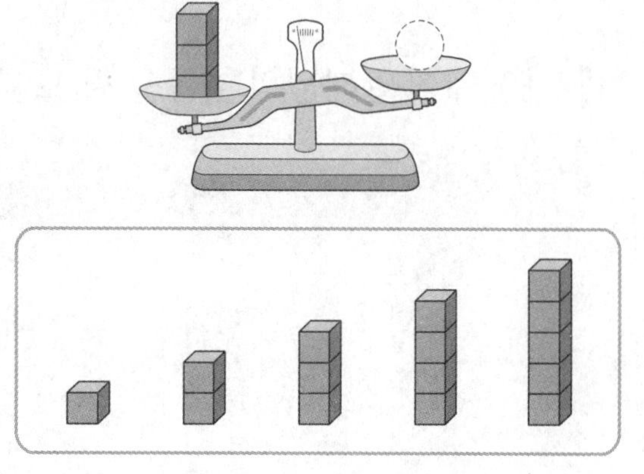

( )
( )
( )

17 ◌에 들어갈 수 있는 쌓기나무를 모두 찾아 ○표 하세요. (단, 쌓기나무의 무게는 모두 같습니다.)

18 가장 무거운 것에 ○표, 가장 가벼운 것에 △표 하세요.

( ) ( ) ( )

19 담을 수 있는 물의 양이 많은 것부터 차례대로 기호를 써 보세요.

( )

20 현주와 예원이는 크기가 같은 색종이를 겹치지 않게 여러 장 이어 붙였습니다. 누가 색종이를 더 넓게 이어 붙였는지 써 보세요.

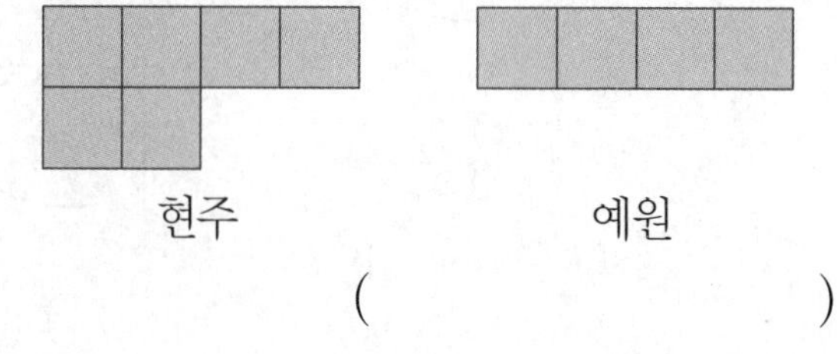

( )

비교하기

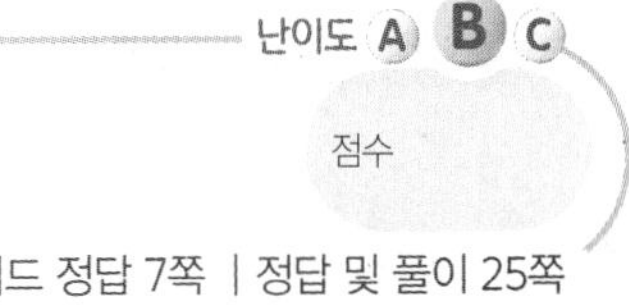

스피드 정답 7쪽 | 정답 및 풀이 25쪽

1 더 긴 것에 ○표 하세요.

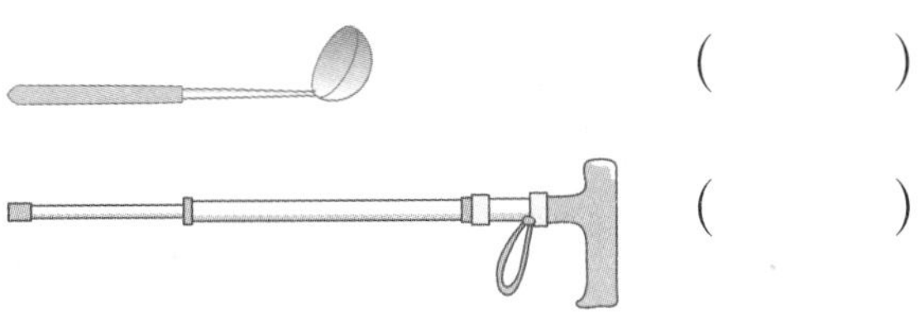

(　　　)

(　　　)

2 더 낮은 것에 △표 하세요.

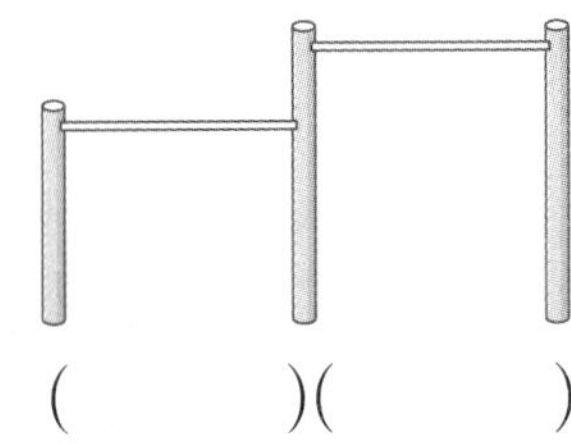

(　　　)(　　　)

3 더 가벼운 것에 △표 하세요.

(　　　)　　(　　　)

4 담긴 물의 양이 더 적은 것에 △표 하세요.

(　　　)　　(　　　)

[5~6] 그림을 보고 알맞은 말에 ○표 하세요.

5 유리컵은 커피잔보다 담을 수 있는 양이 더 (많습니다 , 적습니다).

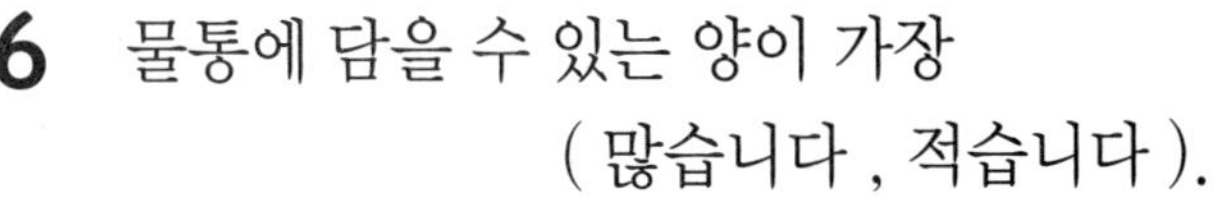

6 물통에 담을 수 있는 양이 가장 (많습니다 , 적습니다).

7 넓이를 비교하는 방법으로 바른 것에 ○표 하세요.

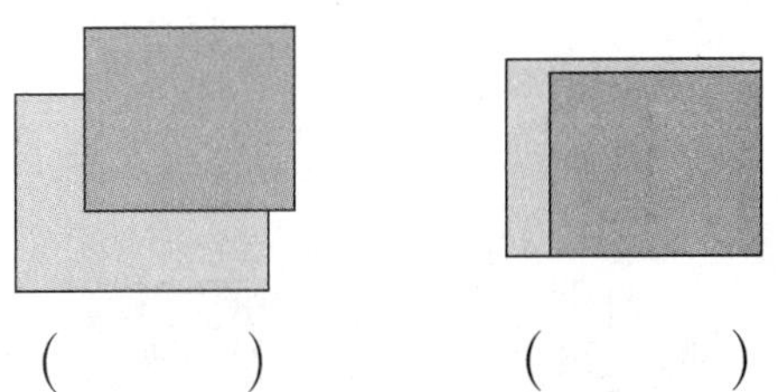

(　　　)　　(　　　)

8 보기 의 동화책보다 더 넓은 것에 ○표 하세요.

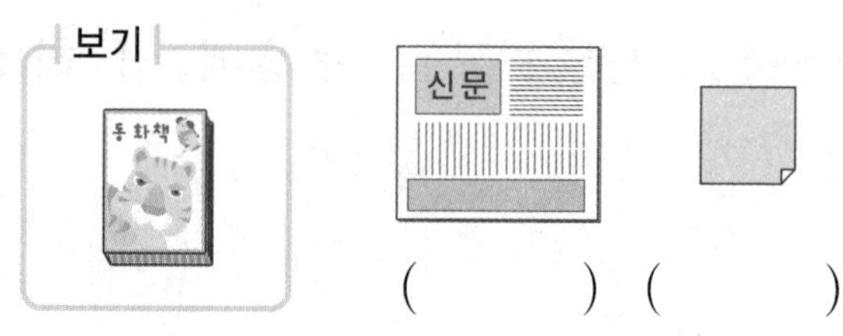

( ) ( )

9 가장 무거운 것을 찾아 기호를 써 보세요.

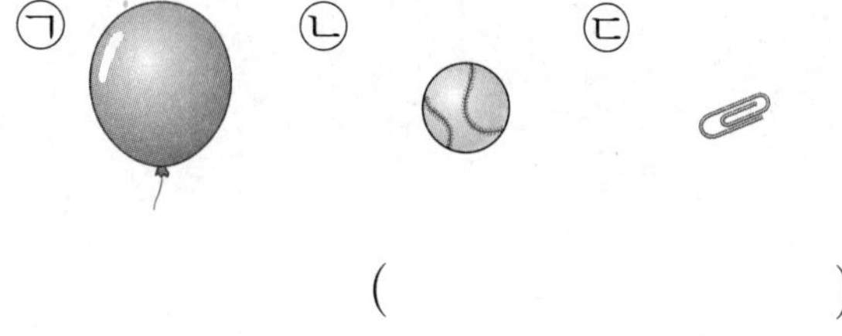

( )

10 키가 가장 큰 사람의 이름을 써 보세요.

( )

11 책상보다 더 높은 것에 모두 ○표 하세요.

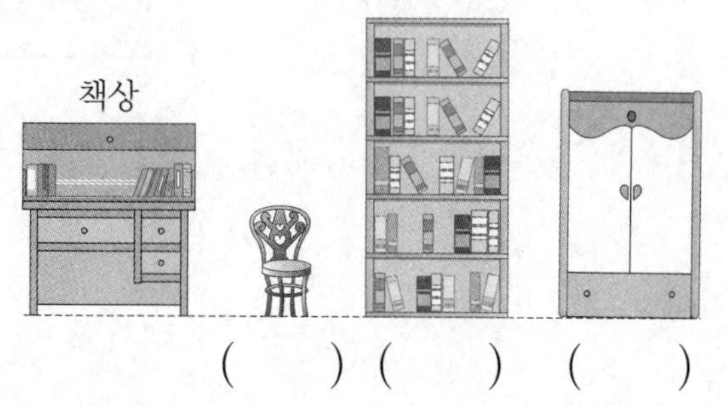

( ) ( ) ( )

12 □ 안에 알맞은 이름을 써넣으세요.

□이는 □이보다 더 가볍습니다.

13 고구마보다 더 긴 것에 모두 ○표 하세요.

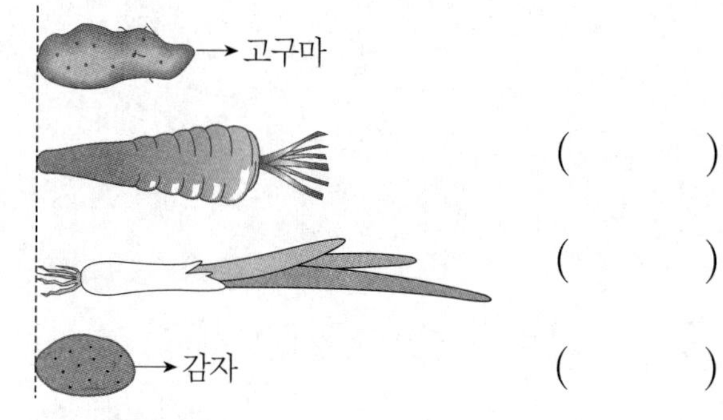

( )
( )
( )

14 가장 많이 담을 수 있는 것에 ○표 하세요.

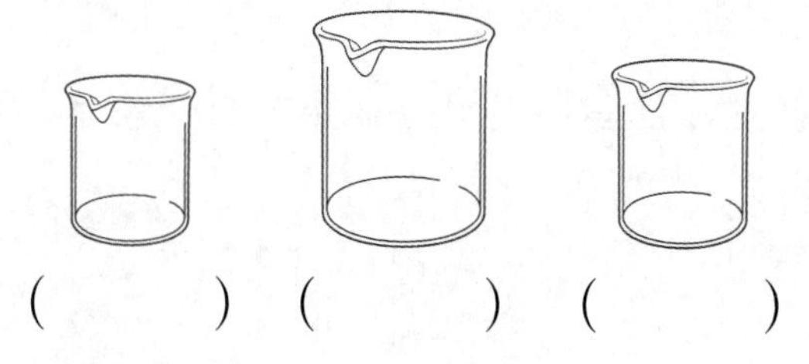

( ) ( ) ( )

〔15~16〕 그릇에 물이 가득 담겨 있습니다. 그림을 보고 물음에 답하세요.

15 담긴 물의 양이 가장 많은 그릇의 기호를 써 보세요.

( )

16 담긴 물의 양이 가장 적은 그릇의 기호를 써 보세요.

( )

17 가장 가벼운 동물을 써 보세요.

호랑이는 코뿔소보다 더 가볍고 사슴보다 더 무겁습니다.

( )

18 가장 긴 것에 ○표, 가장 짧은 것에 △표 하세요.

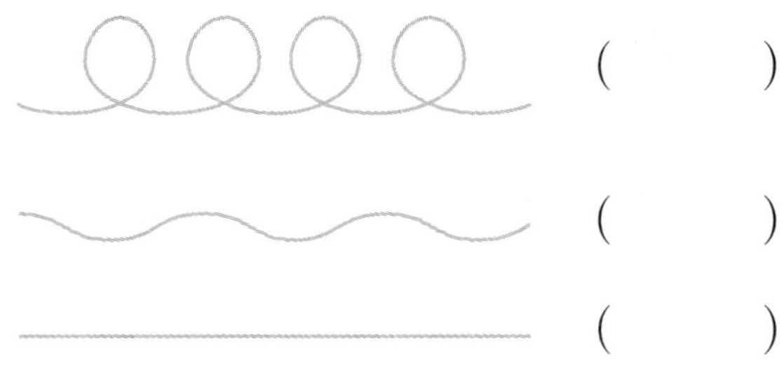

( )

( )

( )

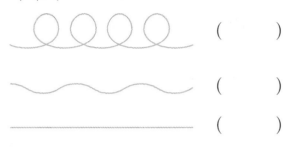

19 담긴 물의 양이 많은 것부터 순서대로 1, 2, 3을 써 보세요.

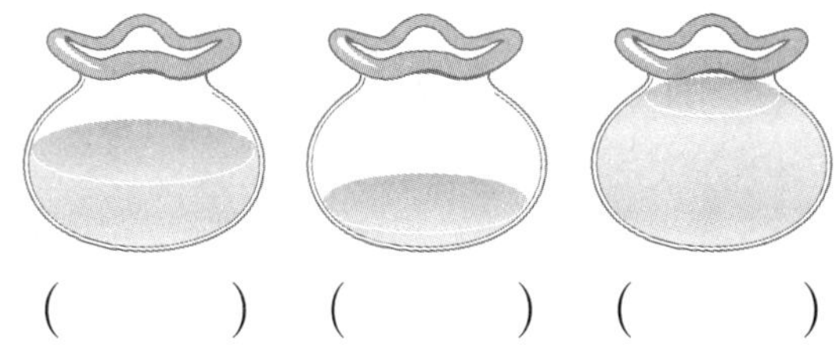

( ) ( ) ( )

서술형

20 똑같은 병 속에 소금과 솜이 각각 가득 담겨 있습니다. 무엇이 담겨 있는 병이 더 무거운지 답과 그 까닭을 써 보세요.

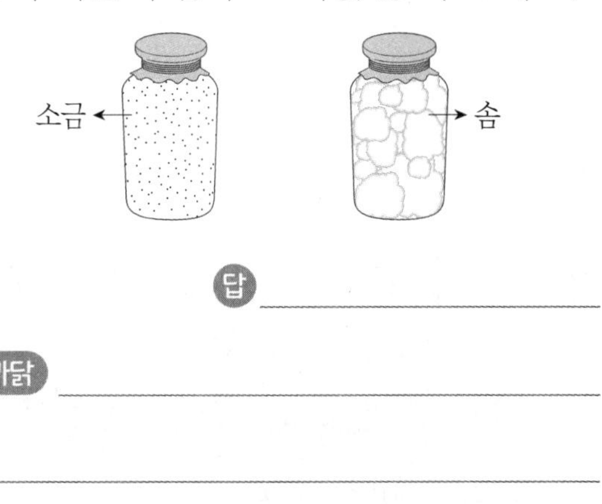

답 ______________________

까닭 ______________________

단원평가 4회 비교하기

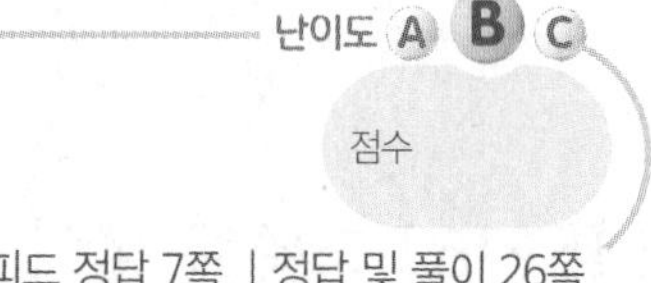

스피드 정답 7쪽 | 정답 및 풀이 26쪽

1 더 짧은 것에 △표 하세요.

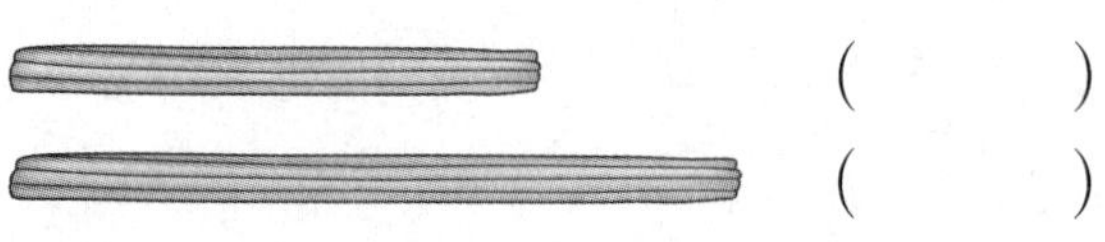

( )
( )

2 키가 더 작은 것에 △표 하세요.

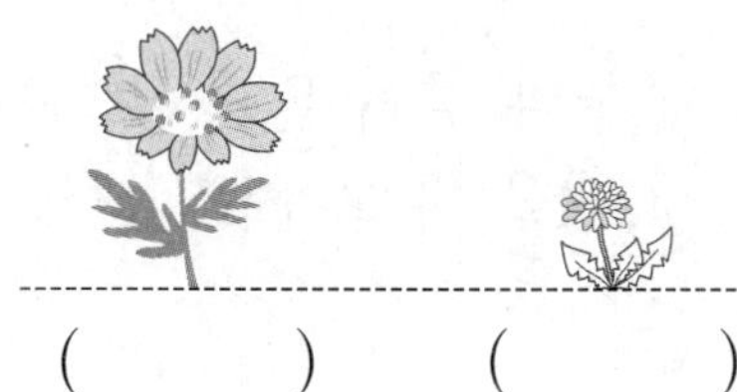

( ) ( )

3 더 무거운 것에 ○표 하세요.

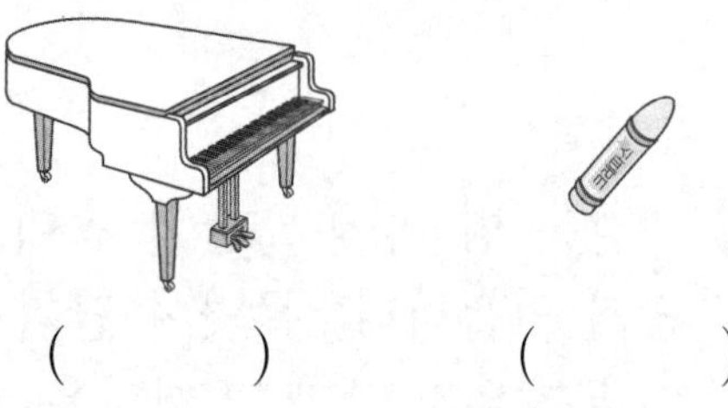

( ) ( )

4 그림을 보고 알맞은 말에 ○표 하세요.

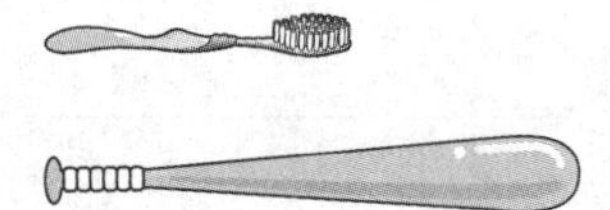

야구 방망이가 칫솔보다 더
(깁니다 , 짧습니다).

5 담긴 물의 양을 비교하여 □ 안에 알맞은 말을 보기 에서 찾아 써넣으세요.

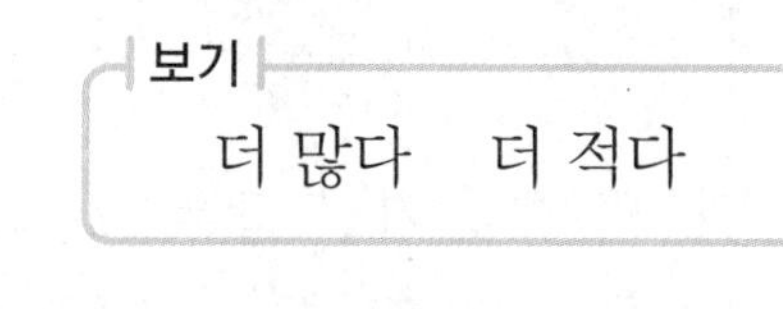

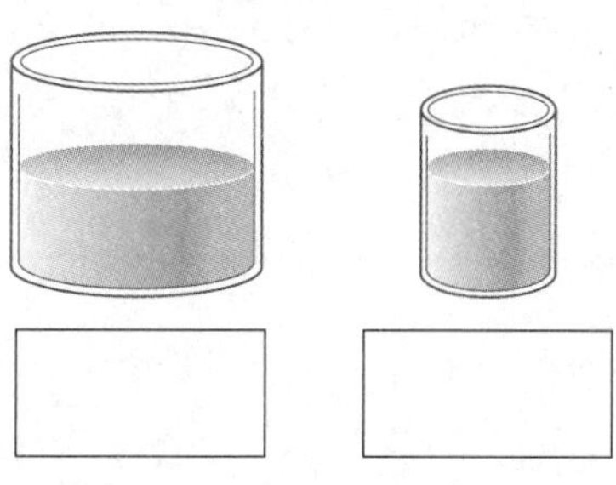

[6~7] 그림을 보고 알맞은 말에 ○표 하세요.

6

강아지의 몸무게는 코끼리보다 더
(큽니다 , 무겁습니다 , 가볍습니다).

7

토끼의 귀의 길이는 햄스터의 귀보다 더
(짧습니다 , 깁니다 , 가볍습니다).

8 가장 높은 것에 ○표 하세요.

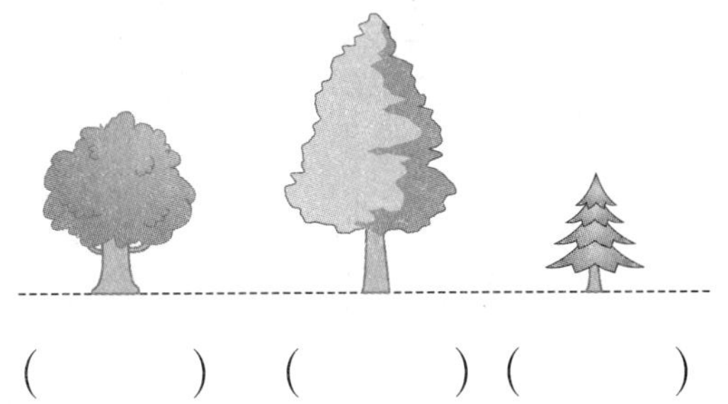

( ) ( ) ( )

9 선풍기보다 더 가벼운 것은 모두 몇 개일까요?

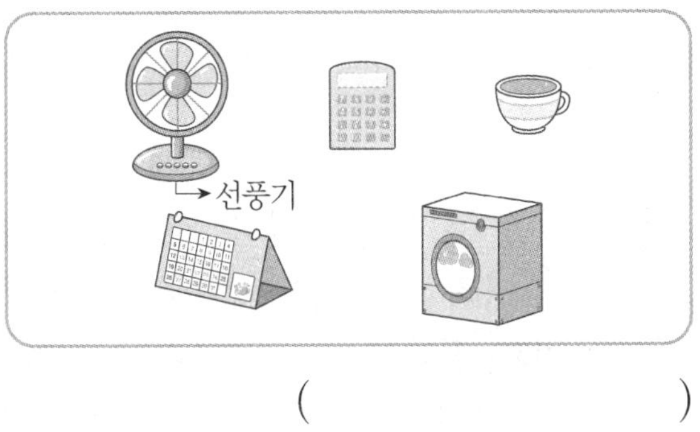

( )

10 알맞은 컵을 찾아 선으로 이어 보세요.

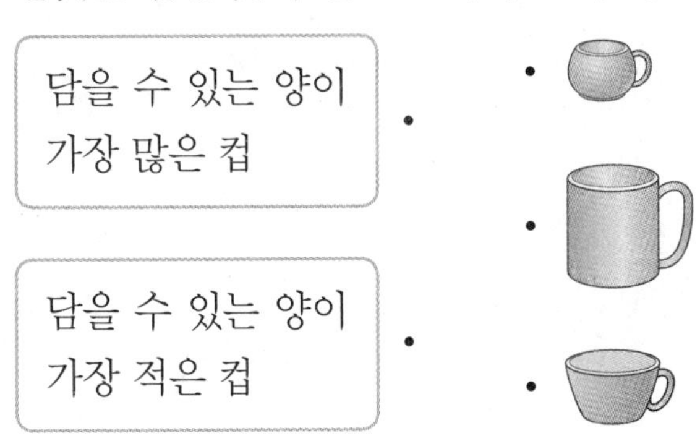

11 ▨보다 넓고 ▨보다 좁은 □ 모양을 그려 보세요.

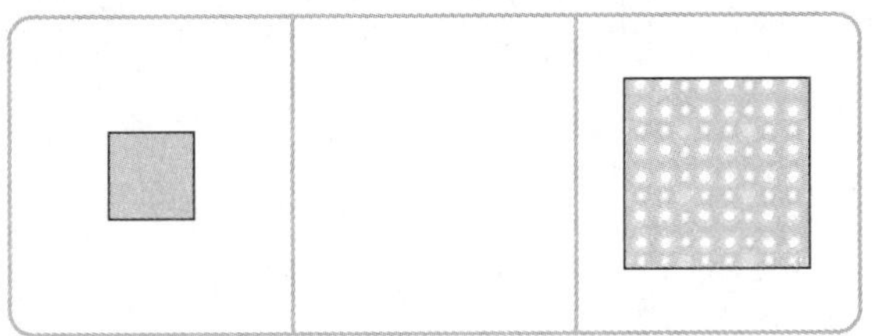

12 칫솔보다 더 긴 것은 모두 몇 개일까요?

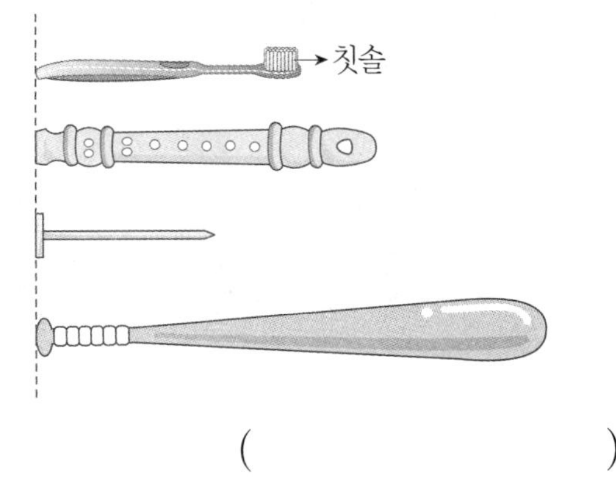

( )

13 예나와 규영이는 각자 자기의 컵에 주스를 가득 담아 모두 마셨습니다. 예나가 규영이보다 주스를 더 많이 마셨을 때 예나의 컵에 ○표 하세요.

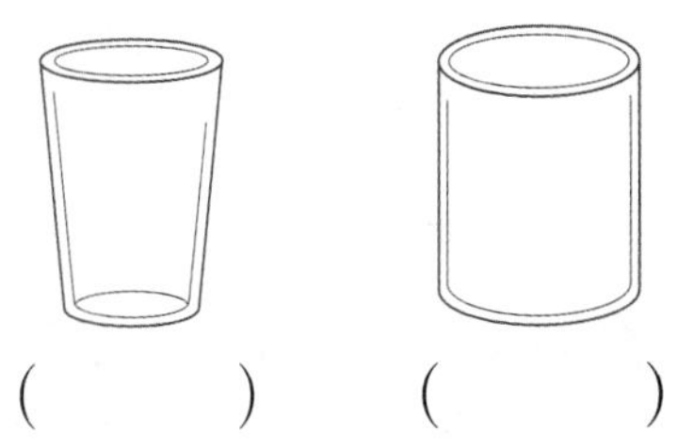

( ) ( )

14 가장 넓은 조각에 색칠해 보세요.

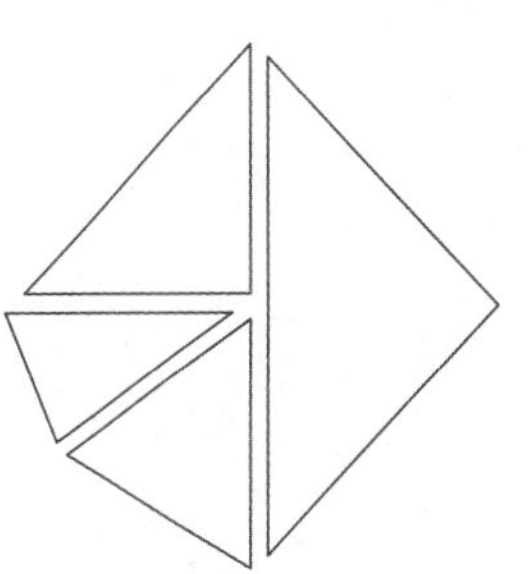

15 키가 가장 큰 사람에 ○표, 키가 가장 작은 사람에 △표 하세요.

(　　) (　　) (　　)

16 가벼운 물건부터 차례대로 써 보세요.

- 딱지는 지우개보다 더 가볍습니다.
- 구슬은 지우개보다 더 무겁습니다.

(　　　　　　　　)

서술형

17 가장 무거운 것은 무엇인지 풀이 과정을 쓰고 답을 구하세요.

에어컨은 선풍기보다 더 무겁고 냉장고보다 더 가볍습니다.

답 ____________

18 친구들이 똑같은 컵에 물을 가득 따라 마신 후 남은 것입니다. 물을 가장 적게 마신 사람은 누구일까요?

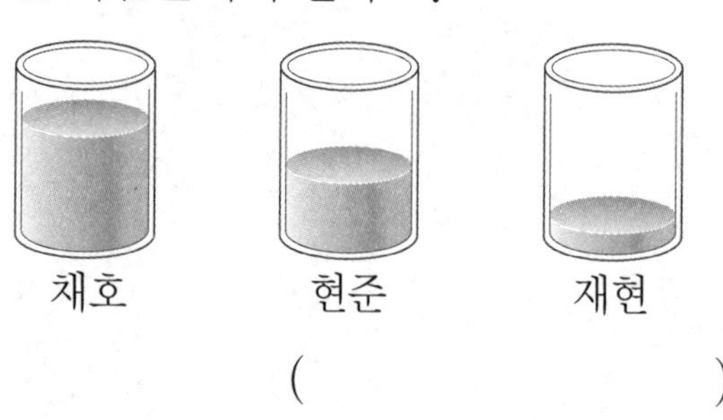

(　　　　　　　　)

19 똑같은 두 상자에 각각 축구공과 탁구공을 1개씩 넣은 후 시소에 올려놓았더니 그림과 같습니다. ㉯ 상자에 넣은 공은 무엇일까요?

(　　　　　　　　)

20 오른쪽은 아래 모양을 겹쳐 놓은 그림입니다. 넓은 것부터 차례대로 기호를 써 보세요.

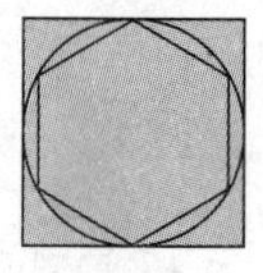

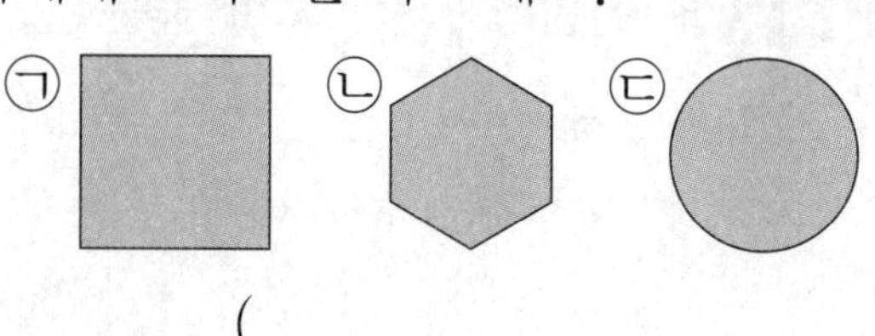

(　　　　　　　　)

단원평가 5회 비교하기

난이도 A B C

점수

스피드 정답 8쪽 | 정답 및 풀이 26쪽

1 더 짧은 것에 △표 하세요.

( )

( )

2 더 무거운 것에 ○표 하세요.

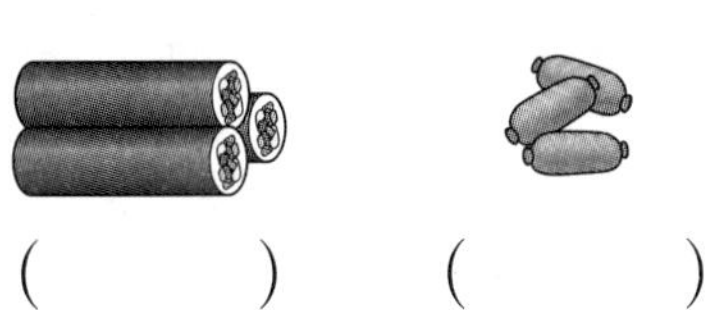

( ) ( )

3 더 높은 것에 ○표 하세요.

( ) ( )

4 더 가벼운 것은 무엇일까요?

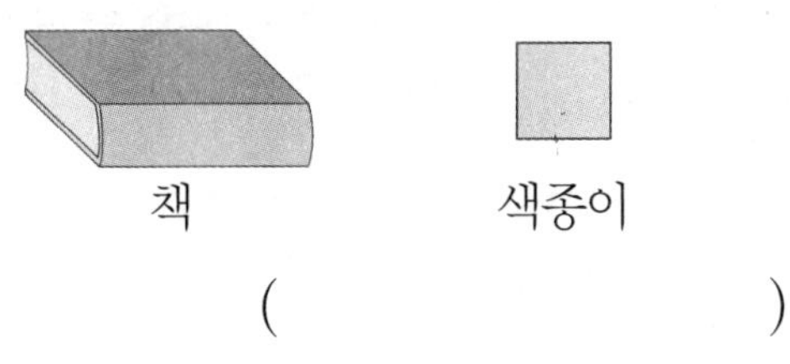

( )

5 그림을 보고 알맞은 말에 ○표 하세요.

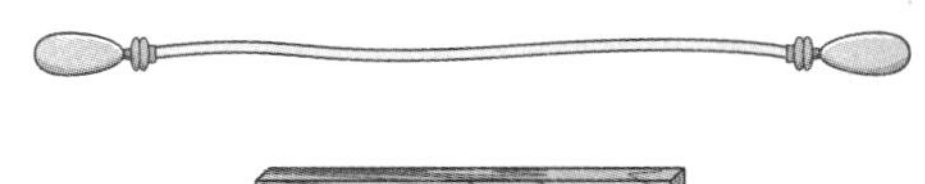

줄넘기의 길이는 막대보다 더
(무겁습니다 , 짧습니다 , 깁니다).

6 가장 높은 것에 ○표 하세요.

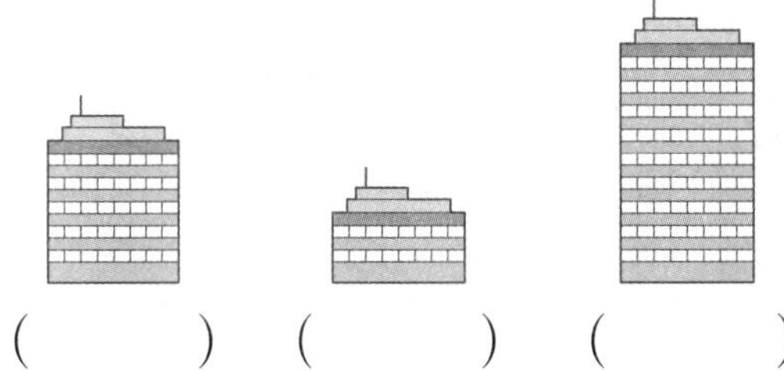

( ) ( ) ( )

7 담긴 물의 양이 가장 많은 것을 찾아 기호를 써 보세요.

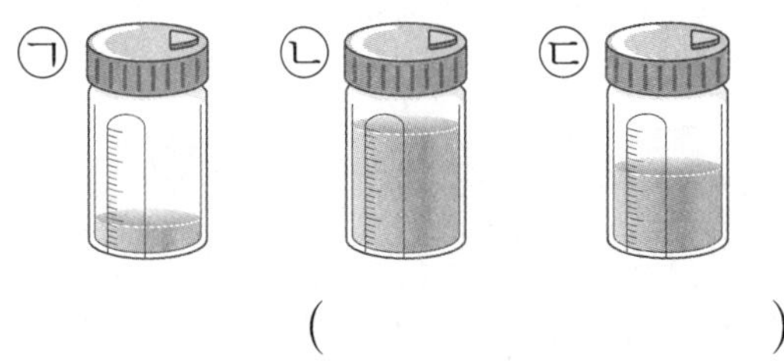

( )

8 가장 긴 것에 ○표 하세요.

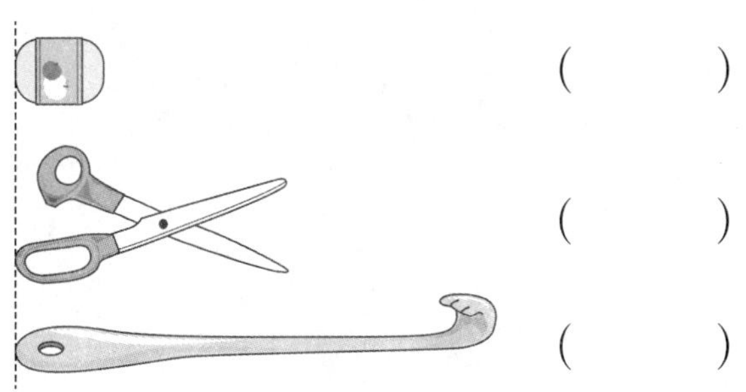

( )

( )

( )

9 리코더보다 더 긴 것에 모두 ○표 하세요.

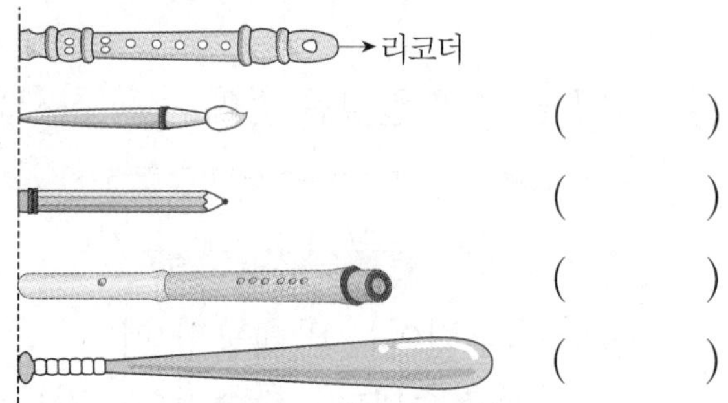

10 관계있는 것끼리 선으로 이어 보세요.

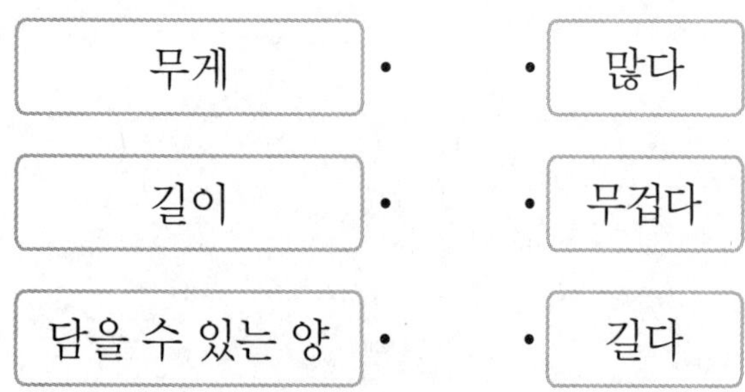

11 서진이와 종혁이가 똑같은 컵에 물을 가득 따라 마신 후 남은 것입니다. 누가 물을 더 많이 마셨을까요?

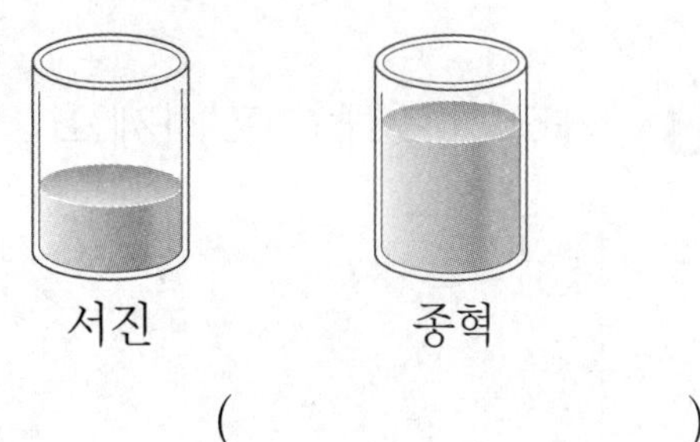

(　　　　　　)

12 가장 좁은 조각에 빗금을 그으세요.

13 가장 긴 선을 찾아 기호를 써 보세요.

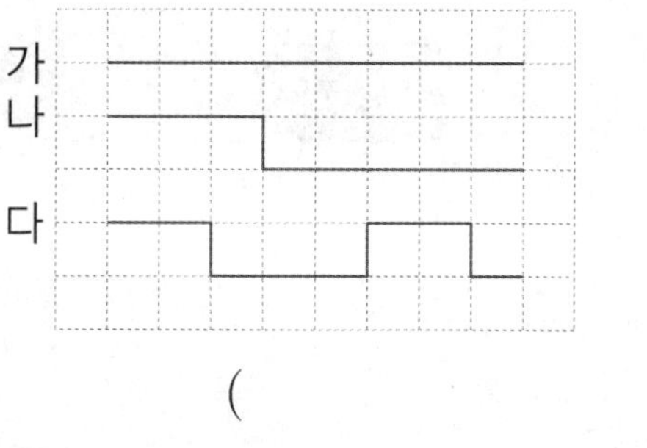

(　　　　　　)

14 ㉮와 ㉯ 주전자에 물을 가득 담은 후 똑같은 컵에 모두 부으면 그림과 같습니다. ㉮와 ㉯ 중 어느 주전자에 담을 수 있는 물의 양이 더 많을까요?

(　　　　　　)

15 넓은 것부터 차례대로 써 보세요.

- 동화책은 사전보다 더 넓습니다.
- 동화책은 잡지보다 더 좁습니다.

( )

[16~17] **모양과 크기가 다른 세 개의 컵이 있습니다. 물음에 답하세요.**

16 그림을 보고 바르게 비교한 것을 찾아 기호를 써 보세요.

㉠ 컵 ㉮는 컵 ㉰보다 담을 수 있는 양이 더 많습니다.
㉡ 컵 ㉯에 담을 수 있는 양이 가장 많습니다.
㉢ 컵 ㉮는 컵 ㉯보다 담을 수 있는 양이 더 적습니다.

( )

17 우진, 주현, 승호는 위의 컵에 각자 물을 가득 담아 모두 마셨습니다. 승호가 물을 가장 적게 마셨을 때 승호의 컵은 ㉮, ㉯, ㉰ 중 어느 것일까요?

( )

18 친구들이 똑같은 컵에 물을 가득 따라 마신 후 남은 것입니다. 물을 가장 많이 마신 사람은 누구일까요?

컵에 남은 물의 양은 민수가 윤재보다 더 많고 지호가 윤재보다 더 적습니다.

( )

서술형

19 가장 가벼운 사람은 누구인지 풀이 과정을 쓰고 답을 구하세요.

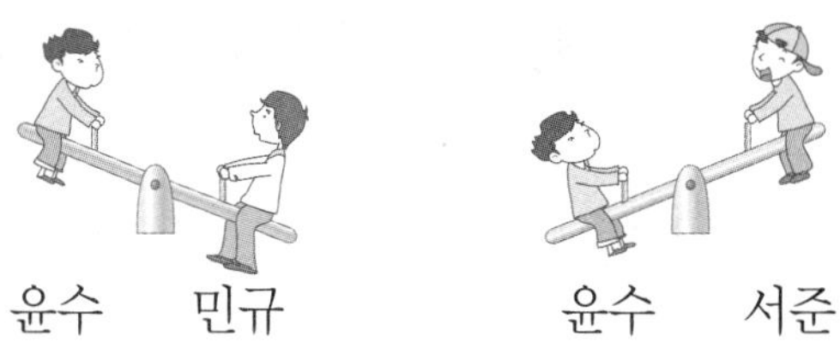

풀이

답 ______

서술형

20 어떤 그릇에 물을 가득 채우려고 합니다. 두 컵에 물을 가득 담아 각각 부을 때 컵 ㉮로는 7번, 컵 ㉯로는 8번 부어야 합니다. ㉮와 ㉯ 중 어느 컵에 물을 더 많이 담을 수 있는지 풀이 과정을 쓰고 답을 구하세요.

풀이

답 ______

4 단원

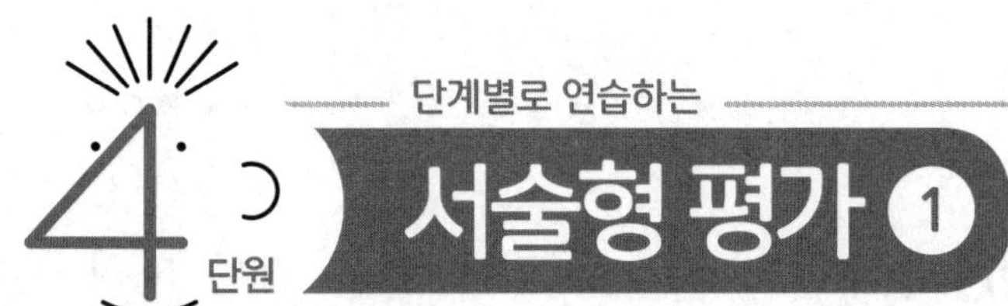

비교하기

스피드 정답 8쪽 | 정답 및 풀이 27쪽

1 사과와 수박 중 더 무거운 것은 무엇인지 구하세요.

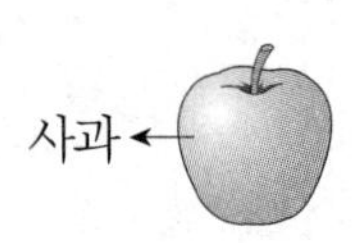

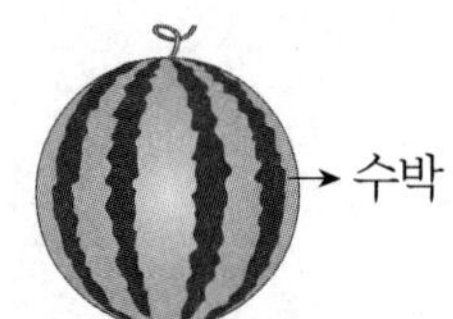

❶ 손으로 들었을 때 힘이 더 많이 드는 것은 무엇일까요?

( )

❷ 더 무거운 것은 무엇일까요?

( )

2 한별이와 규영이는 똑같은 컵에 가득 담겨 있던 주스를 마시고 다음과 같이 남겼습니다. 주스를 더 많이 마신 사람은 누구일까요?

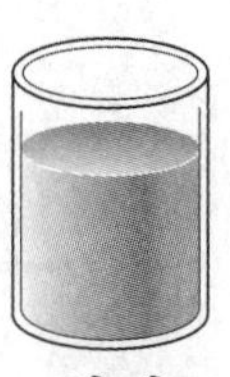

한별 규영

❶ 컵에 남은 주스의 양이 더 적은 사람은 누구일까요?

( )

❷ 한별이와 규영이 중에서 누가 주스를 더 많이 마셨을까요?

( )

3 그림에서 작은 칸의 크기는 모두 같습니다. 가와 나 중 더 넓은 것은 무엇인지 구하세요.

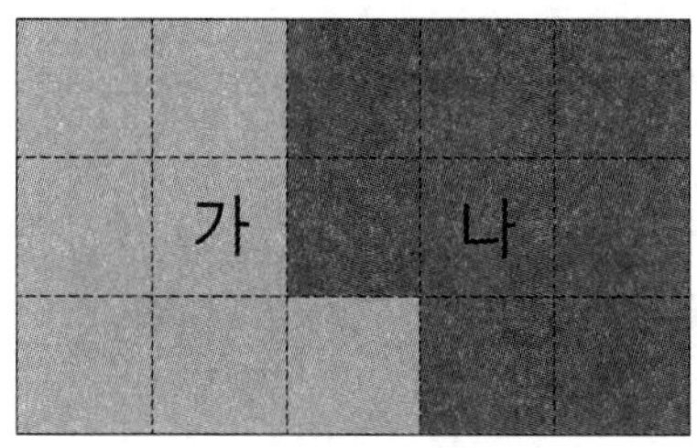

❶ 작은 칸의 수를 세어 보면 각각 몇 칸일까요?

가 (　　　　　　　)
나 (　　　　　　　)

❷ 가와 나 중 더 넓은 것은 무엇일까요?

(　　　　　　　)

4 길이가 같은 고무줄에 각각 상자를 매달았더니 그림과 같이 고무줄이 늘어났습니다. 가장 무거운 상자는 무엇인지 구하세요. (단, 매듭에 사용한 길이는 모두 같습니다.)

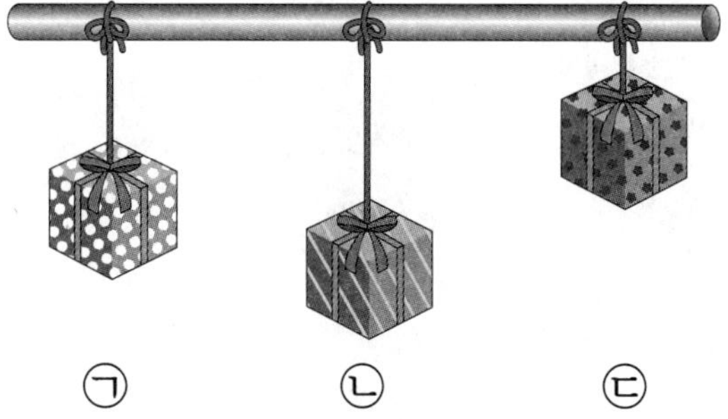

㉠　　　㉡　　　㉢

❶ 매달았을 때 고무줄이 가장 많이 늘어난 상자는 무엇인지 기호를 써 보세요.

(　　　　　　　)

❷ 가장 무거운 상자의 기호를 써 보세요.

(　　　　　　　)

풀이 과정을 직접 쓰는

서술형 평가 ② 비교하기

단원

점수

스피드 정답 8쪽 | 정답 및 풀이 27쪽

1 더 가벼운 것은 무엇인지 풀이 과정을 쓰고 답을 구하세요.

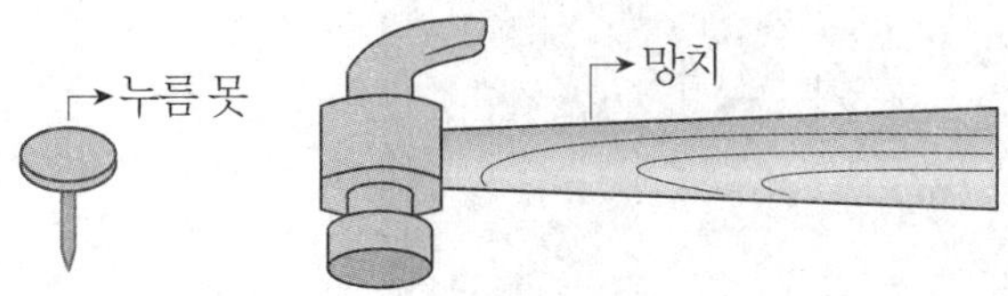

풀이

답 ____________

> **어떻게 풀까요?**
> 손으로 들어 보거나 경험을 생각하여 비교합니다.

2 지혜와 진우는 똑같은 컵에 가득 담겨 있던 우유를 마시고 다음과 같이 남겼습니다. 우유를 더 적게 마신 사람은 누구인지 풀이 과정을 쓰고 답을 구하세요.

지혜

진우

풀이

답 ____________

> **어떻게 풀까요?**
> 남은 우유의 양이 많을수록 마신 우유의 양이 적습니다.

3 그림에서 작은 칸의 크기는 모두 같습니다. 가와 나 중 더 좁은 것은 무엇인지 풀이 과정을 쓰고 답을 구하세요.

풀이

답 ____________

어떻게 풀까요?

칸의 수가 적을수록 넓이가 좁습니다.

4 길이가 같은 고무줄에 각각 주머니를 매달았더니 그림과 같이 고무줄이 늘어났습니다. 가장 가벼운 주머니는 무엇인지 풀이 과정을 쓰고 답을 구하세요. (단, 매듭에 사용한 길이는 모두 같습니다.)

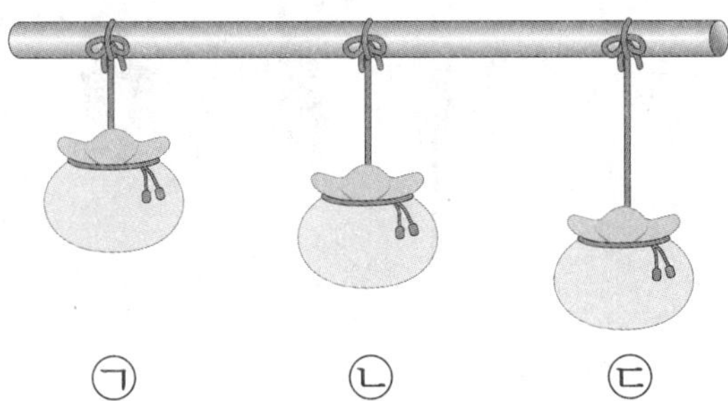

㉠ ㉡ ㉢

풀이

답 ____________

어떻게 풀까요?

고무줄이 적게 늘어날수록 주머니가 가볍습니다.

4 단원

스피드 정답 8쪽 | 정답 및 풀이 27쪽

1 넓은 것부터 차례대로 기호를 써 보세요.

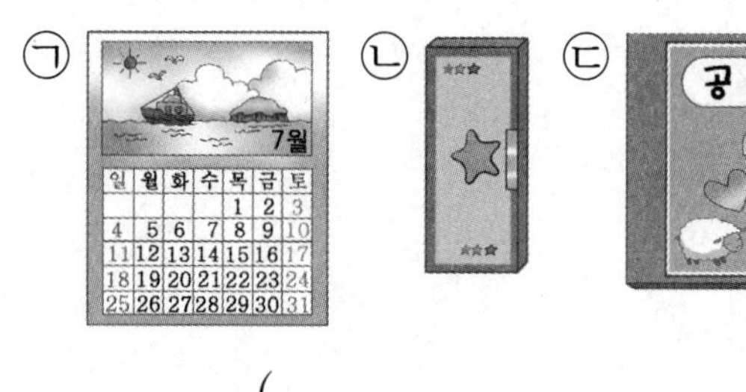

(　　　　　　　　　　)

2 담을 수 있는 양이 많은 것부터 차례대로 기호를 써 보세요.

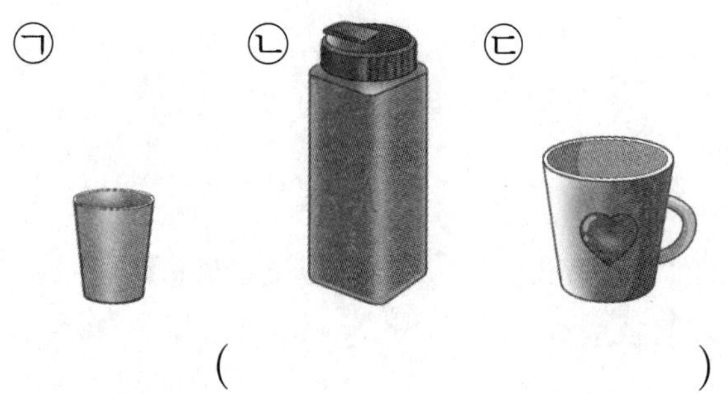

(　　　　　　　　　　)

3 담긴 주스의 양이 많은 것부터 순서대로 1, 2, 3을 써 보세요.

(　　) (　　) (　　)

4 칫솔보다 더 긴 것에 모두 ○표 하세요.

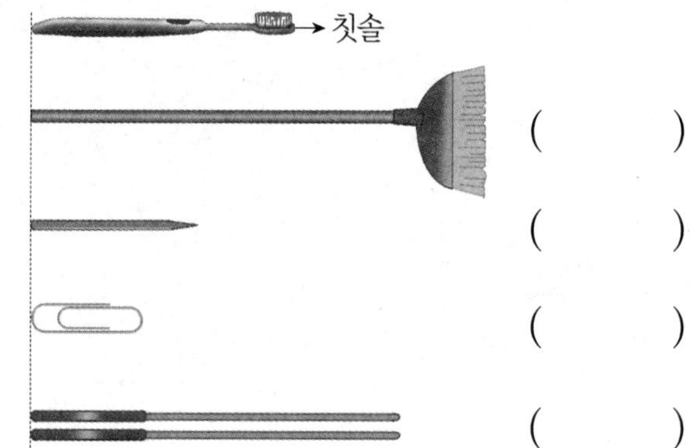

(　　)
(　　)
(　　)
(　　)

5 키가 작은 친구부터 차례대로 이름을 써 보세요.

(　　　　　　　　　　)

50까지의 수

5 단원

개념정리 50까지의 수

개념 1 10 알아보기

10

(십, 열)

9보다 1만큼 더 큰 수는 ❶ [ ] 입니다.

개념 2 십몇 알아보기

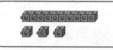

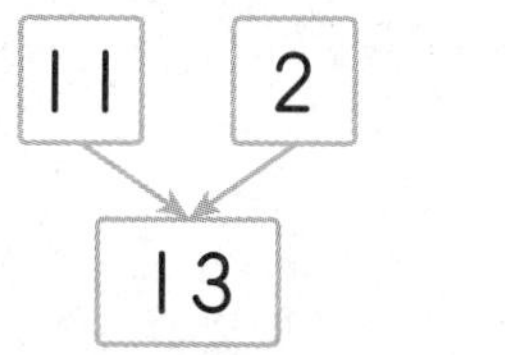

13(십삼, 열셋)

17(십칠, ❷ [ ])

개념 3 모으기와 가르기

(1) 모으기

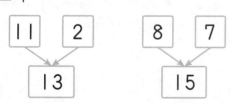

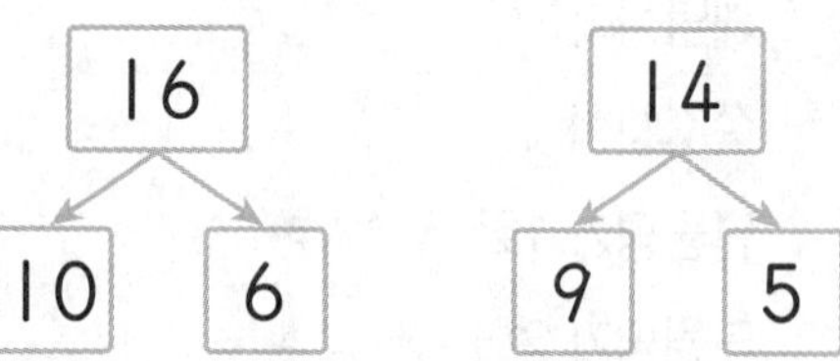

(2) 가르기

16 → 10, 6

14 → 9, 5

개념 4 10개씩 묶어 세기

20

(이십, 스물)

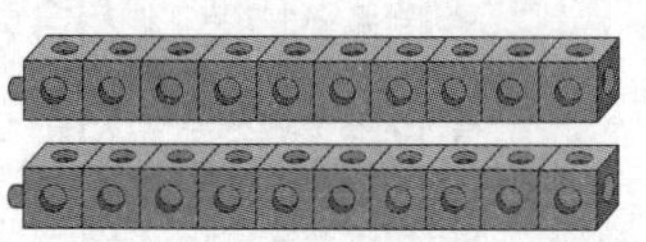

10개씩 묶음 2개는 ❸ [ ] 입니다.

개념 5 50까지의 수 세기

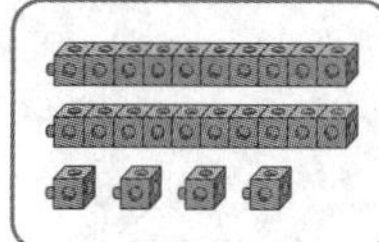

- 10개씩 묶음 2개와 낱개 4개
- 24(이십사, 스물넷)

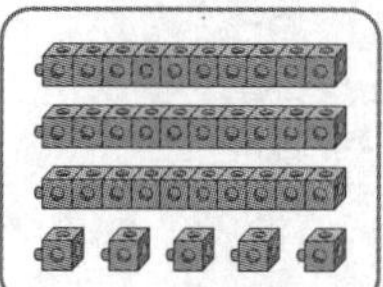

- 10개씩 묶음 3개와 낱개 5개
- 35(삼십오, 서른다섯)

개념 6 50까지 수의 순서 알아보기

21	22	23	24	25	26	27	❹	29	30
31	32	33	34	35	36	37	38	39	40
41	42	43	44	❺	46	47	48	49	50

개념 7 수의 크기 비교하기

(1) 15와 23의 크기 비교

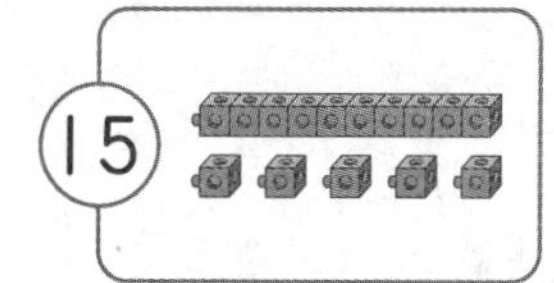

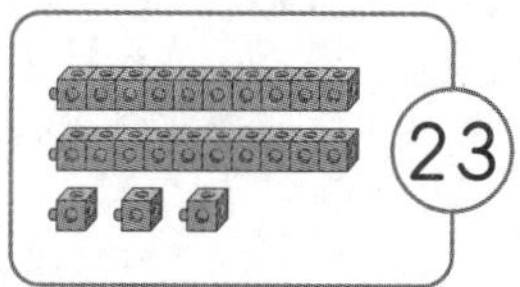

- 15는 23보다 작습니다.
- 10개씩 묶음의 수가 더 많은 것이 더 큰 수입니다.

(2) 27과 21의 크기 비교

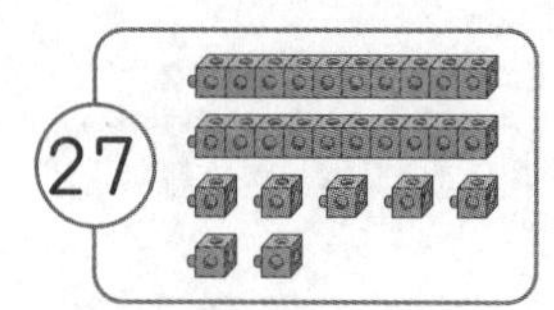

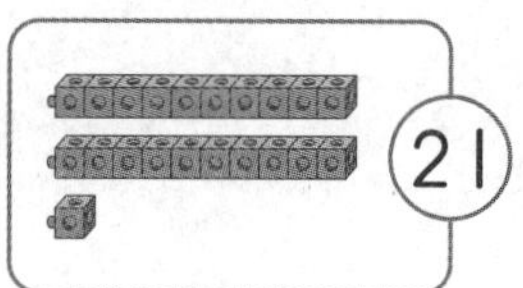

- 27은 21보다 큽니다.
- 10개씩 묶음의 수가 같을 때는 낱개의 수가 더 많은 것이 더 큰 수입니다.

| 정답 | ❶ 10 ❷ 열일곱 ❸ 20 ❹ 28 ❺ 45

5 단원

쪽지시험 1회 50까지의 수

점수

스피드 정답 8쪽 | 정답 및 풀이 28쪽

1 □ 안에 알맞은 수를 써넣으세요.

9보다 1만큼 더 큰 수는 □입니다.

2 그림과 관계있는 수를 찾아 ○표 하세요.

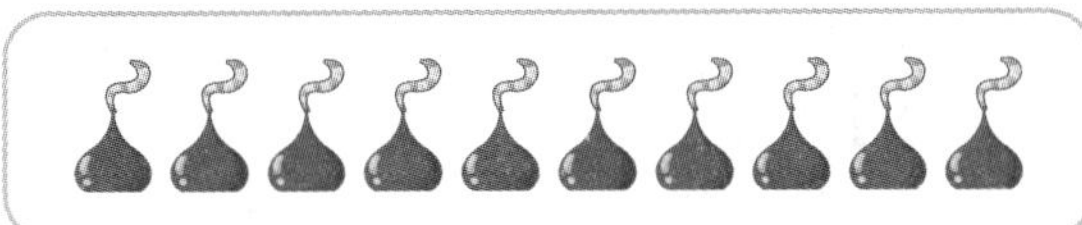

(8 , 9 , 10)

3 10이 되도록 ○를 더 그려 보세요.

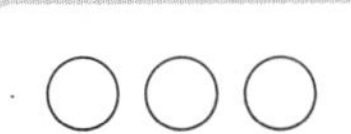

〔4~5〕 빈칸에 알맞은 수를 써넣으세요.

4

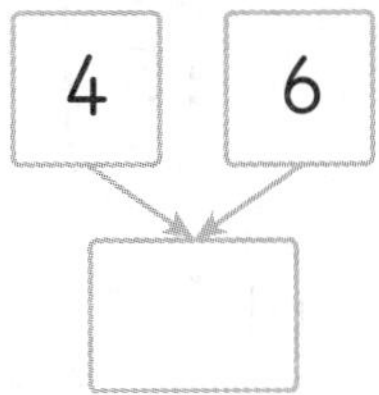

5

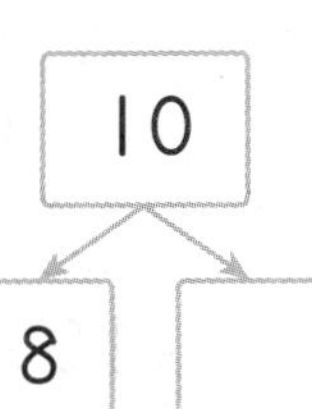

〔6~7〕 그림을 보고 □ 안에 알맞은 수를 써넣으세요.

6

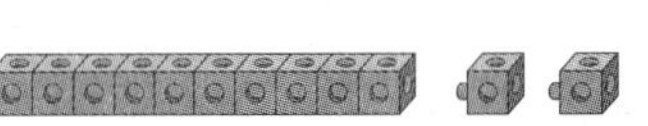

10개씩 묶음 1개와 낱개 2개 ⇨ □

7

10개씩 묶음 1개와 낱개 5개 ⇨ □

8 □ 안에 알맞은 수를 써넣으세요.

10개씩 묶음	낱개
1	7

⇨ □

9 관계있는 것끼리 선으로 이어 보세요.

12 • • 십이(열둘)

19 • • 십구(열아홉)

10 잘못 짝지어진 것의 기호를 써 보세요.

㉠ 십일 — 11 ㉡ 십사 — 14
㉢ 열다섯 — 16 ㉣ 열아홉 — 19

( )

쪽지시험 2회 50까지의 수

점수

스피드 정답 8쪽 | 정답 및 풀이 28쪽

〔1~4〕 모으기를 해 보세요.

1

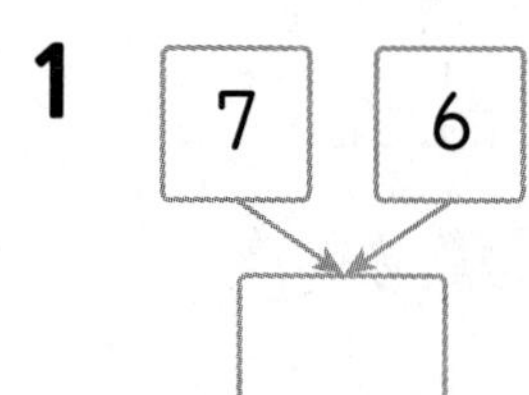

2

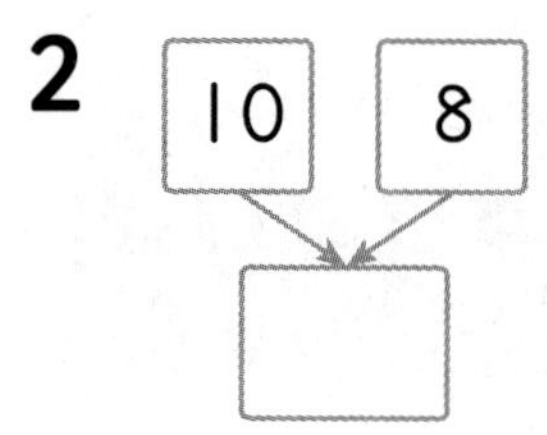

3

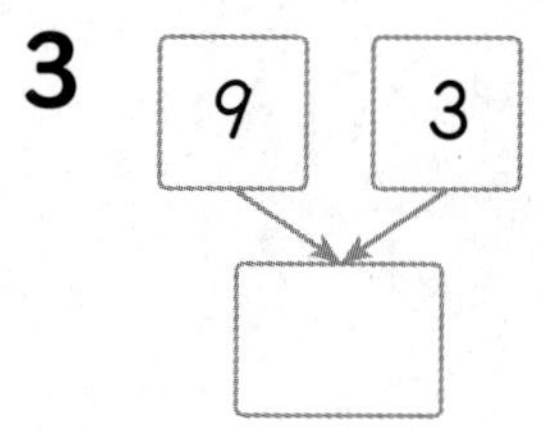

4

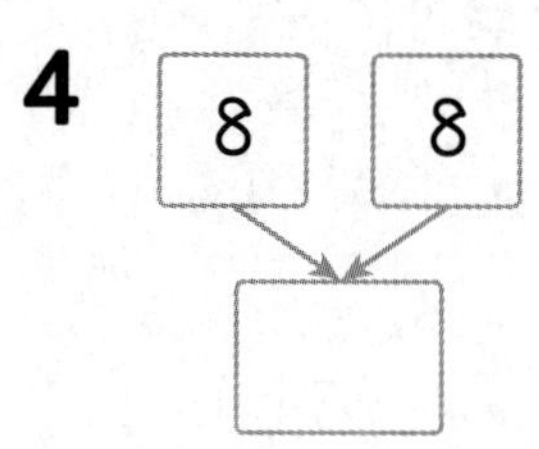

5 4와 모아서 13이 되는 수를 찾아 색칠해 보세요.

9 6 5 7

〔6~9〕 가르기를 해 보세요.

6

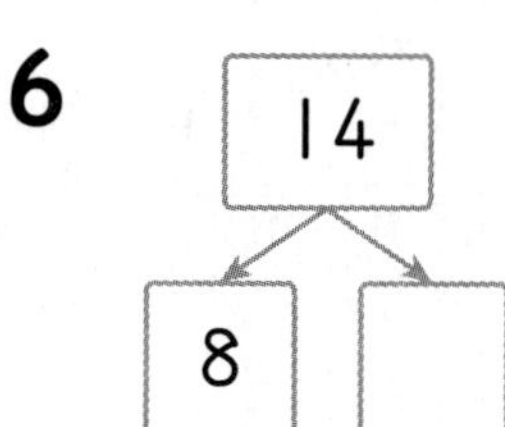

7

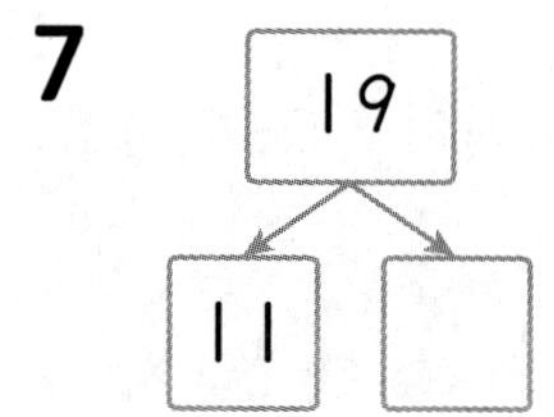

8

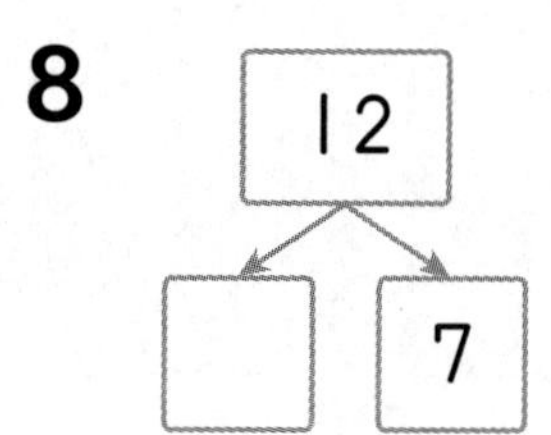

9

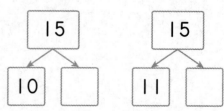

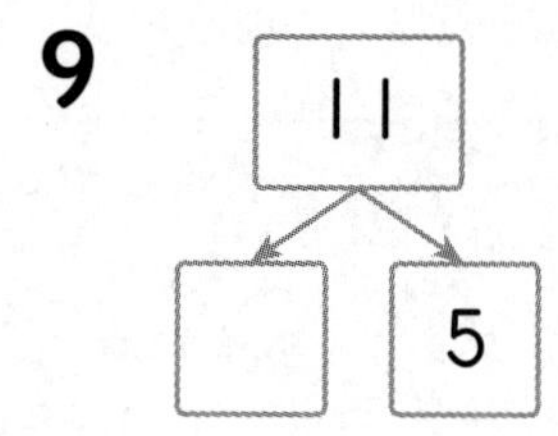

10 두 가지 방법으로 가르기를 해 보세요.

15 → 10, □

15 → 11, □

쪽지시험 3회 50까지의 수

점수

스피드 정답 8~9쪽 | 정답 및 풀이 28쪽

[1~2] □ 안에 알맞은 수를 써넣으세요.

1 30은 10개씩 묶음이 □개입니다.

2 43은 10개씩 묶음 4개와 낱개 □개 입니다.

3 10개씩 묶고 □ 안에 알맞은 수를 써넣으세요.

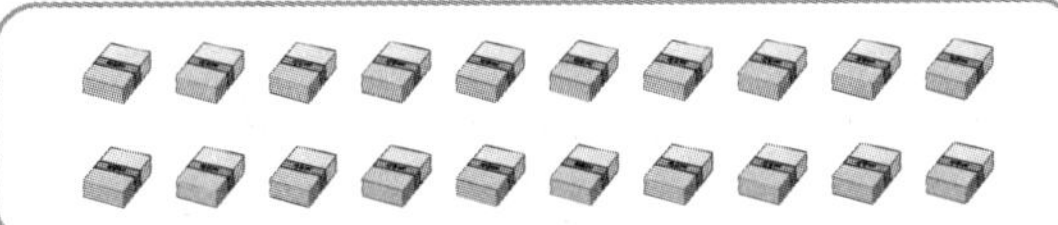

지우개는 10개씩 묶음이 □개이므로 □개입니다.

[4~5] 수로 써 보세요.

4 이십칠 ⇨ (　　　　)

5 삼십이 ⇨ (　　　　)

6 □ 안에 알맞은 수를 써넣으세요.

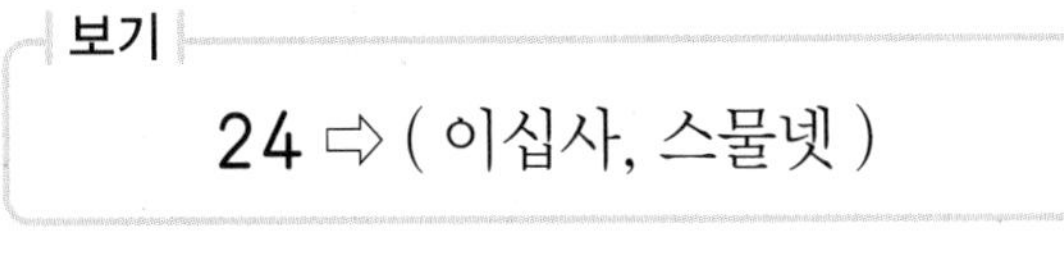

10개씩 묶음	낱개
4	9

⇨ □

[7~8] 보기 와 같이 수를 두 가지로 읽어 보세요.

보기
24 ⇨ (이십사, 스물넷)

7 35 ⇨ (　　　　,　　　　)

8 43 ⇨ (　　　　,　　　　)

9 수가 다른 하나를 찾아 기호를 써 보세요.

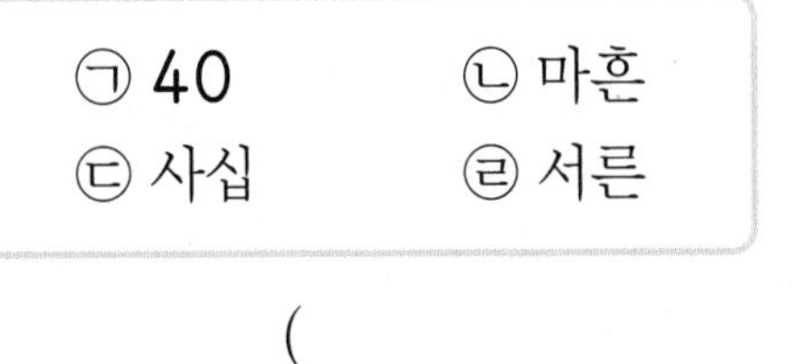

㉠ 40　㉡ 마흔
㉢ 사십　㉣ 서른

(　　　　)

10 🍎가 몇 개일까요?

(　　　　)

5
단원

50까지의 수

스피드 정답 9쪽 | 정답 및 풀이 28쪽

(1~2) 알맞은 말에 ○표 하세요.

1

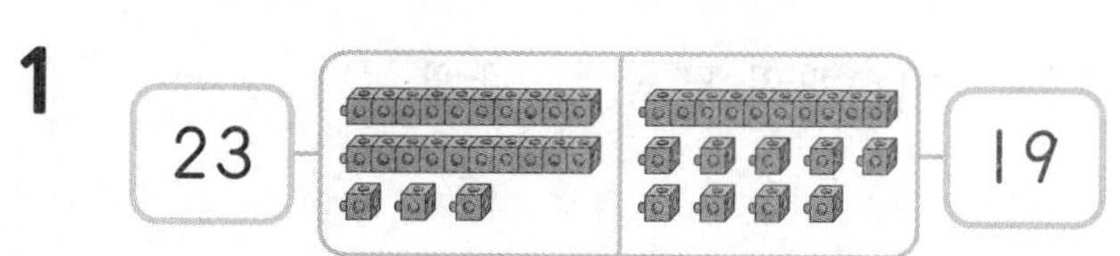

23은 19보다 (큽니다 , 작습니다).

2

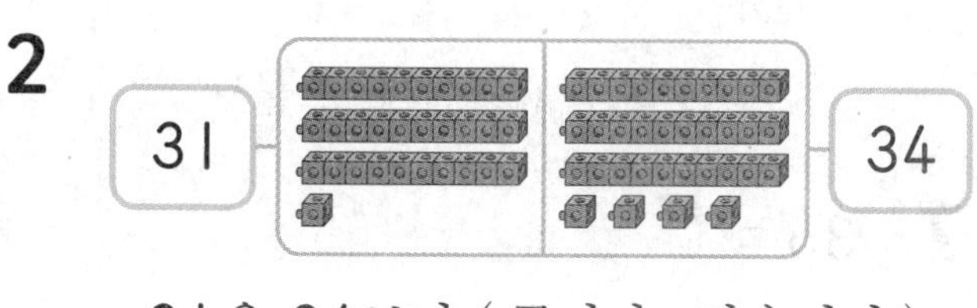

31은 34보다 (큽니다 , 작습니다).

3 다음이 나타내는 수를 써 보세요.

41과 43 사이에 있는 수

( )

(4~5) 빈칸에 알맞은 수를 써넣으세요.

4

	19	20		22

5

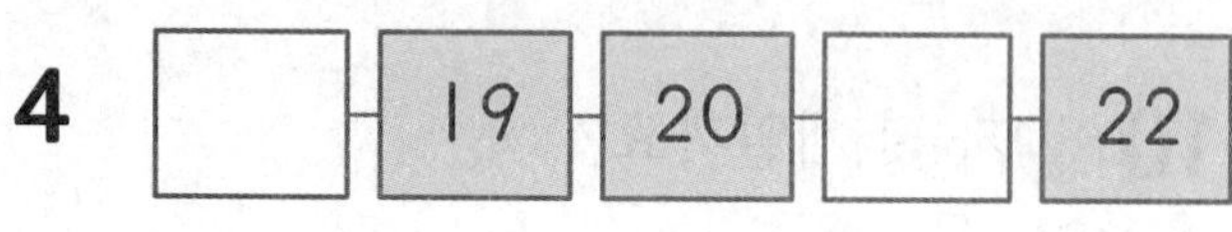

6 주어진 수보다 1만큼 더 큰 수를 써 보세요.

( )

7 주어진 수보다 1만큼 더 작은 수를 써 보세요.

45

( )

8 더 큰 수에 ○표 하세요.

46	38

9 더 작은 수에 △표 하세요.

32	36

10 주어진 수보다 1만큼 더 큰 수와 1만큼 더 작은 수를 각각 구하세요.

30

1만큼 더 큰 수 ( )

1만큼 더 작은 수 ( )

단원평가 1회

50까지의 수

난이도 A B C

점수

스피드 정답 9쪽 | 정답 및 풀이 29쪽

1 수를 세어 □ 안에 알맞은 수를 써넣으세요.

2 □ 안에 알맞은 수를 써넣으세요.

10은 6과 □(으)로 가를 수 있습니다.

3 그림을 보고 □ 안에 알맞은 수를 써넣으세요.

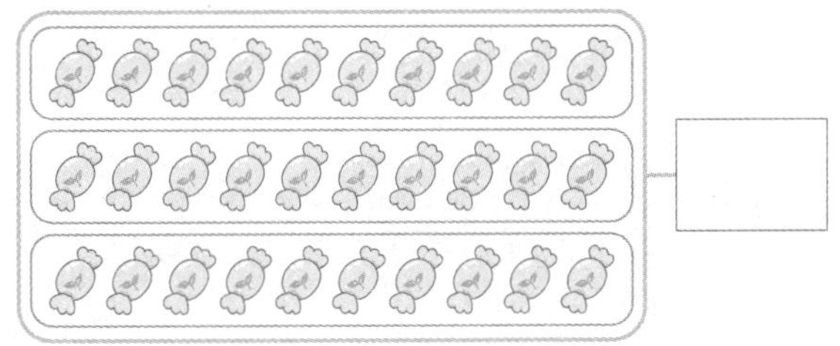

4 그림을 보고 □ 안에 알맞은 수를 써넣으세요.

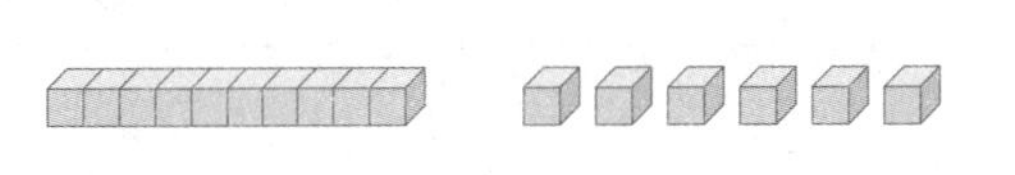

10개씩 묶음 1개와 낱개 6개는 □ 입니다.

5 수로 써 보세요.

마흔넷

(　　　　　　)

6 주어진 수보다 1만큼 더 작은 수를 써 보세요.

35

(　　　　　　)

7 가르기를 해 보세요.

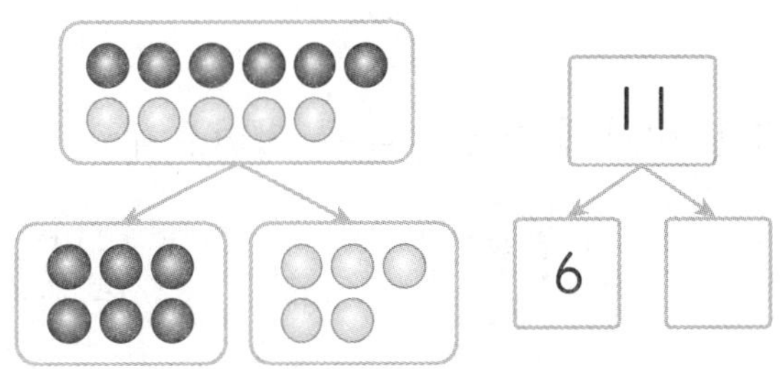

8 □ 안에 알맞은 수를 써넣으세요.

10개씩 묶음	낱개
3	6

⇨ □

9 수가 다른 하나를 찾아 기호를 써 보세요.

㉠ 이십칠　㉡ 28　㉢ 이십팔

(　　　　　　)

10 빈칸에 알맞은 수를 써넣으세요.

28 - 29 - □ - 31 - □

11 빈칸에 알맞은 수를 써넣으세요.

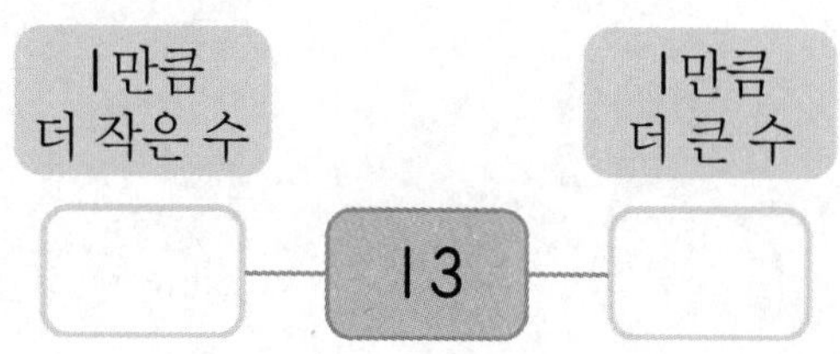

12 보기 와 같이 수를 두 가지로 읽어 보세요.

보기
17 ⇨ (십칠, 열일곱)

26 ⇨ (　　　　,　　　　)

13 모아서 17이 되는 두 수를 찾아 색칠해 보세요.

3　2　8　9　4

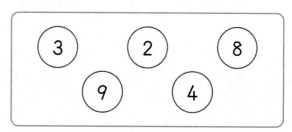

14 사과는 몇 개일까요?

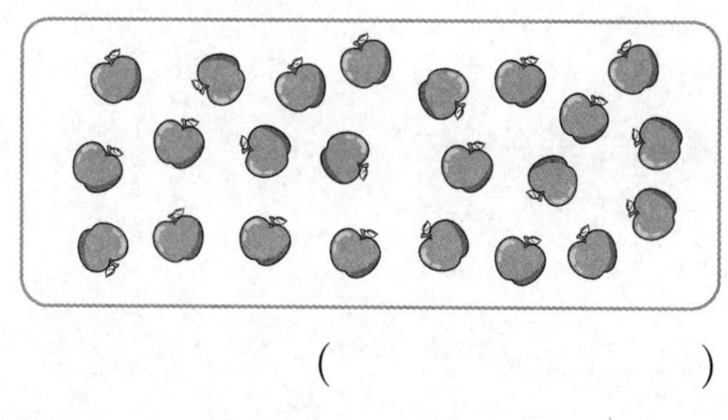

(　　　　　　)

15 더 큰 수에 ○표 하세요.

35	28

16 더 작은 수에 △표 하세요.

서른둘	서른

17 그림을 보고 빈칸에 알맞은 수를 써넣으세요.

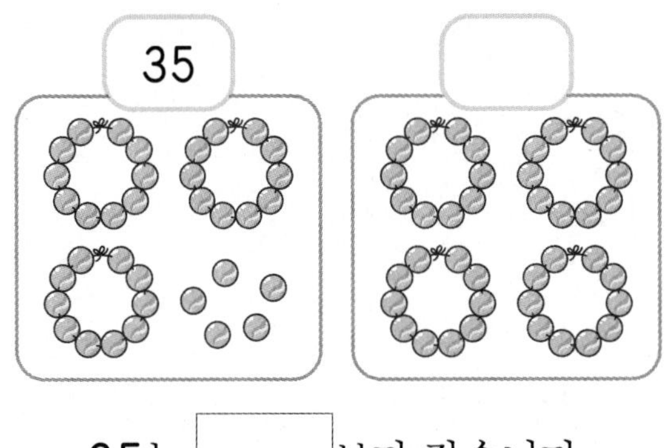

35는 □보다 작습니다.

18 가장 큰 수를 찾아 써 보세요.

39	41	46

(　　　　　　)

19 순서를 생각하며 빈칸에 알맞은 수를 써넣으세요.

32	33	34		36	37
38		40	41	42	43

20 토마토를 한 상자에 10개씩 담았더니 3상자가 되었습니다. 토마토는 모두 몇 개일까요?

(　　　　　　)

5 단원

단원평가 2회

50까지의 수

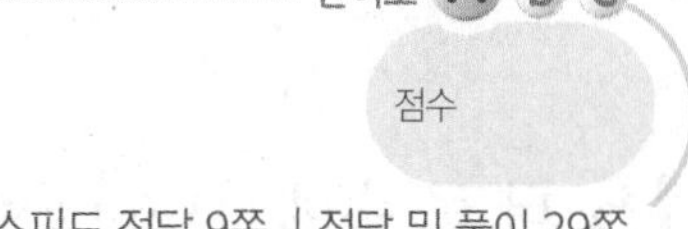

스피드 정답 9쪽 | 정답 및 풀이 29쪽

1 10이 되도록 ○를 더 그려 보세요.

2 □ 안에 알맞은 수를 써넣으세요.

10은 8보다 □만큼 더 큽니다.

3 그림을 보고 □ 안에 알맞은 수를 써넣으세요.

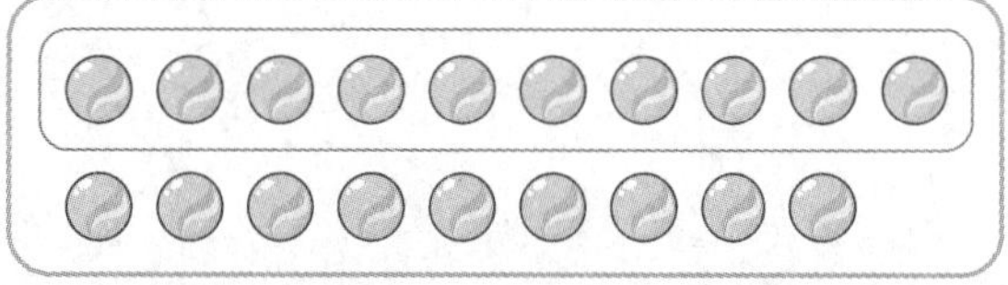

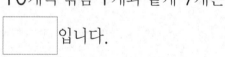

10개씩 묶음 1개와 낱개 9개는 □입니다.

4 수로 써 보세요.

서른아홉

(　　　　　　)

5 □ 안에 알맞은 수를 써넣으세요.

10개씩 묶음	낱개
2	3

⇨ □

[6~7] 빈칸에 알맞은 수를 써넣으세요.

6

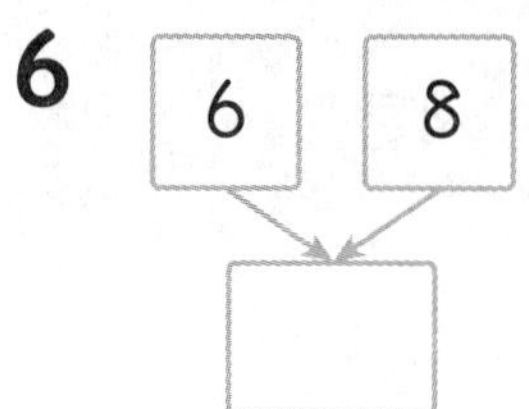

7

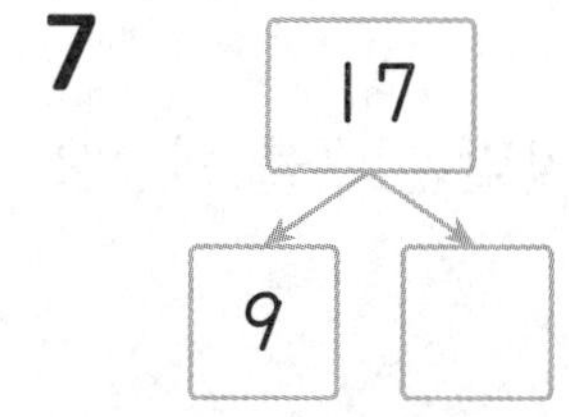

8 수가 다른 하나를 찾아 기호를 써 보세요.

㉠ 사십삼　㉡ 44
㉢ 마흔셋　㉣ 43

(　　　　　　)

9 빈칸에 알맞은 수를 써넣으세요.

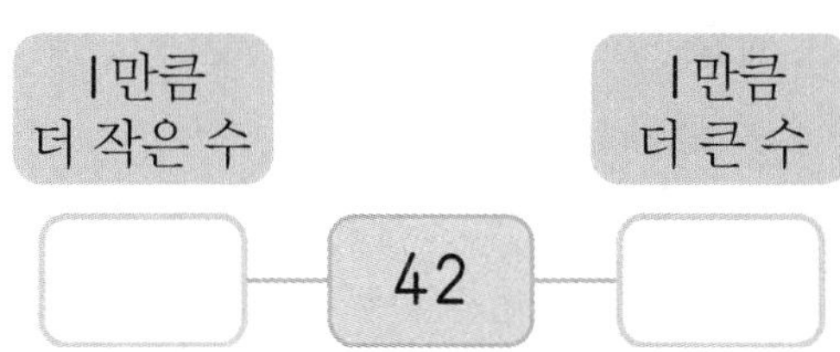

10 그림을 보고 □ 안에 알맞은 수를 써넣고, 읽어 보세요.

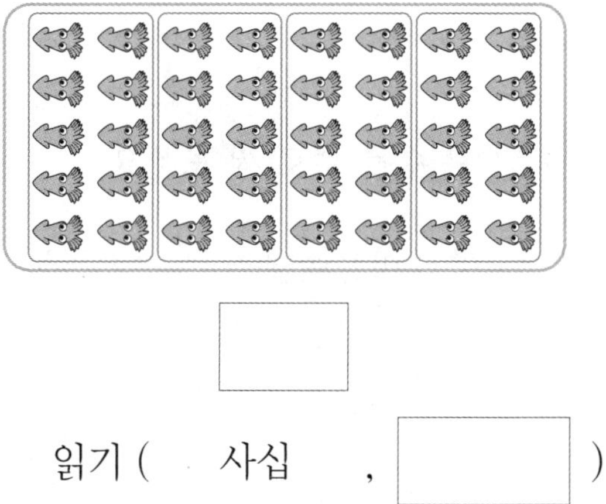

□

읽기 (사십 , □)

11 빈칸에 알맞은 수를 써넣으세요.

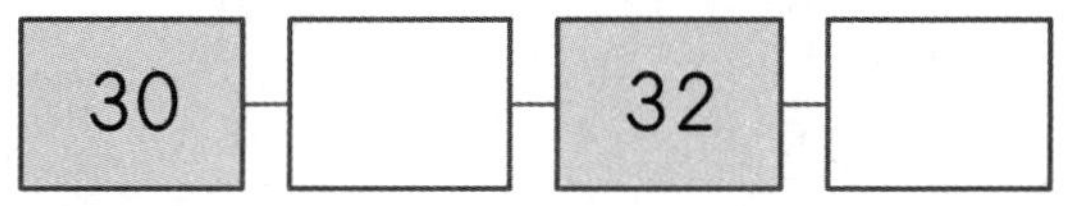

12 모으기 하여 16이 되는 두 수를 찾아 ○표 하세요.

8 4 7 6 9

13 그림과 관계없는 것의 기호를 써 보세요.

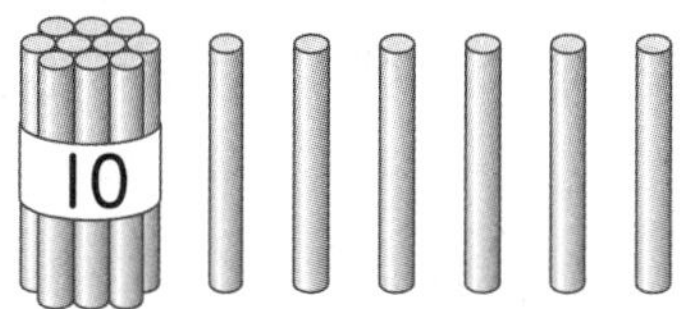

㉠ 16
㉡ 10개씩 묶음 1개와 낱개 6개
㉢ 10개씩 묶음10개와 낱개 6개

( )

14 관계있는 것끼리 선으로 이어 보세요.

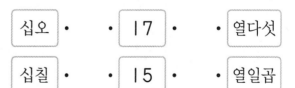

십오 •	• 17 •	• 열다섯
십칠 •	• 15 •	• 열일곱

5 단원

15 더 큰 수에 ○표 하세요.

28	31

16 가장 작은 수에 △표 하세요.

21　26　24

17 큰 수부터 차례대로 써 보세요.

36　47　34

(　　　　　　　　　　)

18 모아서 14가 되는 수끼리 선으로 이어 보세요.

5 ·	· 2
12 ·	· 8
6 ·	· 9

19 더 큰 수를 수로 써 보세요.

마흔여덟　서른둘

(　　　　　　　　　　)

20 42보다 크고 47보다 작은 수를 모두 써 보세요.

(　　　　　　　　　　)

단원평가 3회

50까지의 수

스피드 정답 9쪽 | 정답 및 풀이 30쪽

1 그림을 보고 □ 안에 알맞은 수를 써넣으세요.

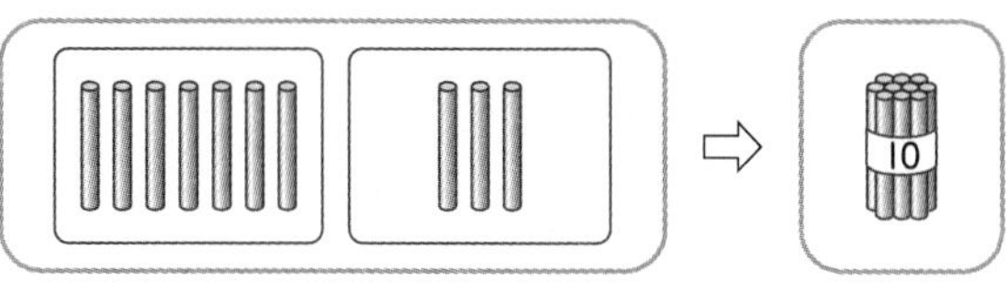

7보다 3만큼 더 큰 수는 □ 입니다.

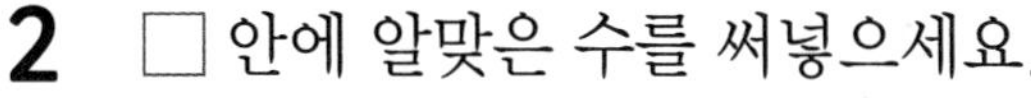

2 □ 안에 알맞은 수를 써넣으세요.

10개씩 묶음 4개와 낱개 6개는 □ 입니다.

3 사과의 수를 세어 □ 안에 알맞은 수를 써넣고, 읽어 보세요.

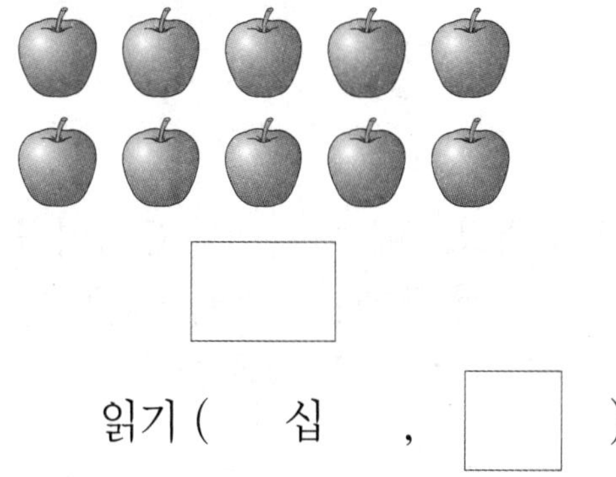

□

읽기 (십 , □)

4 그림을 보고 빈칸에 알맞은 수를 써넣으세요.

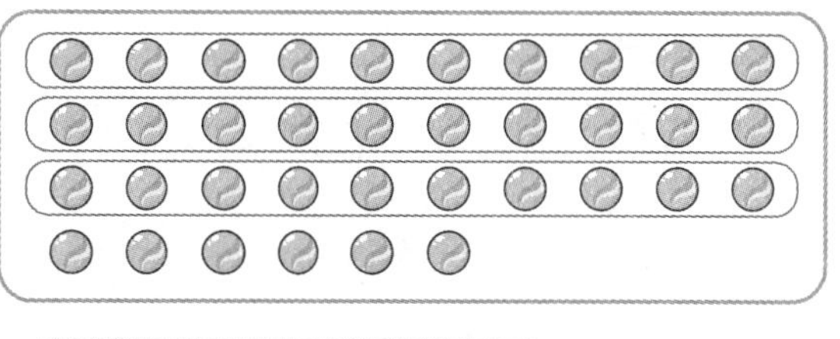

10개씩 묶음	낱개
3	

⇨ □

5 빈칸에 알맞은 수를 써넣으세요.

10개씩 묶음 2개	20
10개씩 묶음 3개	
10개씩 묶음 4개	

6 □ 안에 알맞은 수를 써넣으세요.

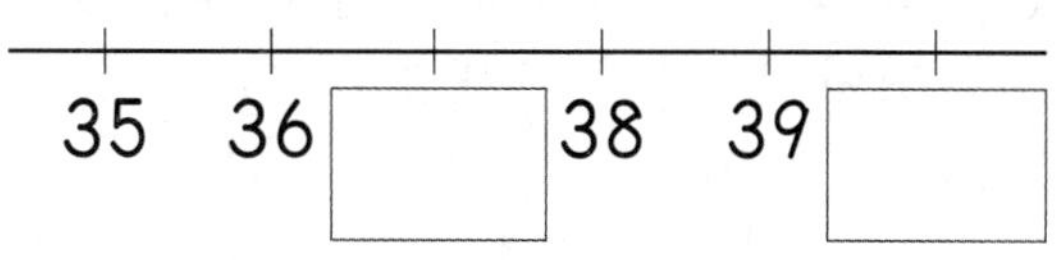

7 가르기를 바르게 한 것에 ○표 하세요.

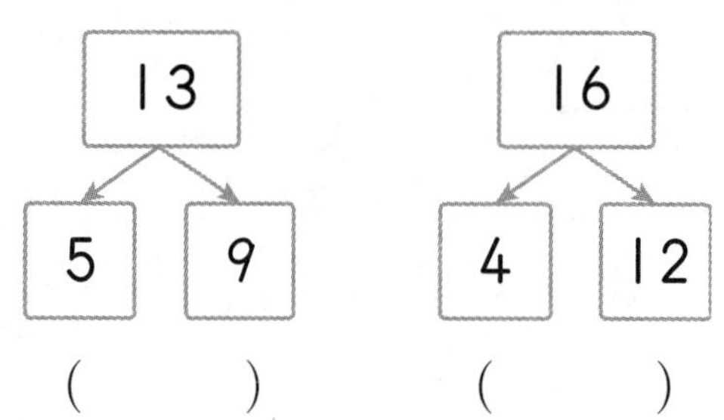

( ) ( )

8 주어진 수만큼 △를 그린 후 10개씩 묶어 보세요.

수	그림
14	

9 나타내는 수가 다른 하나는 어느 것일까요? ······················( )

① 47
② 사십칠
③ 마흔일곱
④ 10개씩 묶음 4개와 낱개 7개
⑤ 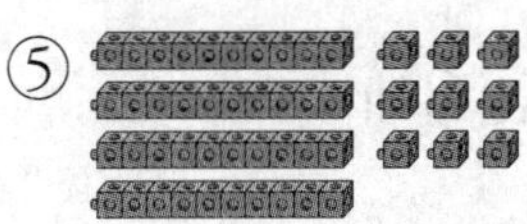

10 물고기의 수를 세어 □ 안에 알맞은 수를 써넣고, 읽어 보세요.

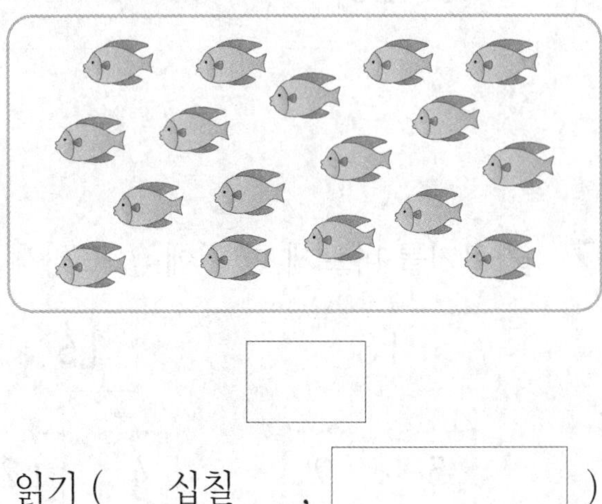

□

읽기 (십칠 , □)

11 더 큰 수를 써 보세요.

24 19

( )

12 모아서 15가 되는 두 수를 찾아 색칠해 보세요.

3 7 6
5 9 4

13 가장 작은 수에 △표 하세요.

37	34	39

14 냉장고에 달걀이 10개씩 묶음 2개와 낱개 7개가 들어 있습니다. 냉장고에 들어 있는 달걀은 모두 몇 개일까요?

( )

15 딸기를 10개씩 묶고 □ 안에 알맞은 수를 써넣으세요.

10개씩 묶음 □ 개이므로 □ 입니다.

16 순서를 생각하며 빈칸에 알맞은 수를 써넣으세요.

11	12	13		15
16	17		19	20
	22	23	24	

17 서아는 플라스틱 병 30개를 한 상자에 10개씩 모아서 버리려고 합니다. 상자는 몇 개 필요할까요?

( )

[18~19] 그림을 보고 물음에 답하세요.

1	2	3	4	5	6	7	8	9	10
11	12	13	14	15	16	17	18	19	20
21	22	23	24	25	26	27	28	29	30

18 □ 안에 알맞은 수를 써넣으세요.

은하의 사물함은 15번과 17번 사이에 있습니다.
은하의 사물함 번호는 □ 번입니다.

5 단원

19 지우의 사물함은 23번이고 채윤이의 사물함은 27번입니다. 두 학생의 사물함 사이에 있는 사물함의 번호를 모두 써 보세요.

( )

서술형

20 튤립을 준호는 19개, 현정이는 31개, 세찬이는 26개 접었습니다. 튤립을 가장 많이 접은 사람은 누구인지 풀이 과정을 쓰고 답을 구하세요.

풀이

답 ____________

1 □ 안에 알맞은 수를 써넣으세요.

45는 10개씩 묶음 □개와 낱개 □개입니다.

2 그림을 보고 □ 안에 알맞은 수를 써넣으세요.

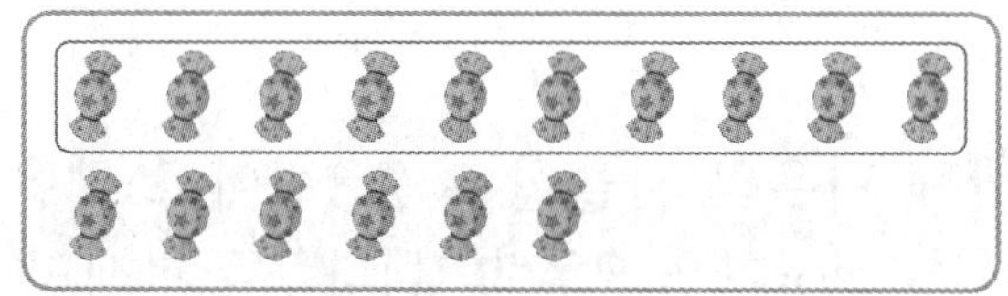

사탕 16개는 10개씩 묶음 □개와 낱개 □개입니다.

3 봉지에 도토리가 15개가 되도록 담으려고 합니다. 도토리를 몇 개 더 넣어야 할까요?

(　　　　　　)

[4~5] 모으기와 가르기를 해 보세요.

4

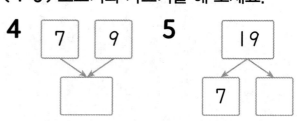

7　9

→ □

5

19

→ 7　□

6 수의 크기를 비교하여 알맞은 말에 ○표 하세요.

43은 35보다 (큽니다 , 작습니다).

7 같은 수끼리 선으로 이어 보세요.

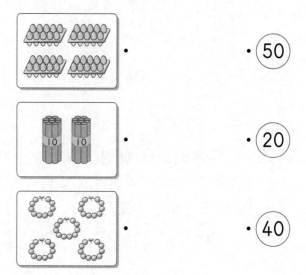

 • 　　　　• 50

• 　　　　• 20

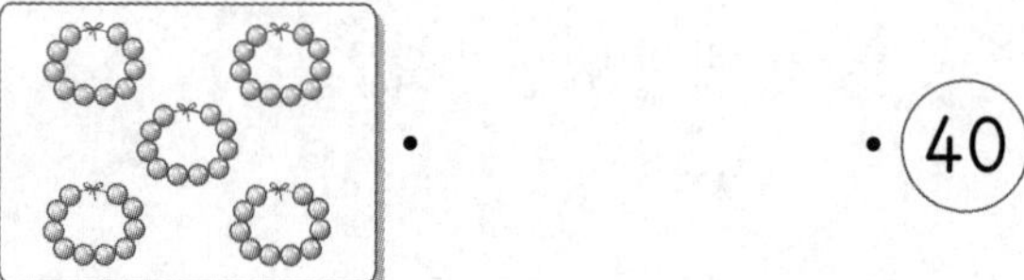 • 　　　　• 40

8 더 큰 수에 ○표 하세요.

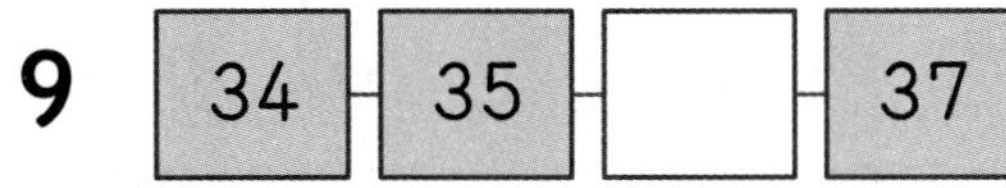

37	31

[9~10] 빈칸에 알맞은 수를 써넣으세요.

9 34 - 35 - [ ] - 37

10 22 - [ ] - [ ] - 25

11 수를 잘못 읽은 것을 찾아 기호를 써 보세요.

㉠ 27 — 스물일곱
㉡ 36 — 삼십여섯
㉢ 48 — 마흔여덟

( )

12 같은 수끼리 선으로 이어 보세요.

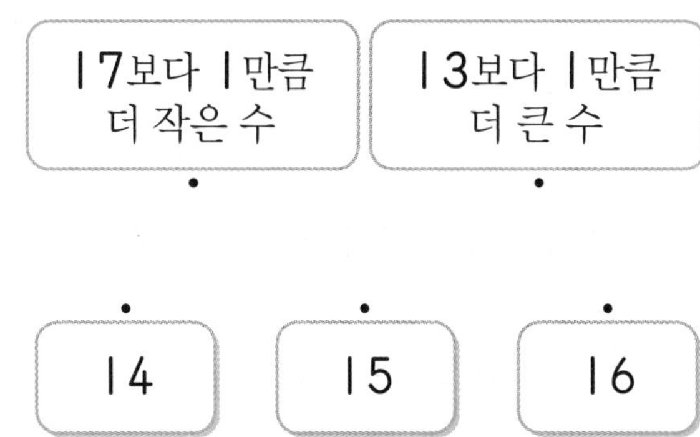

13 10을 어떻게 읽어야 하는지 십과 열 중 하나를 골라 ○표 하세요.

- 나는 10살이야. ⇨ (십 , 열)
- 내 생일은 5월 10일이야. ⇨ (십 , 열)

14 모아서 13이 되는 수끼리 선으로 이어 보세요.

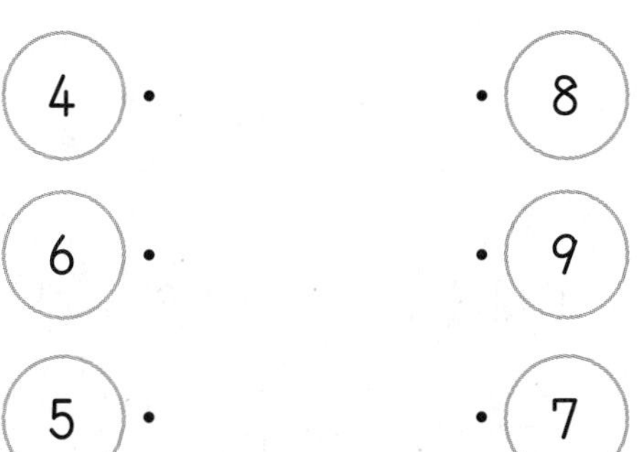

15 다음 중 가장 큰 수는 어느 것일까요? ·······························(　　　)

① 서른넷
② 33
③ 10개씩 묶음 3개와 낱개 5개
④ 서른둘
⑤ 10개씩 묶음 3개와 낱개 1개

16 가장 큰 수에 ○표, 가장 작은 수에 △표 하세요.

31　29　37　43　28

17 지우개를 10개씩 묶고 □ 안에 알맞은 수를 써넣으세요.

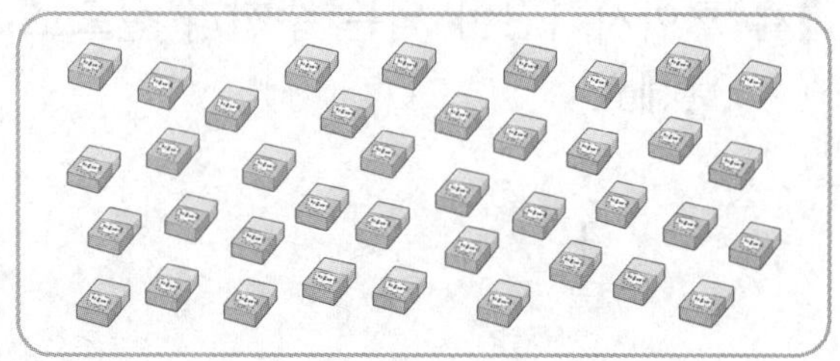

10개씩 묶음 □개와 낱개 □개이므로 □입니다.

18 순서를 생각하며 빈칸에 알맞은 수를 써넣으세요.

30		32	33	34	35	36
	38	39	40	41	42	
44	45	46	47		49	50

19 승민이 어머니의 생신날 케이크에 양초를 다음과 같이 꽂았습니다. 긴 양초는 10살, 짧은 양초는 1살을 나타낼 때, 승민이 어머니의 나이는 몇 살일까요?

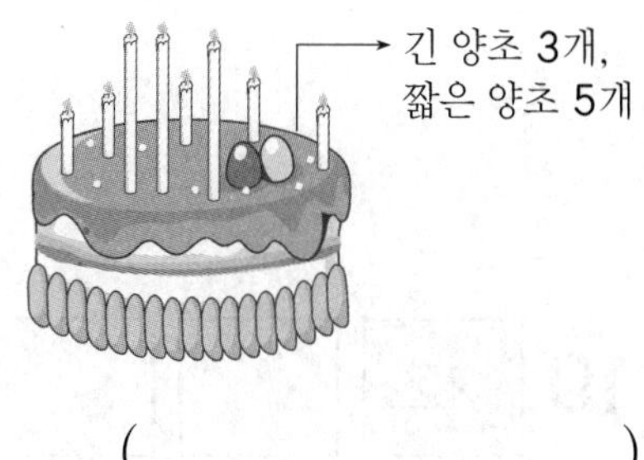

(　　　　　　　)

서술형

20 딱지를 선우는 43개, 윤주는 10개씩 묶음 3개와 낱개 6개를 가지고 있습니다. 딱지를 더 많이 가지고 있는 사람은 누구인지 풀이 과정을 쓰고 답을 구하세요.

풀이

답 ____________

단원평가 5회

50까지의 수

난이도 A B C

점수

스피드 정답 10쪽 | 정답 및 풀이 31쪽

1 그림을 보고 빈칸에 알맞은 수를 써넣으세요.

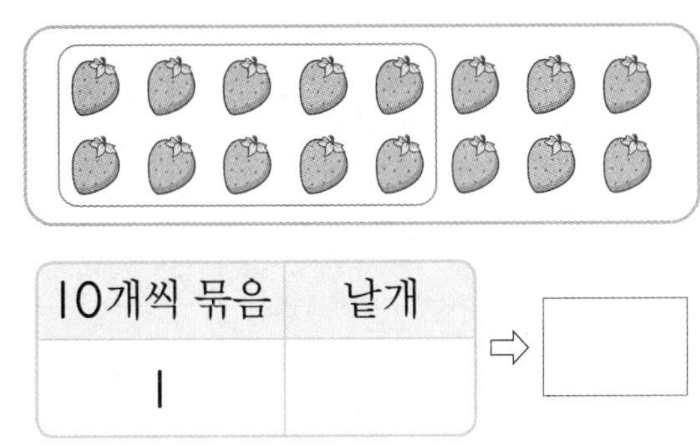

10개씩 묶음	낱개
1	

⇨ □

2 순서에 맞게 쓴 것에 ○표 하세요.

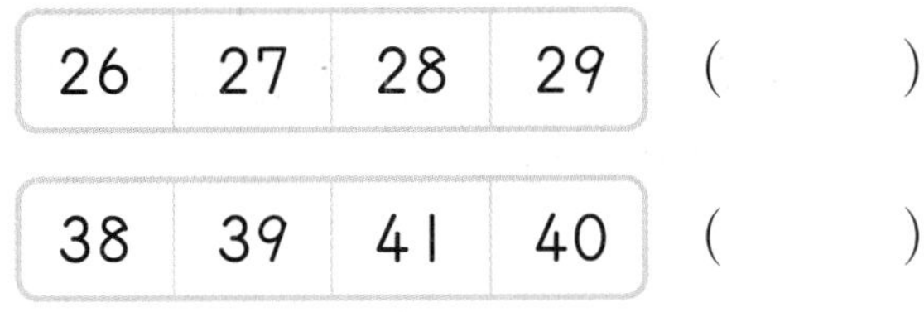

26	27	28	29	( )
38	39	41	40	( )

3 빈칸에 알맞은 수만큼 ○를 그려 넣고 가르기를 해 보세요.

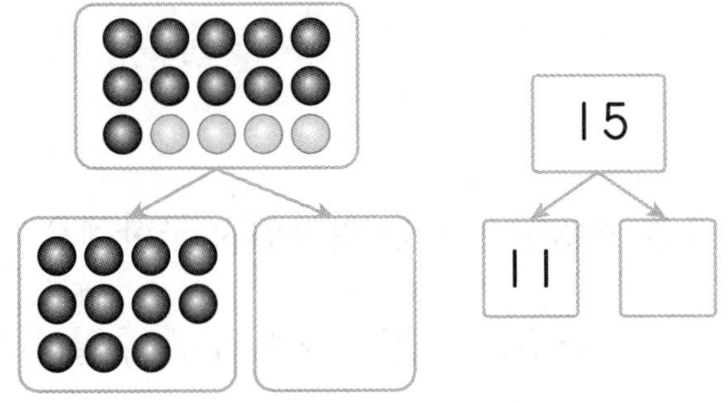

4 수의 크기를 비교하여 알맞은 말에 ○표 하세요.

22는 29보다 (큽니다 , 작습니다).

5 누름 못은 몇 개일까요?

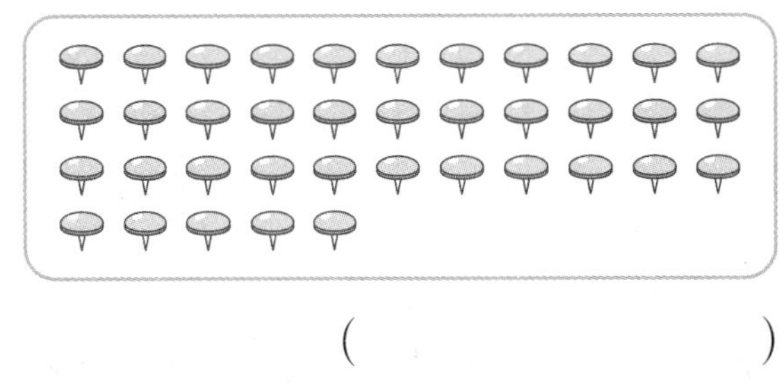

( )

6 관계있는 것끼리 선으로 이어 보세요.

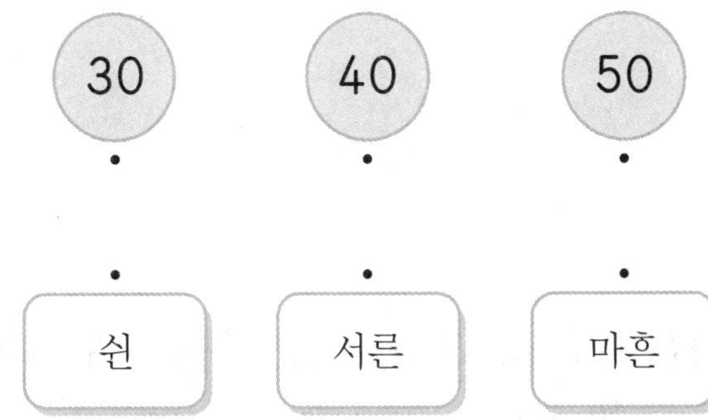

7 책을 번호 순서대로 정리하여 책꽂이에 꽂으려고 합니다. □ 안에 알맞은 수를 써넣으세요.

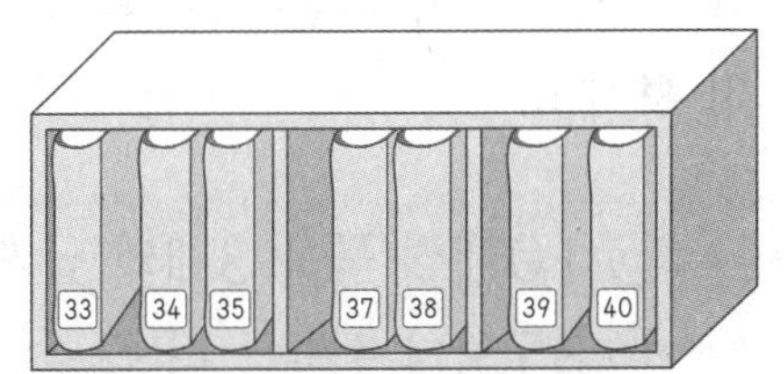

□번인 책은 35번과 37번 사이에 꽂아야 합니다.

8 가장 작은 수에 △표 하세요.

35	43	18

9 주어진 수보다 1만큼 더 큰 수에 ○표, 1만큼 더 작은 수에 △표 하세요.

38

27 37 36 39 41

10 다음 중 30과 같은 수를 모두 고르세요. ········· (   )

① 이십 ② 서른 ③ 쉰
④ 삼십 ⑤ 삼영

11 나타내는 수가 다른 하나를 찾아 기호를 써 보세요.

㉠ 10개씩 묶음 3개와 낱개 6개
㉡ 37보다 1만큼 더 큰 수
㉢ 35와 37 사이에 있는 수

(   )

12 두 가지 방법으로 가르기를 해 보세요.

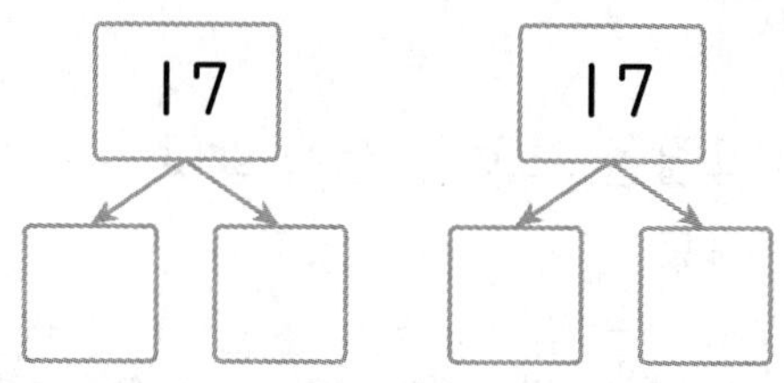

13 인형을 다희는 9개 가지고 있고 지오는 다희보다 한 개 더 많이 가지고 있습니다. 지오가 가지고 있는 인형의 수를 두 가지로 읽어 보세요.

(,   )

14 설명하는 수는 얼마인지 구하세요.

• 30과 40 사이에 있는 수입니다.
• 낱개의 수는 4입니다.

(   )

15 27보다 크고 32보다 작은 수는 모두 몇 개일까요?

26 29 27 32 31

( )

16 순서를 생각하며 빗금 친 부분에 알맞은 수를 구하세요.

13	14	15			18
	20			23	
25			(빗금)		

( )

17 15개의 연결 모형이 있습니다. 거북 1마리를 만드는 데 10개를 사용했다면 사용하지 않은 연결 모형은 몇 개일까요?

( )

18 1에서 4까지의 수 중에서 □ 안에 들어갈 수 있는 수를 모두 구하세요.

36은 □2보다 큽니다.

( )

서술형

19 바구니에 레몬이 10개씩 묶음 2개와 낱개 12개가 있습니다. 바구니에 있는 레몬은 모두 몇 개인지 풀이 과정을 쓰고 답을 구하세요.

답 ____________

서술형

20 플로깅을 하여 쓰레기를 지호는 22개, 서하는 10개씩 묶음 3개, 지현이는 10개씩 묶음 1개와 낱개 8개를 주웠습니다. 쓰레기를 가장 많이 주운 사람은 누구인지 풀이 과정을 쓰고 답을 구하세요.

답 ____________

5 단원

서술형 평가 1

50까지의 수

스피드 정답 10쪽 | 정답 및 풀이 32쪽

1 윤호가 사탕 5개를 먹은 후 남은 것을 세어 보니 5개였습니다. 처음에 있던 사탕은 몇 개인지 구하세요.

❶ 먹은 사탕의 수만큼 ○를 그려 보세요.

○ ○ ○ ○ ○

❷ 처음에 있던 사탕은 몇 개일까요?

( )

2 윤주는 공책을 20권 사려고 합니다. 10권씩 묶음으로만 판매한다면 공책을 몇 묶음 사야 하는지 구하세요.

❶ 공책 20권은 10권씩 몇 묶음일까요?

( )

❷ 윤주는 공책을 몇 묶음 사야 할까요?

( )

3 사과는 10개씩 묶음 1개와 낱개 2개가 있고 배는 사과보다 1개 더 많습니다. 배는 몇 개인지 구하세요.

❶ 사과는 몇 개일까요?

(　　　　　　)

❷ 배는 몇 개일까요?

(　　　　　　)

5 단원

4 지혜, 수민, 동현, 민서가 순서대로 은행에 들어가서 번호표를 뽑았습니다. 지혜가 뽑은 번호표가 39번일 때, 민서가 뽑은 번호표는 몇 번인지 구하세요.

❶ 39부터 수를 순서대로 써 보세요.

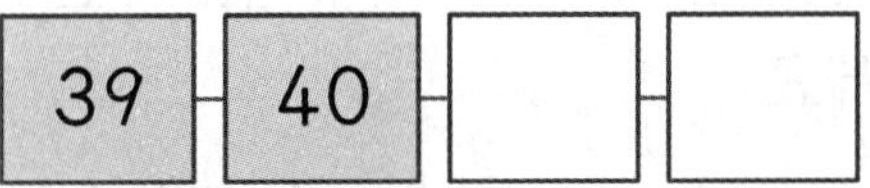

❷ 민서가 뽑은 번호표는 몇 번일까요?

(　　　　　　)

서술형 평가 ②

50까지의 수

점수

스피드 정답 10쪽 | 정답 및 풀이 32쪽

1 승호가 초콜릿 3개를 먹은 후 남은 것을 세어 보니 7개였습니다. 처음에 있던 초콜릿은 몇 개인지 ▭ 안에 ○를 그리고 난 후 답을 구하세요.

풀이

답 ______________

어떻게 풀까요?
남은 것과 먹은 것의 수를 ○로 나타낸 후 모두 세어 봅니다.

2 주환이는 연필을 40자루 사려고 합니다. 10자루씩 묶음으로만 판매한다면 연필을 몇 묶음 사야 하는지 풀이 과정을 쓰고 답을 구하세요.

풀이

답 ______________

어떻게 풀까요?
10개씩 묶음이 몇 개인지 세어 봅니다.

3 감은 10개씩 묶음 1개와 낱개 4개가 있고 귤은 감보다 2개 더 많습니다. 귤은 몇 개인지 풀이 과정을 쓰고 답을 구하세요.

풀이

답 ____________

어떻게 풀까요?
감의 수를 먼저 구합니다.

5 단원

4 영은, 다정, 소희, 준서가 순서대로 식당에 들어가서 번호표를 뽑았습니다. 영은이의 번호표가 43번일 때 준서가 뽑은 번호표는 몇 번인지 풀이 과정을 쓰고 답을 구하세요.

풀이

답 ____________

어떻게 풀까요?
먼저 수를 순서대로 써 봅니다.

밀크티 성취도 평가

오답 베스트 5

50까지의 수

스피드 정답 10쪽 | 정답 및 풀이 32쪽

1 호두를 모으면 모두 몇 개일까요?

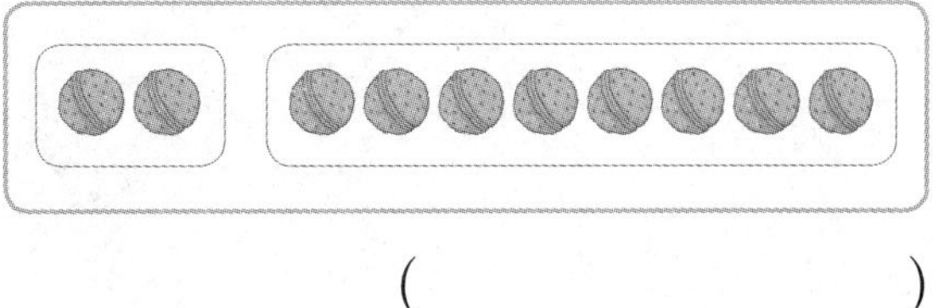

( )

2 모아서 16이 되는 두 수를 찾아 ○표 하세요.

3 초콜릿을 한 상자에 10개씩 담았더니 4상자가 되었습니다. 초콜릿은 모두 몇 개일까요?

( )

4 다음에서 설명하는 수는 얼마일까요?

- 40과 50 사이에 있는 수입니다.
- 낱개의 수는 7입니다.

( )

5 구슬이 서른여덟 개 있습니다. 한 봉지에 10개씩 넣으면 봉지에 넣지 못한 구슬은 몇 개일까요?

( )

과목	교재 구성	과목	교재 구성
하루 독해	예비초~6학년 각 A·B (14권)	하루 VOCA	3~6학년 각 A·B (8권)
하루 어휘	예비초~6학년 각 A·B (14권)	하루 Grammar	3~6학년 각 A·B (8권)
하루 글쓰기	예비초~6학년 각 A·B (14권)	하루 Reading	3~6학년 각 A·B (8권)
하루 한자	예비초: 예비초 A·B (2권) 1~6학년: 1A~4C (12권)	하루 Phonics	Starter A·B / 1A~3B (8권)
하루 수학	1~6학년 1·2학기 (12권)	하루 봄・여름・가을・겨울	1~2학년 각 2권 (8권)
하루 계산	예비초~6학년 각 A·B (14권)	하루 사회	3~6학년 1·2학기 (8권)
하루 도형	예비초 A·B, 1~6학년 6단계 (8권)	하루 과학	3~6학년 1·2학기 (8권)
하루 사고력	1~6학년 각 A·B (12권)	하루 안전	1~2학년 (2권)

단원평가

22개정 교육과정 반영

수학 단원평가

학교 수행평가 완벽 대비

1·1

천재교육

단원평가

스피드 정답

1 단원 9까지의 수

3쪽 쪽지시험 1회 풀이는 11쪽에

1 3에 ○표　2 9에 ○표　3 6에 ○표
4 하나에 ○표　5 다섯에 ○표　6 3
7 (　)(○)　8 예
9 예
10 (○)(　)

4쪽 쪽지시험 2회 풀이는 11쪽에

1 3, 5　2 6, 9　3 여섯째
4 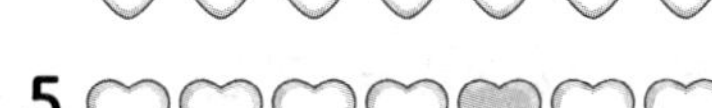
5 
6 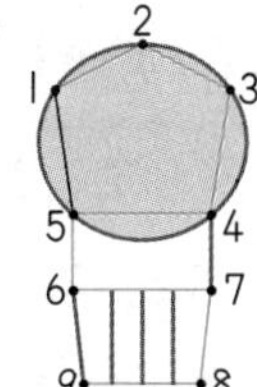

7 영호
8 민규
9 다섯째
10 아홉째

5쪽 쪽지시험 3회 풀이는 11쪽에

1 (○)(　)　2 0　3 5
4 7　5 0　6 4, 6
7 6, 8　8 4　9 6
10 5, 7

6쪽 쪽지시험 4회 풀이는 11쪽에

1 4에 △표　2 8에 ○표
3 큽니다에 ○표　4 작습니다에 ○표
5 7에 ○표　6 3에 △표
7 4에 △표　8 7에 ○표
9 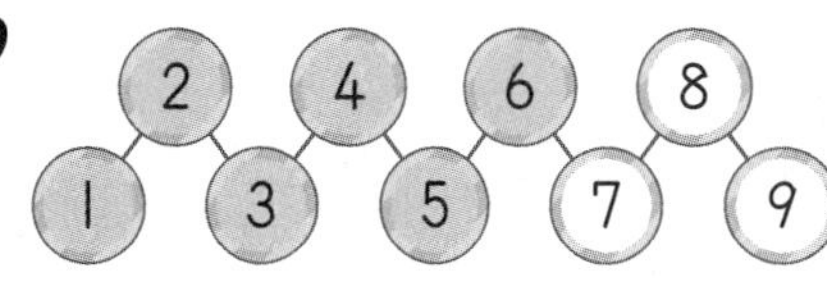

10 6에 ○표, 2에 △표

7~9쪽 단원평가 1회 풀이는 12쪽에

1 3　2 5에 ○표　3 7에 ○표
4 여섯에 ○표　5 둘째, 넷째　6 둘, 이
7 다섯에 ○표　8
9 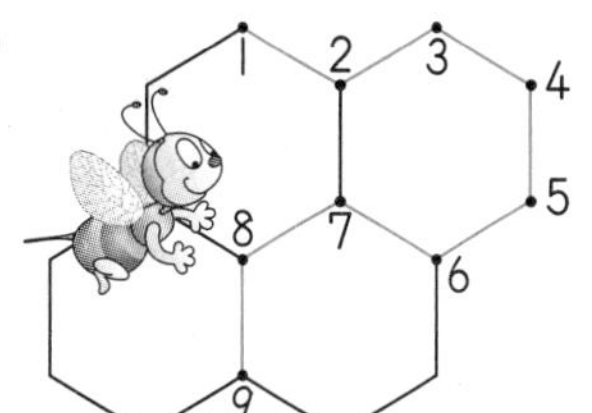

10 6, 8
11 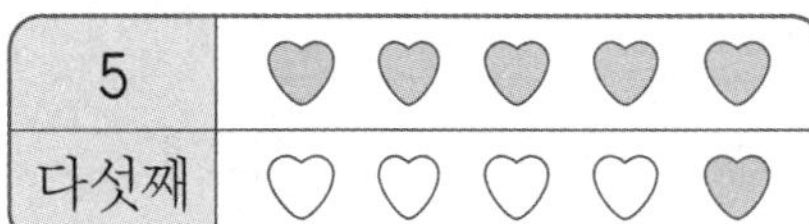

12　13 (　)(○)　14 0
15 3에 △표　16 아홉째　17 7, 9
18 5, 4에 ○표　19 5, 7　20 3등

10~12쪽 단원평가 2회 풀이는 12~13쪽에

1 6에 ○표　2 셋에 ○표　3 4
4 (　)(○)(　)　5
6 예 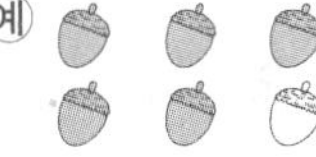
7 넷, 사
8 ㉡　9 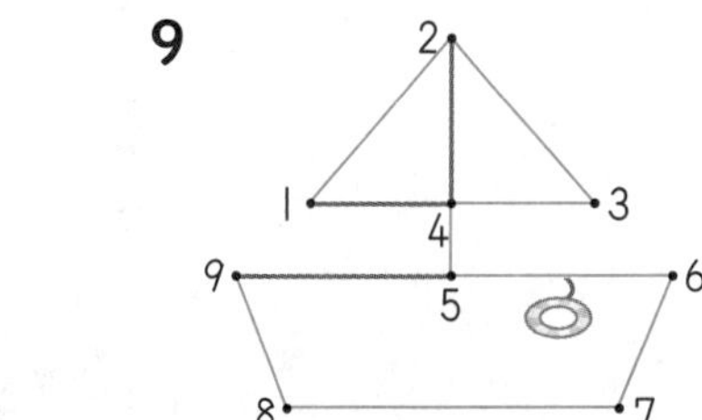

10 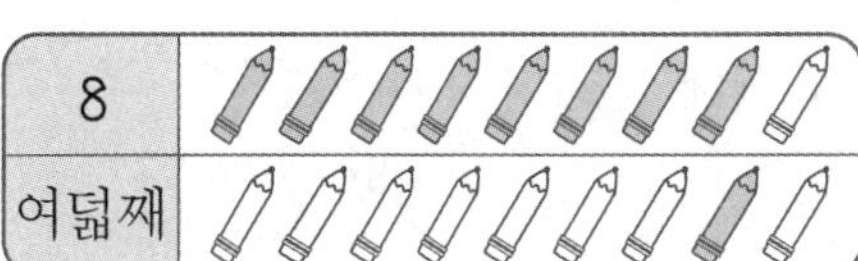

11 
12 넷째, 여섯째

13 많습니다에 ○표 ; 큽니다에 ○표

14 9에 ○표 15 7, 9 16 6

17 8 18 0, 1, 2 19 거북

20 5개

13~15쪽 단원평가 3회 풀이는 13쪽에

1 9에 ○표 2 예 ● ● ● ● ○

3 둘에 ○표 4 2, 1, 0 5 (   )(○)

6 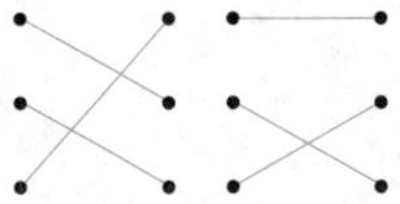

7 일곱, 7에 ○표

8 5, 7, 8

9 

10 7에 ○표 11 6, 8 12 1

13 넷째 14 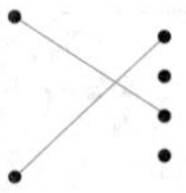 15 7, 8

16 2, 3, 6, 7, 8 17 0

18 예 작은 수부터 순서대로 쓰면 2, 3, 4, 7, 8입니다. 따라서 4보다 큰 수는 7, 8이므로 모두 2개입니다. ; 2개

19 민주 20 6명

16~18쪽 단원평가 4회 풀이는 13~14쪽에

1 8에 ○표 2 2 3 ④

4 예 ● ● ● ○ ○ ○

5 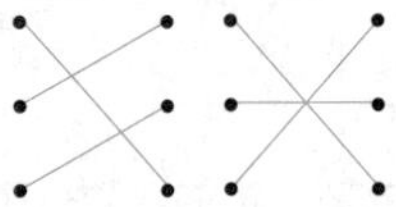

6 ②

7 1

8 여섯째

9 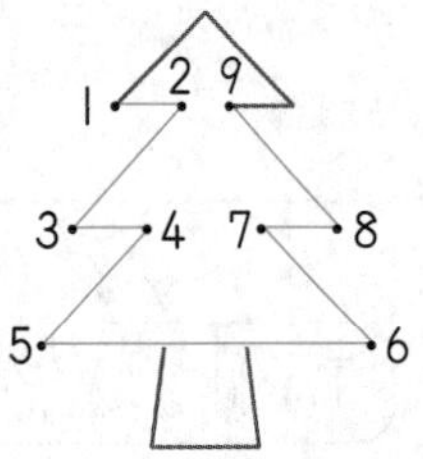

10 ㉣

11 적습니다에 ○표

12 8, 7

13 6 ; 4에 △표 14 3, 4

15 ② 16 0, 영 17 9 ; 6, 8, 9

18 예 수를 1부터 순서대로 쓰면 3을 5보다 앞에 쓰므로 3은 5보다 작습니다. 따라서 사과가 귤보다 적습니다. ; 사과

19 ㉡ 20 둘째

19~21쪽 단원평가 5회 풀이는 14~15쪽에

1 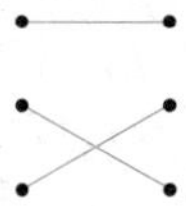

2 ⑤ 3 4

4 ④ 5 0

6 ㉡ 7 ③ 8 둘째, 셋째

9 3, 0 10 1, 큽니다에 ○표

11 1 12 5 13 6, 7

14 3개 15 7등 16 넷째

17 예 4보다 1만큼 더 큰 수는 5입니다. 따라서 민영이가 가지고 있는 공책은 5권입니다. ; 5권

18 민재, 주연, 은혜 19 8

20 예 수를 작은 수부터 순서대로 놓으면 2, 4, 6, 7, 8, 9입니다. 4보다 큰 수는 4보다 뒤의 수인 6, 7, 8, 9이고 그중 8보다 작은 수는 8보다 앞의 수인 6, 7입니다. 따라서 4보다 크고 8보다 작은 수는 6, 7로 모두 2개입니다. ; 2개

22~23쪽 서술형 평가 ❶ 풀이는 15쪽에

1 ❶ 7 ❷ 7권

2 ❶ 여섯째 ❷ 3명

3 ❶ 0, 4, 5, 7, 8 ❷ 3개

4 ❶ 6 ❷ 나은

24~25쪽 서술형 평가 ❷ 풀이는 15쪽에

1 예 1부터 5까지의 수를 순서대로 쓰면 1, 2, 3, 4, 5입니다. 예은이는 3등을 하였고 3 바로 뒤의 수는 4입니다.
따라서 수지는 4등을 했습니다. ; 4등

2 예 7부터 수를 거꾸로 쓰면 7, 6, 5, 4, 3, 2, 1입니다.
따라서 왼쪽에서 넷째에 서 있는 어린이가 들고 있는 수는 4입니다. ; 4

3 예 수 카드를 작은 수부터 순서대로 놓으면 0, 1, 2, 3, 4이므로 앞에서 셋째로 놓이는 카드에 적힌 수는 2입니다.
따라서 2보다 1만큼 더 큰 수는 3입니다. ; 3

4 예 5부터 9까지의 수를 순서대로 쓰면 5, 6, 7, 8, 9이므로 5와 9 사이에 있는 수는 6, 7, 8입니다. 이 중 7보다 작은 수는 6입니다. ; 6

26쪽 오답 베스트 5 풀이는 15쪽에

1 7　2 0마리　3 6, 7
4 4개　5 7

2단원 여러 가지 모양

29쪽 쪽지시험 1회 풀이는 16쪽에

1 (○)( )( )　2 ( )( )(○)
3 ( )(○)( )　4 ( )( )(○)
5 (○)( )( )　6 (선 잇기)
7 ㉣, ㉥　8 ㉡, ㉢
9 ㉠, ㉤　10 ( )(○)( )

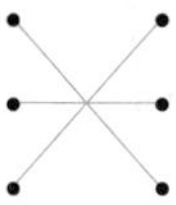

30쪽 쪽지시험 2회 풀이는 16쪽에

1 (○)( )( )　2 ( )(○)( )
3 3개　4 1개　5 3개
6 1개　7 8개　8 (상자 모양)에 ○표
9 ㉢　10 ㉠

31~33쪽 단원평가 1회 풀이는 16쪽에

1 ( )( )(○)　2 (○)( )( )
3 ( )(○)( )　4 ④
5 ㉠, ㉥　6 ㉡, ㉤
7 ㉢, ㉣　8 (○)( )( )
9 ㉡　10 굴러갑니다에 ○표
11 (선 잇기)　12 (원통 모양)에 ○표
13 ( )( )(○)　14 4개
15 4개　16 3개　17 (원통 모양)에 ○표
18 (상자 모양)에 ○표　19 3개　20 (공 모양)에 ×표

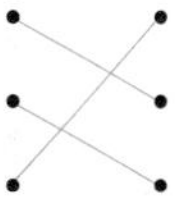

34~36쪽 단원평가 2회 풀이는 17쪽에

1 (□)( )( )　2 ( )( )(△)
3 ( )(○)( )　4 ㉡
5 ㉢, ㉥, ㉦　6 2개　7 3개
8 (○)( )　9 (상자 모양)에 ○표　10 (선 잇기)
11 (상자 모양), (공 모양)에 ○표
12 ③, ⑤　13 2, 4, 1
14 (상자 모양)에 ○표　15 (원통 모양)에 ○표　16 6개
17 ( )( )(○)　18 (원통 모양)에 ○표
19 (공 모양)에 ○표　20 ㉡

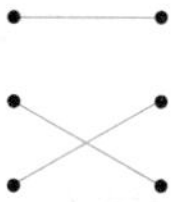

37~39쪽 단원평가 3회 풀이는 17쪽에

1 ( )( )(○)　2 ( )(○)( )
3 (공 모양)에 ○표　4 (선 잇기)
5 ㉥　6 ㉡, ㉤　7 (공 모양)에 ○표
8 ( )(×)( )　9 ( )( )(×)
10 (상자 모양)에 ○표　11 9개　12 (원통 모양)에 ○표
13 (공 모양)에 ○표　14 (○)(○)( )
15 (원통 모양)에 ○표　16 2, 1, 5　17 (원통 모양)에 ○표
18 예 (상자) 모양 축구공은 잘 굴러가지 않아서 축구할 때 사용하기 힘듭니다.
19 1개　20 ( )( )(○)

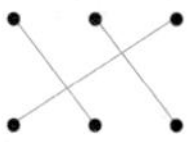

40~42쪽 단원평가 4회 풀이는 18쪽에

1 (○)( )( ) 2 에 ○표
3 에 ○표 4 풀
5 ㉢, ㉣, ㉥ 6 2개
7 (△)(○)(□) 8 5개
9 에 ○표 10
11 ( )( )(×)( )
12 13 3개 14 민주
15 에 ○표 16 4개
17 ㉠ 18 에 ○표 19 ㉠
20 예 주어진 모양은 모양 3개, 모양 4개, 모양 1개로 만든 모양입니다. 따라서 하준이는 모양 1개가 더 필요합니다.
; 에 ○표, 1

43~45쪽 단원평가 5회 풀이는 18~19쪽에

1 ( )( )(○) 2 ( )(○)( )
3 (□)( )(□) 4 ③, ⑤
5 3개 6 ( )(○)( )
7 ㉡ 8 (□)(○)(△)(□)
9 에 ○표 10 , 에 ○표
11 에 ○표 12 7개 13 에 ○표
14 15 ㉠ 16 ㉠
17 예 여러 방향으로 잘 굴러가는 모양은 모양입니다. ㉢에는 모양이 4개 사용되었습니다. ; 4개
18 예 농구공, 구슬
19  20 ㉠

46~47쪽 서술형 평가 ❶ 풀이는 19쪽에

1 ❶ 에 ○표 ❷ 에 ○표 ❸ 에 ○표
2 ❶ 3개, 1개, 2개 ❷ 에 ○표
3 ❶ 에 ○표 ❷ 야구공
4 ❶ 4개, 3개, 2개 ❷ 에 ○표

48~49쪽 서술형 평가 ❷ 풀이는 19쪽에

1 예 지혁이가 가지고 있는 모양은 모양과 모양이고 승윤이가 가지고 있는 모양은 모양과 모양입니다. 따라서 두 사람이 모두 가지고 있는 모양은 모양입니다.
; 에 ○표
2 예 둥근 부분이 있는 모양은 모양과 모양입니다. 그중에서 어느 방향으로 굴려도 잘 굴러가는 모양은 모양입니다. ; 에 ○표
3 예 ㉠, ㉡ 모두 모양과 모양을 사용하여 만든 모양입니다. 따라서 ㉠, ㉡에 모두 사용하지 않은 모양은 모양입니다. ; 에 ○표
4 예 주어진 모양은 모양 2개, 모양 3개, 모양 2개입니다. 따라서 주어진 모양을 모두 사용하여 만든 모양은 ㉡입니다. ; ㉡

50쪽 오답 베스트 5 풀이는 19쪽에

1 에 ○표 2 4개 3 2개
4 8개, 4개, 2개 5 7개

3단원 덧셈과 뺄셈

54쪽 쪽지시험 1회 풀이는 20쪽에

1 3 2 7 3 3
4 4 5 2 6 6
7 5 8 6 9 2, 1
10 (위부터) 3, 2, 1

55쪽 쪽지시험 2회 풀이는 20쪽에

1 3　2 더하기, 7　3 6
4 8　5 3, 4　6 3, 7
7 3, 3　8 5, 5　9 8, 8
10 9, 9

56쪽 쪽지시험 3회 풀이는 20쪽에

1 1　2 빼기, 3　3 3
4 6　5 3, 2　6 2, 4
7 1, 1　8 5, 5　9 5, 5
10 2, 2

57쪽 쪽지시험 4회 풀이는 20쪽에

1 5　2 7　3 3
4 3　5 6
6 (선 잇기)　7 (선 잇기)
8 (○)(　)　9 (　)(○)　10 3개

58쪽 쪽지시험 5회 풀이는 20쪽에

1 3　2 6　3 0
4 2　5 4, 4　6 0, 4
7 5　8 6　9 8
10 0

59~61쪽 단원평가 1회 풀이는 20~21쪽에

1 4　2 1　3 더하기, 합
4 8　5 7　6 ③
7 5, 5　8 4, 4　9 3
10 ④　11 (왼쪽부터) 7, 3, 5
12 7 ; 4, 7　13 6, 0　14 6
15 2　16 0　17 (　)(○)
18 ② ⑥ ③　19 예 5, 4, 9　20 5, 4, 1

62~64쪽 단원평가 2회 풀이는 21쪽에

1 6　2 3　3 ○○○○○○
4 8　5 8　6 6
7 6 ; 더하기, 6　8 5, 3 ; 3　9 6−5=1
10 6　11 2, 7　12 4, 1
13 9 ; 7, 9　14 3　15 1
16 (○)(　)　17 1, 2　18 (선 잇기) ; 3, 1
19 (선 잇기)　20 7명

65~67쪽 단원평가 3회 풀이는 21~22쪽에

1 2　2 8　3 6
4 7　5 5　6 8−4=4
7 9　8 3　9 7
10 4, 5, 6, 7　11 2　12 3, 3 ; 3, 3
13 (선 잇기)　14 ㉡　15 9, 4, 5
16 (선 잇기)　17 4개　18 예 6, 3, 9
19 2
20 예 사인펜은 3자루, 연필은 4자루이므로 필통 안에 있는 사인펜과 연필은 모두 3+4=7(자루)입니다. ; 7자루

68~70쪽 단원평가 4회 풀이는 22쪽에

1 9　2 7, 7　3 3 ; 빼기, 3 ; 3
4 3, 8　5 5　6 3, 5
7 7, 7　8 6, 6　9 4, 5에 ○표
10 ○○ ; 2　11 8, 6　12 (○)(　)
13 ④　14 7, 2, 5　15 4개
16 ③　17 4개　18 3장
19 9
20 예 가장 많이 읽은 사람은 9권으로 선우이고 가장 적게 읽은 사람은 3권으로 하율입니다. 따라서 선우는 하율이보다 9−3=6(권) 더 많이 읽었습니다. ; 6권

71~73쪽 단원평가 5회 풀이는 22~23쪽에

1 6 **2** 7 **3** 9

4 예 1 더하기 6은 7과 같습니다.

5 (선 잇기) **6** 0, 9

7

1	7	8
6	5	3
2	4	9

8 4, 4, 0

9 ㉣

10 ㉡

11 8 **12** (선 잇기) **13** 3, 5

14 8−2, 0+5에 ○표 **15** 예 7+2=9

16 예 6+2=8 ; 예 8−2=6

17 예 지환이가 먹은 피자는 3조각, 수호가 먹은 피자는 3조각입니다. 따라서 두 사람이 먹은 피자는 모두 3+3=6(조각)입니다. ; 6조각

18 3개 **19** 수현

20 예 진영이가 가지고 있는 사과는 2+4=6(개)입니다. 따라서 두 사람이 가지고 있는 사과는 모두 2+6=8(개)입니다. ; 8개

74~75쪽 서술형 평가 ❶ 풀이는 23쪽에

1 ❶ 7 ❷ 7자루

2 ❶ 6 ❷ 6개

3 ❶ 1개 ❷ 0개 ❸ 0개

4 ❶ 6 ❷ 3 ❸ 9

76~77쪽 서술형 평가 ❷ 풀이는 23쪽에

1 예 처음 버스에 타고 있던 사람은 9명이었지만 이번 정류장에서 6명이 내렸습니다.
따라서 버스에 남아 있는 사람은
9−6=3(명)입니다. ; 3명

2 예 수정이가 가지고 있는 사탕은 2+2=4(개)입니다. 희정이가 사탕을 2개 가지고 있으므로 희정이와 수정이가 가지고 있는 사탕은 모두 2+4=6(개)입니다. ; 6개

3 예 작은 수부터 차례대로 쓰면 1, 6, 7입니다.
가장 큰 수는 7이고 가장 작은 수는 1이므로 두 수의 합은 7+1=8입니다. ; 8

4 예 8은 (1, 7), (2, 6), (3, 5), (4, 4), (5, 3), (6, 2), (7, 1)로 가를 수 있습니다.
이 중에서 차가 2인 경우는 큰 수가 5, 작은 수가 3인 경우입니다. 따라서 초롱이가 가진 연필은 3자루입니다. ; 3자루

78쪽 오답 베스트 5 풀이는 23쪽에

1 0, 3 **2** 5, 4, 1 **3** 7

4 9 **5** 3

4 단원 비교하기

81쪽 쪽지시험 1회 풀이는 24쪽에

1 (○)
( )

2 ( )
(△)

3 큽니다에 ○표 **4** 작습니다에 ○표

5 ( )
(○)
( )

6 (○)( )

7 (△)( )

8 무겁습니다에 ○표

9 가볍습니다에 ○표 **10** ( )(○)( )

82쪽 쪽지시험 2회 풀이는 24쪽에

1 좁습니다에 ○표 **2** 넓습니다에 ○표

3 ( )(○) **4** (△)( )

5 (선 잇기) **6** (○)( )

7 (○)( ) **8** (△)( )

9 (△)( ) **10** 나

83~85쪽 단원평가 1회
풀이는 24쪽에

1 (　) (○)　2 (△) (　)　3 가볍다

4 (○)(　)

5 (　)(△)　6 좁습니다에 ○표

7 (선 잇기)　8 적습니다에 ○표

9 (○)(　)　10 ㉡　11 은우

12 (　) (△) (　)　13 (　)(△)

14 (△)(　)(○)

15 (　)(△)(○)

16 ㉡　17 ㉡　18 ㉠, ㉢, ㉡

19 ㉢, ㉠, ㉡　20 2, 1, 3

86~88쪽 단원평가 2회
풀이는 25쪽에

1 (△) (　)　2 (　)(△)　3 (○)(　)

4 (△)(　)　5 (△)(　)　6 (선 잇기)

7 작습니다에 ○표　8 무겁습니다에 ○표

9 ㉡　10 우표　11 ㉡

12 축구장　13 (　)(　)(○)

14 수박　15 (그림)

16 (○) (△) (　)　17 (그림)에 ○표

18 (○)(△)(　)

19 ㉡, ㉠, ㉢　20 현주

89~91쪽 단원평가 3회
풀이는 25~26쪽에

1 (　) (○)　2 (△)(　)　3 (△)(　)

4 (　)(△)　5 많습니다에 ○표

6 많습니다에 ○표　7 (　)(○)

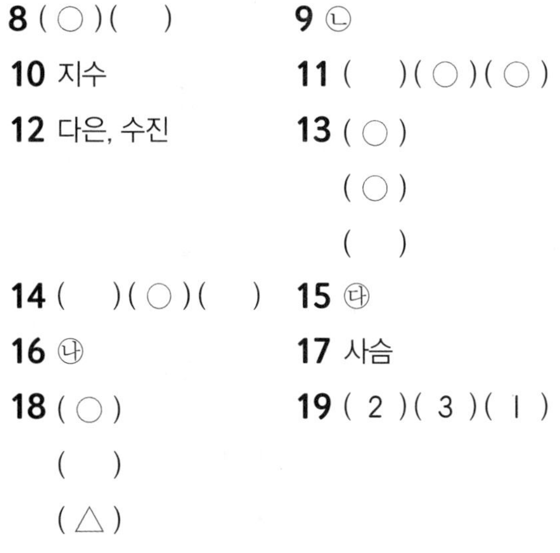

8 (○)(　)　9 ㉡

10 지수　11 (　)(○)(○)

12 다은, 수진　13 (○) (○) (　)

14 (　)(○)(　)　15 ㉰

16 ㉯　17 사슴

18 (○) (　) (△)　19 (2)(3)(1)

20 소금 ; 예 소금과 솜을 병에 가득 담았을 때 솜보다 소금이 더 무거우므로 솜이 담겨 있는 병보다 소금이 담겨 있는 병이 더 무겁습니다.

92~94쪽 단원평가 4회
풀이는 26쪽에

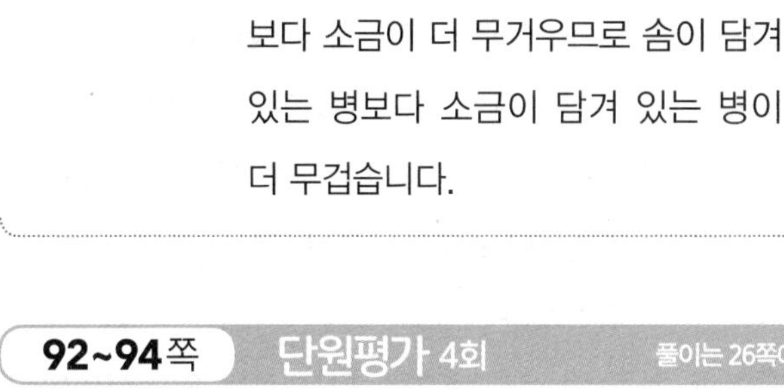

1 (△) (　)　2 (　)(△)

3 (○)(　)

4 깁니다에 ○표　5 더 많다, 더 적다

6 가볍습니다에 ○표　7 깁니다에 ○표

8 (　)(○)(　)　9 3개

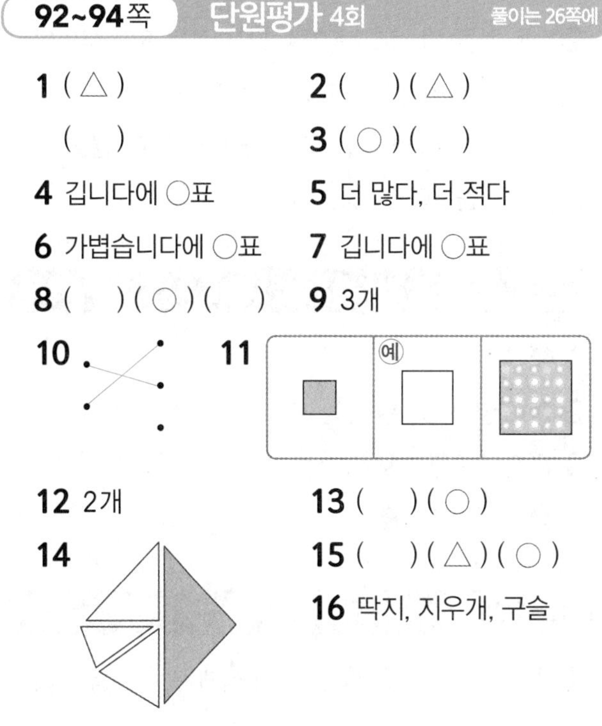

10 (선 잇기)　11 예 (그림)

12 2개　13 (　)(○)

14 (그림)　15 (　)(△)(○)

16 딱지, 지우개, 구슬

17 예 에어컨은 선풍기보다 더 무겁고 냉장고는 에어컨보다 더 무겁습니다. 무거운 것부터 차례대로 쓰면 냉장고, 에어컨, 선풍기이므로 가장 무거운 것은 냉장고입니다. ; 냉장고

18 채호　19 축구공

20 ㉠, ㉢, ㉡

95~97쪽 단원평가 5회 풀이는 26~27쪽에

1 (△)
( )
2 (○)( )
3 ( )(○)
4 색종이
5 깁니다에 ○표
6 ( )( )(○)
7 ㉡
8 ( )
( )
(○)
9 ( )
( )
(○)
(○)
10
11 서진
12
13 다
14 ㉮
15 잡지, 동화책, 사전
16 ㉢
17 ㉮
18 지호
19 예 시소는 더 가벼운 쪽이 위로 올라갑니다. 따라서 가벼운 사람부터 차례대로 이름을 쓰면 서준, 윤수, 민규이므로 가장 가벼운 사람은 서준입니다. ; 서준
20 예 물을 컵 ㉮로는 7번, 컵 ㉯로는 8번 부어야 그릇이 가득 차므로 컵 ㉮가 컵 ㉯보다 더 큽니다. 따라서 컵 ㉮에 물을 더 많이 담을 수 있습니다. ; ㉮

98~99쪽 서술형 평가 ❶ 풀이는 27쪽에

1 ❶ 수박 ❷ 수박
2 ❶ 규영 ❷ 규영
3 ❶ 7칸, 8칸 ❷ 나
4 ❶ ㉡ ❷ ㉡

100~101쪽 서술형 평가 ❷ 풀이는 27쪽에

1 예 손으로 들었을 때 힘이 더 적게 드는 누름 못이 망치보다 더 가볍습니다. ; 누름 못
2 예 진우의 컵에 남은 우유의 양이 더 많으므로 진우가 지혜보다 우유를 더 적게 마셨습니다. ; 진우
3 예 작은 칸의 수가 가는 8칸, 나는 7칸입니다. 칸의 수가 적을수록 넓이가 좁으므로 나가 더 좁습니다. ; 나
4 예 매달았을 때 고무줄이 가장 적게 늘어난 주머니는 ㉠입니다. 따라서 고무줄이 적게 늘어날수록 주머니가 가벼우므로 가장 가벼운 주머니는 ㉠입니다. ; ㉠

102쪽 오답 베스트 5 풀이는 27쪽에

1 ㉠, ㉢, ㉡
2 ㉡, ㉢, ㉠
3 (1)(3)(2)
4 (○)
( )
( )
(○)
5 종인, 성현, 재우

5단원 50까지의 수

105쪽 쪽지시험 1회 풀이는 28쪽에

1 10
2 10에 ○표
3 
4 10
5 2
6 12
7 15
8 17
9
10 ㉢

106쪽 쪽지시험 2회 풀이는 28쪽에

1 13
2 18
3 12
4 16
5 9에 색칠
6 6
7 8
8 5
9 6
10 5 ; 4

107쪽 쪽지시험 3회 풀이는 28쪽에

1 3
2 3
3 예 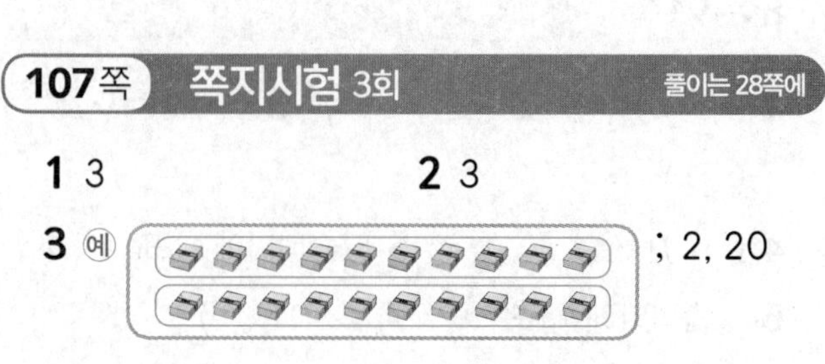 ; 2, 20

4 27
5 32
6 49
7 삼십오, 서른다섯
8 사십삼, 마흔셋
9 ㉣
10 28개

108쪽 쪽지시험 4회

풀이는 28~29쪽에

1 큽니다에 ○표
2 작습니다에 ○표
3 42
4 18, 21
5 39, 40
6 17
7 44
8 46에 ○표
9 32에 △표
10 31, 29

109~111쪽 단원평가 1회

풀이는 29쪽에

1 10
2 4
3 30
4 16
5 44
6 34
7 5
8 36
9 ㉠
10 30, 32
11 12, 14
12 이십육, 스물여섯
13 8, 9에 색칠
14 23개
15 35에 ○표
16 서른에 △표
17 40 ; 40
18 46
19 (위부터) 35, 39
20 30개

112~114쪽 단원평가 2회

풀이는 29~30쪽에

1 ○○○○○○ ○○○○
2 2
3 19
4 39
5 23
6 14
7 8
8 ㉡
9 41, 43
10 40 ; 마흔
11 31, 33
12 7, 9에 ○표
13 ㉢
14 (선 잇기)
15 31에 ○표
16 21에 △표
17 47, 36, 34
18 (선 잇기)
19 48
20 43, 44, 45, 46

115~117쪽 단원평가 3회

풀이는 30쪽에

1 10
2 46
3 10 ; 열
4 6 ; 36
5 30, 40
6 35 36 [37] 38 39 [40]
7 ( )(○)
8 예 △△△△△△△△ / △△△△△△△△
9 ⑤
10 17 ; 열일곱
11 24
12 6, 9에 색칠
13 34에 △표
14 27개
15 예 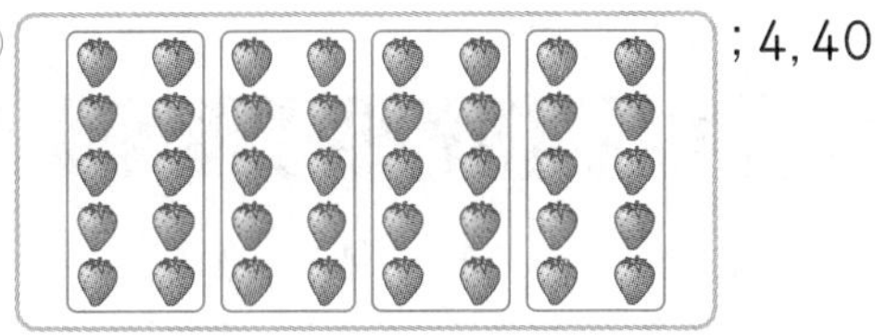 ; 4, 40
16 (위부터) 14, 18, 21, 25
17 3개
18 16
19 24번, 25번, 26번
20 예 10개씩 묶음의 수를 비교하면 19는 10개씩 묶음 1개, 31은 10개씩 묶음 3개, 26은 10개씩 묶음 2개이므로 31이 가장 큽니다. 따라서 튤립을 가장 많이 접은 사람은 현정입니다. ; 현정

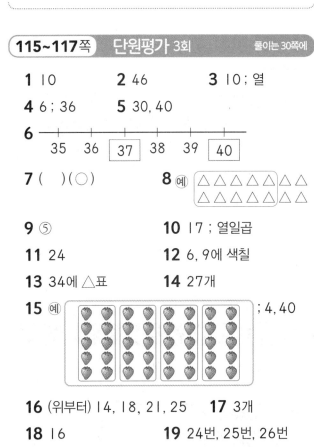

118~120쪽 단원평가 4회

풀이는 31쪽에

1 4, 5
2 1, 6
3 8개
4 16
5 12
6 큽니다에 ○표
7 (선 잇기)
8 37에 ○표
9 36
10 23, 24
11 ㉡
12 (선 잇기)
13 열에 ○표 ; 십에 ○표
14 (선 잇기)

15 ③ **16** 43에 ○표, 28에 △표

17 예 ; 3, 9, 39

18 (위부터) 31, 37, 43, 48

19 35살

20 예 10개씩 묶음 3개와 낱개 6개는 36이므로 윤주는 딱지를 36개 가지고 있습니다. 10개씩 묶음의 수를 비교하면 43이 36보다 크므로 딱지를 더 많이 가지고 있는 사람은 선우입니다. ; 선우

121~123쪽 단원평가 5회

풀이는 31~32쪽에

1 6 ; 16 **2** (○) ( )

3

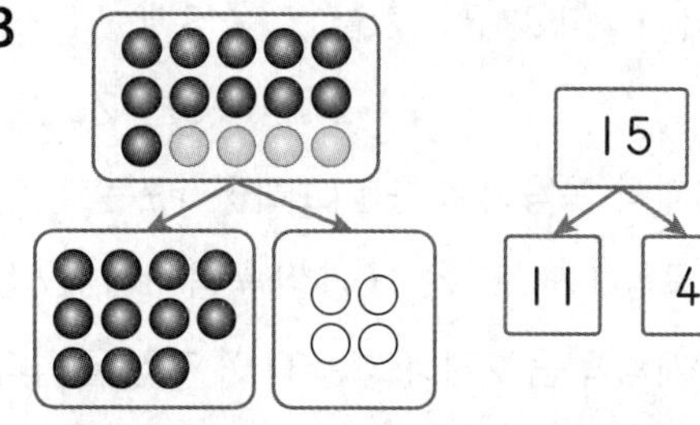

4 작습니다에 ○표 **5** 38개

6 **7** 36

8 18에 △표 **9** 39에 ○표, 37에 △표

10 ②, ④ **11** ㉡

12 예 8, 9 ; 15, 2 **13** 십, 열

14 34 **15** 2개

16 28 **17** 5개

18 1, 2, 3

19 예 낱개 12개는 10개씩 묶음 1개와 낱개 2개입니다. 따라서 바구니에 있는 레몬은 10개씩 묶음 3개와 낱개 2개이므로 모두 32개입니다. ; 32개

20 예 지호: 22개

서하: 10개씩 묶음 3개 ⇨ 30개

지현: 10개씩 묶음 1개와 낱개 8개 ⇨ 18개

이중 10개씩 묶음의 수가 가장 큰 수는 30이므로 쓰레기를 가장 많이 주운 사람은 서하입니다. ; 서하

124~125쪽 서술형 평가 ❶

풀이는 32쪽에

1 ❶ ○○○○○ ○○○○○

❷ 10개

2 ❶ 2묶음 ❷ 2묶음

3 ❶ 12개 ❷ 13개

4 ❶ 41, 42 ❷ 42번

126~127쪽 서술형 평가 ❷

풀이는 32쪽에

1 예 ○○○○○○○ ○○○

그려진 ○의 수를 모두 세어 보면 10개입니다. ; 10개

2 예 40은 10개씩 묶음 4개이므로 주환이는 연필 4묶음을 사야 합니다. ; 4묶음

3 예 감은 10개씩 묶음 1개와 낱개 4개이므로 14개입니다. 귤은 감보다 2개 더 많으므로 10개씩 묶음 1개와 낱개 6개입니다.

따라서 귤은 16개입니다. ; 16개

4 예 43부터 수를 순서대로 쓰면

43 − 44 − 45 − 46 − …입니다.

번호표를 뽑은 순서가 영은, 다정, 소희, 준서이므로 준서가 뽑은 번호표는 46번입니다.

; 46번

128쪽 오답 베스트 5

풀이는 32쪽에

1 10개 **2** 7, 9에 ○표 **3** 40개

4 47 **5** 8개

정답 및 풀이

1단원 9까지의 수

3쪽 쪽지시험 1회

1 3에 ○표　2 9에 ○표　3 6에 ○표
4 하나에 ○표　5 다섯에 ○표　6 3
7 ( )(○)　8 예 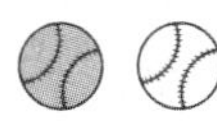
9 예
10 (○)( )

7 딱지는 일곱이므로 7이고 구슬은 다섯이므로 5입니다.
8 배구공을 하나, 둘, 셋, 넷까지 세어 색칠합니다.
10 2는 둘 또는 이, 7은 일곱 또는 칠이라고 읽습니다.

4쪽 쪽지시험 2회

1 3, 5　2 6, 9　3 여섯째
4
5
6 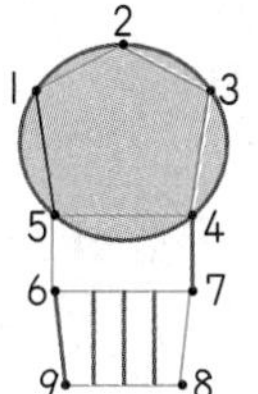
7 영호
8 민규
9 다섯째
10 아홉째

4 여덟째는 순서를 나타내므로 왼쪽에서 여덟째에 있는 1개에만 색칠합니다.
6 1 − 2 − 3 − 4 − 5 − 6 − 7 − 8 − 9의 순서대로 점을 선으로 연결합니다.
8 왼쪽에서 일곱째에 서 있는 어린이는 민규입니다.
10 왼쪽부터 세어 보면 선영이는 아홉째에 서 있습니다.

5쪽 쪽지시험 3회

1 (○)( )　2 0　3 5
4 7　5 0　6 4, 6
7 6, 8　8 4　9 6
10 5, 7

5 감의 수는 하나(1)입니다.
1보다 1만큼 더 작은 수는 0입니다.
6 5보다 1만큼 더 작은 수는 5 바로 앞의 수인 4이고 5보다 1만큼 더 큰 수는 5 바로 뒤의 수인 6입니다.
8 3은 4보다 1만큼 더 작은 수입니다.
9 5보다 1만큼 더 큰 수는 6이고 7보다 1만큼 더 작은 수도 6입니다.
10 사탕의 수는 6이며 6보다 1만큼 더 작은 수는 5이고 6보다 1만큼 더 큰 수는 7입니다.

6쪽 쪽지시험 4회

1 4에 △표　2 8에 ○표
3 큽니다에 ○표　4 작습니다에 ○표
5 7에 ○표　6 3에 △표
7 4에 △표　8 7에 ○표
9 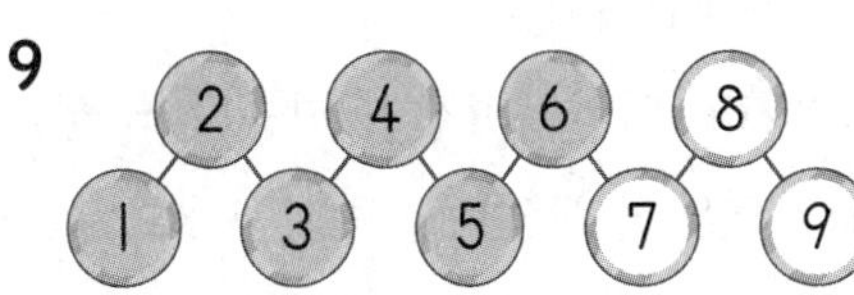

10 6에 ○표, 2에 △표

1 하나씩 짝지어 보면 다람쥐가 모자라므로 4가 6보다 작습니다.
5 수를 1부터 순서대로 쓰면 4보다 7을 뒤에 쓰므로 7이 더 큰 수입니다.
6 수를 1부터 순서대로 쓰면 3을 5보다 앞에 쓰므로 3이 더 작은 수입니다.
7 1 − 2 − 3 − △4 − 5 − □6 − 7 − 8 − 9
⇨ 6보다 작은 수는 4입니다.
10 1 − △2 − 3 − 4 − 5 − ○6 − 7 − 8 − 9

7~9쪽 단원평가 1회

1 3 **2** 5에 ○표 **3** 7에 ○표
4 여섯에 ○표 **5** 둘째, 넷째 **6** 둘, 이
7 다섯에 ○표 **8** 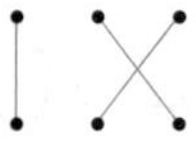
9 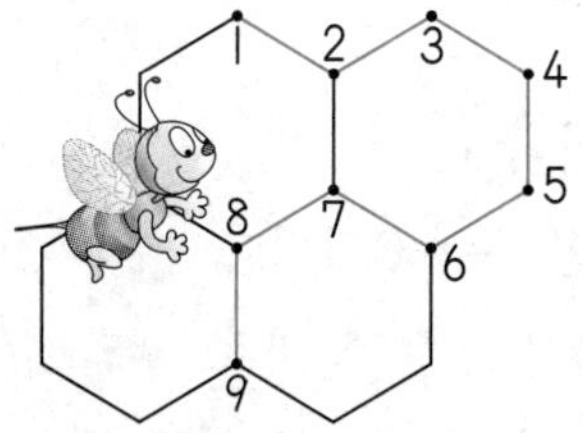 **10** 6, 8
11

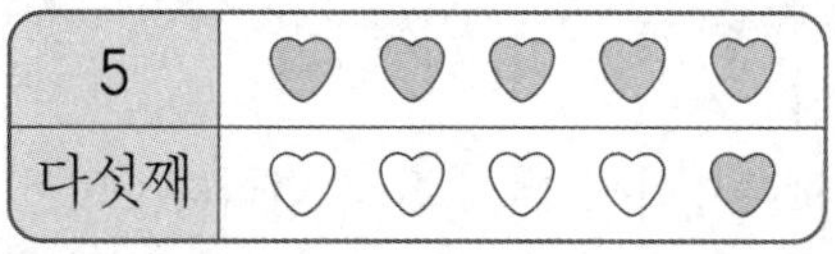

5	♥ ♥ ♥ ♥ ♥
다섯째	♡ ♡ ♡ ♡ ♥

12  **13** ( )(○) **14** 0
15 3에 △표 **16** 아홉째 **17** 7, 9
18 5, 4에 ○표 **19** 5, 7 **20** 3등

11 5(다섯)은 수를 나타내므로 5개를 색칠하고 다섯째는 순서를 나타내므로 다섯째에 있는 1개에만 색칠합니다.

13 7보다 1만큼 더 큰 수는 8입니다. 딸기의 수는 6, 바나나의 수는 8이므로 바나나 그림에 ○표 합니다.

16 왼쪽부터 첫째, 둘째, ...로 세어 보면 색칠된 병은 왼쪽에서 아홉째입니다.

17 개구리는 9마리, 연잎은 7장이 있습니다. 하나씩 짝지어 보면 연잎이 모자라므로 7은 9보다 작습니다.

18 기타의 수를 세어 보면 셋이므로 3입니다. 1부터 순서대로 쓰면 1, 2, 3, 4, 5이므로 3보다 큰 수는 4, 5입니다.

19 도넛의 수를 세어 보면 여섯이므로 6입니다.
6보다 1만큼 더 작은 수는 6 바로 앞의 수인 5이고, 6보다 1만큼 더 큰 수는 6 바로 뒤의 수인 7입니다.

20
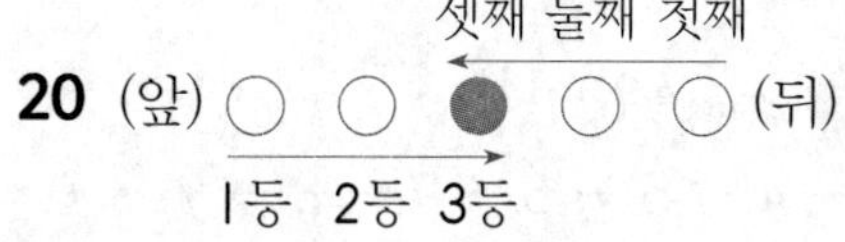

10~12쪽 단원평가 2회

1 6에 ○표 **2** 셋에 ○표 **3** 4
4 ( )(○)( ) **5** 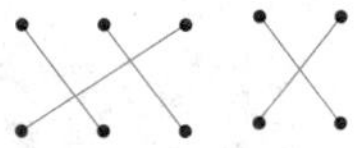
6 예  **7** 넷, 사
8 ㉡ **9** 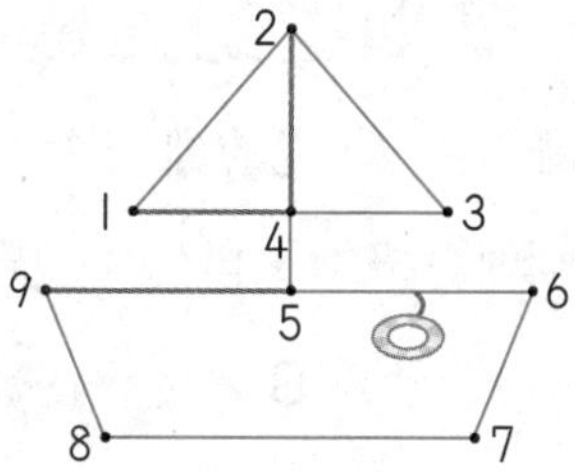
10

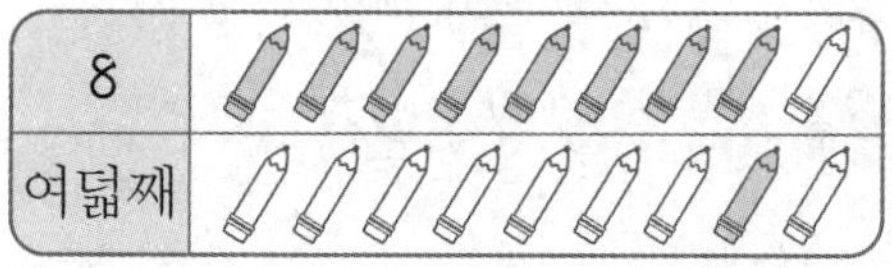

8	✏ ✏ ✏ ✏ ✏ ✏ ✏ ✏ ✏ (8개 색칠)
여덟째	✏ ✏ ✏ ✏ ✏ ✏ ✏ ✏ ✏ (여덟째 1개 색칠)

11 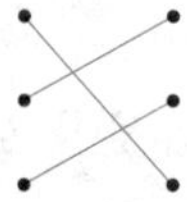 **12** 넷째, 여섯째
13 많습니다에 ○표 ; 큽니다에 ○표
14 9에 ○표 **15** 7, 9 **16** 6
17 8 **18** 0, 1, 2 **19** 거북
20 5개

5 별의 수는 왼쪽부터 하나(1), 둘(2), 셋(3), 넷(4), 다섯(5)입니다.

10 8(여덟)은 수를 나타내므로 8개를 색칠하고, 여덟째는 순서를 나타내므로 여덟째에 있는 1개에만 색칠합니다.

15 8보다 1만큼 더 작은 수는 8 바로 앞의 수인 7이고, 8보다 1만큼 더 큰 수는 8 바로 뒤의 수인 9입니다.

17 7은 6보다 1만큼 더 큰 수이고 8보다 1만큼 더 작은 수입니다.

18 0부터 5까지의 수를 큰 수부터 순서대로 쓰면 5, 4, 3, 2, 1, 0이므로 3은 0, 1, 2보다 큽니다.

19 왼쪽부터 세어 보면 일곱째에 있는 동물은 거북입니다.

20 수아: 7보다 1만큼 더 작은 수 ⇨ 6
은지: 6보다 1만큼 더 작은 수 ⇨ 5
따라서 은지는 딸기를 5개 먹었습니다.

13~15쪽 단원평가 3회

1 9에 ○표 **2** 예 ● ● ● ● ○
3 둘에 ○표 **4** 2, 1, 0 **5** ( )(○)
6
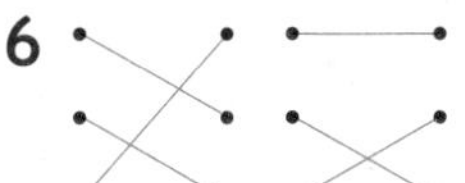
7 일곱, 7에 ○표
8 5, 7, 8

9

6	
여섯째	

10 7에 ○표 **11** 6, 8 **12** 1
13 넷째 **14** **15** 7, 8
16 2, 3, 6, 7, 8 **17** 0
18 예 작은 수부터 순서대로 쓰면 2, 3, 4, 7, 8입니다. 따라서 4보다 큰 수는 7, 8이므로 모두 2개입니다. ; 2개
19 민주 **20** 6명

4 꽃은 왼쪽부터 셋(3), 둘(2), 하나(1)가 꽂혀 있고 꽃이 하나도 없는 것은 영(0)입니다.
8 4부터 9까지 순서대로 쓰면 4, 5, 6, 7, 8, 9입니다.
9 6(여섯)은 수를 나타내므로 6개를 색칠하고 여섯째는 순서를 나타내므로 여섯째에 있는 1개에만 색칠합니다.
11 바나나는 6개, 참외는 8개가 있습니다. 하나씩 짝지어 보면 바나나가 모자라므로 6은 8보다 작습니다.
12 9는 8 바로 뒤의 수이므로 8보다 1만큼 더 큰 수입니다.
13 기린이 첫째이므로 왼쪽부터 센 것입니다. 왼쪽에서 첫째(기린), 둘째(사자), 셋째(하마), 넷째(코끼리), 다섯째(토끼)이므로 코끼리는 넷째에 있습니다.
14 위에서부터인지 아래에서부터인지 확인합니다.
15 6보다 1만큼 더 큰 수는 6 바로 뒤의 수인 7이고 7보다 1만큼 더 큰 수는 7 바로 뒤의 수인 8입니다.
17 도넛은 하나, 둘, 셋이므로 3개입니다. 이 중에서 3개를 먹으면 하나도 남지 않으므로 남은 도넛의 수는 0입니다.
19 2부터 5까지의 수를 순서대로 쓰면 2−3−4−5이므로 5가 2보다 큽니다. 따라서 초콜릿을 5개 먹은 민주가 2개 먹은 준혁이보다 더 많이 먹었습니다.
20 그림으로 나타내 봅니다.
(앞) ○ ○ ○ ● ○ ○ (뒤)
3명 용주 2명
용주는 앞에서 넷째에 서 있으므로 뒤에 서 있는 2명까지 모두 6명이 줄을 서 있습니다.

16~18쪽 단원평가 4회

1 8에 ○표 **2** 2 **3** ④
4 예 ● ● ● ○ ○ ○
5 **6** ② **7** 1
8 여섯째 **9**
10 ㉣
11 적습니다에 ○표
12 8, 7
13 6 ; 4에 △표
14 3, 4 **15** ② **16** 0, 영
17 9 ; 6, 8, 9
18 예 수를 1부터 순서대로 쓰면 3을 5보다 앞에 쓰므로 3은 5보다 작습니다. 따라서 사과가 귤보다 적습니다. ; 사과
19 ㉡ **20** 둘째

2 불이 꺼진 초의 수만 세어 봅니다.
불이 꺼진 초는 하나, 둘이므로 2입니다.

4 바나나는 하나, 둘, 셋이므로 3개의 ○에 색칠합니다.

5 7(칠, 일곱), 8(팔, 여덟), 9(구, 아홉)

6 ② 6은 여섯이므로 6개를 색칠해야 합니다.

7 오른쪽부터 첫째, 둘째, 셋째, 넷째, 다섯째 수는 1입니다.

8 순서를 셀 때 다섯째 다음은 여섯째입니다.

> 참고
> 순서를 셀 때 첫째, 둘째, 셋째, 넷째, 다섯째, 여섯째, 일곱째, 여덟째, 아홉째라고 말합니다.

9 1−2−3−4−5−6−7−8−9의 순서대로 점을 선으로 연결합니다.

10 ㉠, ㉡, ㉢ 3 / ㉣ 4

11 칫솔과 치약을 하나씩 짝지어 보면 칫솔이 모자라므로 칫솔은 치약보다 적습니다.

12 9부터 수를 거꾸로 하여 쓰면 9, 8, 7, 6, 5입니다.

13 오토바이의 수를 세어 보면 여섯이므로 6입니다.
하나씩 짝지어 보면 오른쪽의 자전거가 모자라므로 4는 6보다 작습니다.

14 2보다 1만큼 더 큰 수는 2 바로 뒤의 수인 3이고 3보다 1만큼 더 큰 수는 3 바로 뒤의 수인 4입니다.

15 6은 7보다 1만큼 더 작은 수이고, 5보다 1만큼 더 큰 수입니다.

16 1보다 1만큼 더 작은 수이면서 아무것도 없는 것을 0이라 쓰고 영이라고 읽습니다.

17 연필의 수를 세어 보면 아홉이므로 9입니다.
작은 수부터 순서대로 쓰면 6, 8, 9입니다.

19 ㉠ 3보다 1만큼 더 큰 수는 4입니다.
㉡ 8보다 1만큼 더 작은 수는 7입니다.
⇨ 7은 4보다 큽니다.

20 수를 순서대로 쓰면 1, 2, 3, 4, 5입니다. 가장 작은 수는 1이고, 1은 왼쪽에서 둘째에 있습니다.

19~21쪽 단원평가 5회

1 (선 잇기)　2 ⑤　3 4
4 ④　5 0
6 ㉡　7 ③　8 둘째, 셋째
9 3, 0　10 1, 큽니다에 ○표
11 1　12 5　13 6, 7
14 3개　15 7등　16 넷째
17 예 4보다 1만큼 더 큰 수는 5입니다.
따라서 민영이가 가지고 있는 공책은 5권입니다. ; 5권
18 민재, 주연, 은혜　19 8
20 예 수를 작은 수부터 순서대로 놓으면 2, 4, 6, 7, 8, 9입니다. 4보다 큰 수는 4보다 뒤의 수인 6, 7, 8, 9이고 그중 8보다 작은 수는 8보다 앞의 수인 6, 7입니다. 따라서 4보다 크고 8보다 작은 수는 6, 7로 모두 2개입니다. ; 2개

6 9는 구 또는 아홉이라고 읽습니다.
㉠ 칠(7), ㉢ 여섯(6), ㉣ 8(팔, 여덟)

7 오른쪽부터 세어 보면 여섯째 과일은 ③ 딸기입니다.

8 첫째부터 순서대로 쓰면 첫째, 둘째, 셋째, 넷째, 다섯째입니다.

9 5부터 수를 거꾸로 하여 쓰면 5, 4, 3, 2, 1, 0입니다.

10 9는 8 바로 뒤의 수이므로 8보다 1만큼 더 큽니다.

11 왼쪽에서 셋째에 있는 동물인 타조가 가지고 있는 수 카드는 1입니다.

12 작은 수부터 순서대로 쓰면 1, 4, 5이므로 가장 큰 수는 5입니다.

13 8보다 1만큼 더 작은 수는 8 바로 앞의 수인 7이고, 7보다 1만큼 더 작은 수는 7 바로 앞의 수인 6입니다.

14 수를 순서대로 쓰면 1, 2, 3, 4, ...이므로 2보다 크고 4보다 작은 수는 3입니다.
따라서 가위는 3개입니다.

15 그림을 그려 보면 다음과 같습니다.

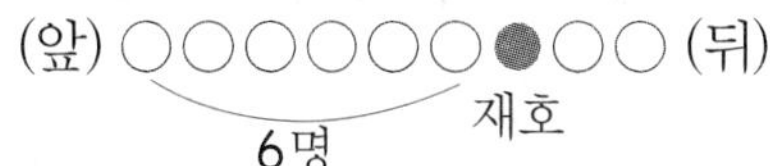

재호는 앞에서 일곱째이므로 7등입니다.

16 그림을 그려 보면 다음과 같습니다.

(앞) ○○○○○●○○○ (뒤)
지수

지수는 뒤에서 넷째로 달리고 있습니다.

18 8, 9, 5를 큰 수부터 순서대로 쓰면 9, 8, 5입니다. 따라서 구슬을 많이 가지고 있는 사람부터 순서대로 이름을 쓰면 민재, 주연, 은혜입니다.

19 작은 수부터 순서대로 놓으면 0, 3, 6, 7, 8, 9입니다. 가장 작은 수인 0이 첫째일 때 다섯째에 놓이는 수는 8입니다.

22~23쪽 서술형 평가 ❶

1 ❶ 7　　❷ 7권
2 ❶ 여섯째　　❷ 3명
3 ❶ 0, 4, 5, 7, 8　　❷ 3개
4 ❶ 6　　❷ 나은

1 ❶ 동화책의 수는 6이고 6보다 1만큼 더 큰 수는 7입니다.
❷ 동화책의 수보다 1만큼 더 큰 수는 7이므로 위인전은 7권입니다.

2 ❷ 그림을 그려 보면 다음과 같습니다.

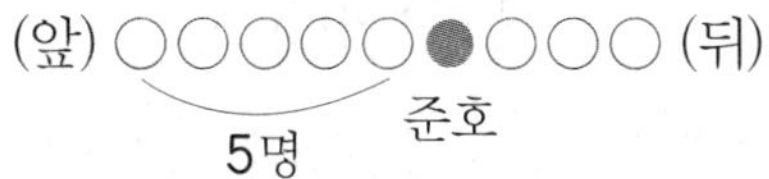

따라서 준호 뒤에는 3명이 서 있습니다.

3 ❶ 주어진 수를 작은 수부터 순서대로 쓰면 0, 4, 5, 7, 8입니다.
❷ 4보다 큰 수는 5, 7, 8이므로 모두 3개입니다.

4 ❶ 5보다 1만큼 더 큰 수는 5 바로 뒤의 수인 6입니다.
❷ 나은이가 먹은 딸기는 7개이고 지혁이가 먹은 딸기는 6개입니다. 7이 6보다 크므로 딸기를 더 많이 먹은 사람은 나은입니다.

24~25쪽 서술형 평가 ❷

1 예 1부터 5까지의 수를 순서대로 쓰면 1, 2, 3, 4, 5입니다. 예은이는 3등을 하였고 3 바로 뒤의 수는 4입니다.
따라서 수지는 4등을 했습니다. ; 4등

2 예 7부터 수를 거꾸로 쓰면 7, 6, 5, 4, 3, 2, 1입니다.
따라서 왼쪽에서 넷째에 서 있는 어린이가 들고 있는 수는 4입니다. ; 4

3 예 수 카드를 작은 수부터 순서대로 놓으면 0, 1, 2, 3, 4이므로 앞에서 셋째로 놓이는 카드에 적힌 수는 2입니다.
따라서 2보다 1만큼 더 큰 수는 3입니다. ; 3

4 예 5부터 9까지의 수를 순서대로 쓰면 5, 6, 7, 8, 9이므로 5와 9 사이에 있는 수는 6, 7, 8입니다. 이 중 7보다 작은 수는 6입니다. ; 6

26쪽 오답 베스트 5

1 7　　**2** 0마리　　**3** 6, 7
4 4개　　**5** 7

2 전깃줄 위에 있던 참새 4마리가 모두 다른 곳으로 날아갔으므로 전깃줄 위에 남아 있는 참새는 한 마리도 없습니다. 아무것도 없는 것은 0이라 씁니다.

3 를 세어 보면 7마리이고, 를 세어 보면 6마리입니다. 하나씩 짝지어 보면 가 하나 모자랍니다. 따라서 6은 7보다 작습니다.

4 6보다 1만큼 더 작은 수는 5입니다.
⇨ 영민이가 접은 종이비행기는 5개입니다.
5보다 1만큼 더 작은 수는 4입니다.
⇨ 호재가 접은 종이비행기는 4개입니다.

5 주어진 수를 큰 수부터 순서대로 쓰면 9, 7, 6, 5, 1이므로 앞에서 둘째에 쓰이는 수는 7입니다.

2단원 여러 가지 모양

29쪽 쪽지시험 1회

1 (○)(　)(　)　2 (　)(　)(○)
3 (　)(○)(　)　4 (　)(　)(○)
5 (○)(　)(　)　6 (선 잇기)
7 ㉣, ㉥　8 ㉡, ㉢
9 ㉠, ㉤　10 (　)(○)(　)

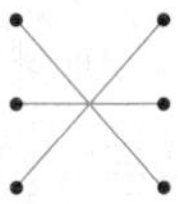

7 ㉣, ㉥은 모양입니다.
8 ㉡, ㉢은 모양입니다.
9 ㉠, ㉤은 모양입니다.
10 필통은 모양입니다.

30쪽 쪽지시험 2회

1 (○)(　)(　)　2 (　)(○)(　)
3 3개　4 1개　5 3개
6 1개　7 8개　8 에 ○표
9 ㉢　10 ㉠

1 평평한 부분, 뾰족한 부분이 보이므로 모양입니다.
2 둥근 부분, 평평한 부분이 보이므로 모양입니다.
3 크기는 생각하지 않고 모양이 같은 것을 찾아 수를 세어 봅니다. 모양을 세어 보면 3개입니다.
4 모양을 세어 보면 1개입니다.
5 모양을 세어 보면 3개입니다.
9 둥근 부분만 보이므로 모양입니다.
10 평평한 부분, 뾰족한 부분이 보이므로 모양입니다.

31~33쪽 단원평가 1회

1 (　)(　)(○)　2 (○)(　)(　)
3 (　)(○)(　)　4 ④
5 ㉠, ㉥　6 ㉡, ㉤
7 ㉢, ㉣　8 (○)(　)(　)
9 ㉡　10 굴러갑니다에 ○표
11 (선 잇기)　12 에 ○표
13 (　)(　)(○)
14 4개　15 4개　16 3개
17 에 ○표　18 에 ○표　19 3개
20 에 ×표

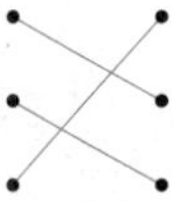

4 ①, ②, ③, ⑤는 모양, ④는 모양입니다.
8 보기 는 모양이므로 같은 모양인 것은 통조림 캔입니다.
9 ㉠, ㉢은 모양이고 ㉡은 모양입니다.
10 모양은 모든 부분이 둥근 모양이므로 여러 방향으로 잘 굴러갑니다.
12 그림에서 사용된 모양은 모양입니다.
13 모양은 잘 굴러가서 쌓기 어렵습니다.
14 모양 4개를 사용하여 만들었습니다.
15 중복되거나 빠뜨리지 않도록 표시하면서 세어 봅니다. 모양을 세어 보면 4개입니다.
16 모양을 세어 보면 3개입니다.
17 모양은 3개, 모양은 6개, 모양은 4개 사용했습니다. 따라서 가장 많이 사용한 모양에 ○표 합니다.
18 어느 방향으로도 굴러가지 않고 잘 쌓을 수 있는 모양은 입니다.
19 모양을 세어 보면 3개입니다.
20 모양 7개, 모양 3개를 사용했지만 모양은 사용하지 않았습니다. 따라서 모양에 ×표 합니다.

34~36쪽 단원평가 2회

1 (□)(　)(　)　2 (　)(　)(△)
3 (　)(○)(　)　4 ㉡
5 ㉢, ㉥, ㉧　6 2개　7 3개
8 (○)(　)　9 에 ○표　10 (선 잇기)
11 , 에 ○표　12 ③, ⑤
13 2, 4, 1　14 에 ○표
15 에 ○표　16 6개
17 (　)(　)(○)　18 에 ○표
19 에 ○표　20 ㉡

7 모양은 ㉠, ㉤, ㉦이므로 3개입니다.

8 왼쪽은 모양끼리 모았고,
오른쪽은 모양과 모양을 모았습니다.

10 둥근 부분만 있는 모양은 모양, 평평한 부분과 뾰족한 부분이 있는 모양은 모양, 평평한 부분과 둥근 부분이 있는 모양은 모양입니다.

11 모양 3개와 모양 3개를 사용하여 만든 그림입니다.

14 모양은 5개, 모양은 2개, 모양은 3개이므로 모양이 가장 많습니다.

15 ㉡은 모양 4개와 모양 2개로 만들었습니다.

16 ㉠과 ㉡에 있는 모양은 모두 6개입니다.

17 모양과 모양은 잘 굴러가지만 모양은 잘 굴러가지 않습니다.

18 모양은 평평한 부분도 있고 둥근 부분도 있습니다.

19 모양은 모든 부분이 둥급니다.

20 주어진 모양은 모양 3개, 모양 3개, 모양 3개입니다. 따라서 주어진 모양들을 모두 사용하여 만든 것은 ㉡입니다.

37~39쪽 단원평가 3회

1 (　)(　)(○)　2 (　)(○)(　)
3 에 ○표　4 (선 잇기)
5 ㉥　6 ㉡, ㉤　7 에 ○표
8 (　)(×)(　)　9 (　)(　)(×)
10 에 ○표　11 9개　12 에 ○표
13 에 ○표　14 (○)(○)(　)
15 에 ○표　16 2, 1, 5　17 에 ○표
18 예 모양 축구공은 잘 굴러가지 않아서 축구할 때 사용하기 힘듭니다.
19 1개　20 (　)(　)(○)

5 ㉠은 모양입니다.
모양을 찾아보면 ㉥입니다.

9 야구공, 풍선은 왼쪽과 같은 모양이고 북은 모양입니다.

10 모양만을 사용하여 만든 그림입니다.

12 평평한 부분과 둥근 부분이 있으므로 모양의 일부분입니다.

13 모양 2개, 모양 4개로 만든 모양입니다.

14 모양과 모양은 평평한 부분이 있어서 쌓을 수 있습니다.

15 모양은 위와 아래가 평평하고 옆이 둥글어 한쪽 방향으로 잘 굴러갑니다.

16 각 모양을 세어 보면 모양 2개, 모양 1개, 모양 5개입니다.

18 모양은 어느 방향으로도 잘 굴러가지 않습니다.

19 모양 5개, 모양 2개, 모양 4개로 만든 모양입니다. 5는 4보다 1만큼 더 큰 수이므로 모양을 모양보다 1개 더 많이 사용했습니다.

20 , , 모양이 반복되는 규칙이므로 □ 안에 놓아야 할 모양은 모양입니다.

40~42쪽 단원평가 4회

1 (○)( )( ) 2 에 ○표
3 에 ○표 4 풀
5 ㉢, ㉣, ㉥ 6 2개
7 (△)(○)(□) 8 5개
9 에 ○표 10 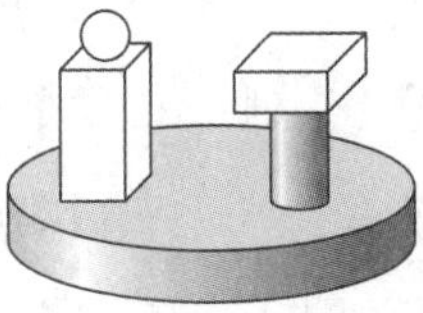
11 ( )( )(×)( )
12 13 3개 14 민주
15 에 ○표 16 4개
17 ㉠ 18 에 ○표 19 ㉠
20 예 주어진 모양은 모양 3개, 모양 4개, 모양 1개로 만든 모양입니다. 따라서 하준이는 모양 1개가 더 필요합니다.
; 에 ○표, 1

9 모양 5개, 모양 1개를 사용하여 만든 모양입니다. 모양은 사용하지 않았습니다.

11 필통, 사전, 주사위는 모양이고, 농구공은 모양입니다.

12 평평한 부분과 둥근 부분이 있는 것은 모양, 평평한 부분과 뾰족한 부분이 있는 것은 모양, 모든 부분이 둥근 것은 모양입니다.

13 모양: 필통, 사전 ⇨ 2개
모양: 풀 ⇨ 1개
모양: 털실 뭉치, 멜론, 골프공 ⇨ 3개

14 혜민: 둥근 부분이 있는 것은 모양과 모양입니다.

15 뾰족한 부분과 평평한 부분이 있으므로 모양입니다.

16 ㉠에 있는 모양은 4개입니다.

17 ㉠은 모양 4개와 모양 3개만을 사용하여 만든 모양입니다.

18 ㉡은 모양 3개, 모양 1개, 모양 2개를 사용하여 만든 모양입니다.

19 주어진 모양은 모양 4개, 모양 2개, 모양 1개이므로 모두 사용하여 만들 수 있는 모양은 ㉠입니다.

43~45쪽 단원평가 5회

1 ( )( )(○) 2 ( )(○)( )
3 (□)( )(□) 4 ③, ⑤
5 3개 6 ( )(○)( )
7 ㉡ 8 (□)(○)(△)(□)
9 에 ○표 10 , 에 ○표
11 에 ○표 12 7개 13 에 ○표
14 15 ㉠ 16 ㉠
17 예 여러 방향으로 잘 굴러가는 모양은 모양입니다. ㉢에는 모양이 4개 사용되었습니다. ; 4개
18 예 농구공, 구슬
19 20 ㉠

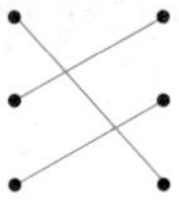

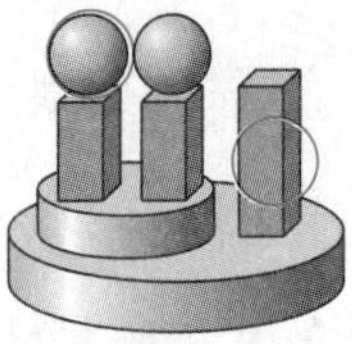

7 잘 굴러가지 않는 모양은 모양이므로 ㉡입니다.

8 주사위와 선물 상자는 모양, 농구공은 모양, 보온병은 모양입니다.

9 모양이 3개, 모양이 2개, 모양이 2개 있으므로 가장 많은 모양은 모양입니다.

10 모양 4개, 모양 3개를 사용하여 만든 모양입니다.

11 모양의 위와 아래가 평평합니다. ⇨ 2개

참고
모양은 평평한 부분이 6개, 모양은 평평한 부분이 0개입니다.

13 □ 모양 2개, □ 모양 2개, ○ 모양 3개로 만든 모양이며 ○ 모양의 개수가 다릅니다.

15 □ 모양이 ㉠은 1개, ㉡은 3개, ㉢은 2개입니다. 따라서 가장 적게 사용된 것은 ㉠입니다.

16 ㉠ □ 모양 1개, □ 모양 1개, ○ 모양 3개
㉡ □ 모양 2개, □ 모양 3개, ○ 모양 1개
㉢ □ 모양 1개, □ 모양 2개, ○ 모양 4개

18 ○ 모양은 어느 쪽에서 보아도 그림과 같이 둥근 모양으로 보입니다.

19 왼쪽 그림과 다른 부분을 모두 찾아 오른쪽 그림에 ○표 합니다.

20 주어진 모양은 □ 모양 2개, □ 모양 3개, ○ 모양 2개이므로 □ 모양을 하나 더 사용하여 만든 모양은 ㉠입니다.

참고

㉡은 □ 모양 2개, □ 모양 3개, ○ 모양 2개를 사용하여 만든 모양입니다.

46~47쪽 서술형 평가 ❶

1 ❶ □에 ○표 ❷ □에 ○표 ❸ ○에 ○표
2 ❶ 3개, 1개, 2개 ❷ □에 ○표
3 ❶ ○에 ○표 ❷ 야구공
4 ❶ 4개, 3개, 2개 ❷ ○에 ○표

1 ❸ 선물 상자는 □ 모양, 두루마리 휴지는 □ 모양이므로 그림에 없는 모양은 ○ 모양입니다.

2 ❷ □ 모양이 3개로 가장 많습니다.

3 ❶ 보기 는 둥근 부분만 있으므로 ○ 모양입니다.
❷ ○ 모양은 야구공입니다.

4 ❷ ○ 모양이 2개로 가장 적게 사용했습니다.

48~49쪽 서술형 평가 ❷

1 예 지혁이가 가지고 있는 모양은 □ 모양과 □ 모양이고 승윤이가 가지고 있는 모양은 □ 모양과 ○ 모양입니다. 따라서 두 사람이 모두 가지고 있는 모양은 □ 모양입니다.
; □에 ○표

2 예 둥근 부분이 있는 모양은 □ 모양과 ○ 모양입니다. 그중에서 어느 방향으로 굴려도 잘 굴러가는 모양은 ○ 모양입니다. ; ○에 ○표

3 예 ㉠, ㉡ 모두 □ 모양과 ○ 모양을 사용하여 만든 모양입니다. 따라서 ㉠, ㉡에 모두 사용하지 않은 모양은 □ 모양입니다. ; □에 ○표

4 예 주어진 모양은 □ 모양 2개, □ 모양 3개, ○ 모양 2개입니다. 따라서 주어진 모양을 모두 사용하여 만든 모양은 ㉡입니다. ; ㉡

50쪽 오답 베스트 5

1 □에 ○표 2 4개 3 2개
4 8개, 4개, 2개 5 7개

1 평평한 부분과 둥근 부분이 다 있는 모양은 □ 모양입니다.

평평한 부분
둥근 부분

2 왼쪽에 보이는 모양은 □ 모양입니다.
오른쪽 모양은 □ 모양 5개, □ 모양 4개, ○ 모양 2개로 만든 모양입니다.

3 잘 굴러가지 않는 모양은 □ 모양입니다.
따라서 □ 모양을 찾아보면 상자와 주사위로 모두 2개입니다.

4 □ 모양 8개, □ 모양 4개, ○ 모양 2개로 만든 모양입니다.

5 주아가 모양을 만드는 데 사용한 □ 모양은 6개이므로 주아가 처음에 가지고 있던 □ 모양은 7개입니다.

덧셈과 뺄셈

54쪽 쪽지시험 1회

1 3　2 7　3 3
4 4　5 2　6 6
7 5　8 6　9 2, 1
10 (위부터) 3, 2, 1

8　8은 2와 6으로 가를 수 있습니다.
9　4는 2와 2, 3과 1로 가를 수 있습니다.
10　5는 1과 4, 2와 3, 3과 2, 4와 1로 가를 수 있습니다.

55쪽 쪽지시험 2회

1 3　2 더하기, 7　3 6
4 8　5 3, 4　6 3, 7
7 3, 3　8 5, 5　9 8, 8
10 9, 9

6　원숭이 4마리에 3마리를 더하면 7마리이므로 4+3=7입니다.
7　1과 2를 모으면 3이므로 1+2=3입니다.

56쪽 쪽지시험 3회

1 1　2 빼기, 3　3 3
4 6　5 3, 2　6 2, 4
7 1, 1　8 5, 5　9 5, 5
10 2, 2

6　탁구공 6개와 탁구채 2개를 비교하면 탁구공이 4개 더 많으므로 6−2=4입니다.
7　5는 4와 1로 가를 수 있으므로 5−4=1입니다.

57쪽 쪽지시험 4회

1 5　2 7　3 3
4 3　5 6
6 (풀이 참조)　7 (풀이 참조)
8 (○)(　)　9 (　)(○)　10 3개

4　빼는 수가 1씩 커지니 차는 1씩 작아집니다.
10　오렌지 4개 중에서 1개를 먹으면 4−1=3(개)가 남습니다.

58쪽 쪽지시험 5회

1 3　2 6　3 0
4 2　5 4, 4　6 0, 4
7 5　8 6　9 8
10 0

6　사과 4개를 하나도 먹지 않아 남은 사과는 4개이므로 4−0=4입니다.
7　어떤 수에 0을 더하면 어떤 수입니다.
8　0에 어떤 수를 더하면 어떤 수입니다.
9　어떤 수에서 0을 빼면 어떤 수입니다.
10　어떤 수에서 그 수 전체를 빼면 0입니다.

59~61쪽 단원평가 1회

1 4　2 1　3 더하기, 합
4 8　5 7　6 ③
7 5, 5　8 4, 4　9 3
10 ④　11 (왼쪽부터) 7, 3, 5
12 7 ; 4, 7　13 6, 0　14 6
15 2　16 0　17 (　)(○)
18 ② ⑥ ③　19 예 5, 4, 9　20 5, 4, 1

7 8은 3과 5로 가를 수 있습니다.
⇨ 8−3=5

8 6개에서 2개를 빼면 4개가 남습니다.
⇨ 6−2=4
⇨ '6 빼기 2는 4와 같습니다.'라고 읽습니다.

9 6은 3과 3으로 가를 수 있습니다.

10 7은 2와 5로 가를 수 있습니다.
3과 2를 모으면 5가 됩니다.
따라서 빈칸에 공통으로 들어갈 수는 5입니다.

11 9는 2와 7, 3과 6, 4와 5로 가를 수 있습니다.

12 3과 4를 모으면 7이 됩니다.
⇨ 3+4=7

13 검은색 별 6개에서 흰색 별 6개를 빼면 아무 것도 남지 않으므로 0입니다.
⇨ 6−6=0

14 ●●○○○○ ⇨ 2+4=6

15 ○○∅∅∅∅∅ ⇨ 7−5=2

17 9−4=5, 8−2=6
6이 5보다 크므로 8−2에 ○표 합니다.

18 6과 3을 모으기 하면 9가 됩니다.

19 흰색 바둑돌은 5개, 검은색 바둑돌은 4개이므로 모두 5+4=9(개)입니다. 또는 4+5=9로도 쓸 수 있습니다.

20 흰색 바둑돌은 5개, 검은색 바둑돌은 4개이므로 차는 5−4=1(개)입니다.

62~64쪽 단원평가 2회

1 6 2 3 3 ○○○○○○
4 8 5 8 6 6
7 6 ; 더하기, 6 8 5, 3 ; 3 9 6−5=1
10 6 11 2, 7 12 4, 1
13 9 ; 7, 9 14 3 15 1
16 (○)( ) 17 1, 2 18 (선 잇기) ; 3, 1
19 (선 잇기) 20 7명

7 딸기 3개에 3개를 더하면 6개입니다.
⇨ 3+3=6
⇨ '3 더하기 3은 6과 같습니다.'라고 읽습니다.

8 숟가락 8개에서 포크 5개를 빼면 숟가락 3개가 남으므로 8−5=3입니다.

9 6 빼기 5는 1과 같습니다.
6−5 =1

10 4와 2를 모으면 6이 됩니다.

11 사과 5개와 2개를 더하면 7개가 되므로 5+2=7입니다.

12 별 5개에서 4개를 빼면 1개가 남으므로 5−4=1입니다.

13 2와 7을 모으면 9가 됩니다.
⇨ 2+7=9

15 빼는 수가 1씩 커지니 차는 1씩 작아집니다.

16 6−1=5, 0+3=3
5가 3보다 크므로 6−1에 ○표 합니다.

17 5−4=1 ⇨ 1+1=2

18 왼쪽 그림은 4−3=1과 관계가 있습니다.
오른쪽 그림은 7−4=3과 관계가 있습니다.

19 7과 1, 4와 4, 5와 3을 각각 모으면 8이 됩니다.

20 5+2=7(명)

65~67쪽 단원평가 3회

1 2 2 8 3 6
4 7 5 5 6 8−4=4
7 9 8 3 9 7
10 4, 5, 6, 7 11 2 12 3, 3 ; 3, 3
13 (선 잇기) 14 ㉡ 15 9, 4, 5
16 (선 잇기) 17 4개 18 예 6, 3, 9
19 2

20 예 사인펜은 3자루, 연필은 4자루이므로 필통 안에 있는 사인펜과 연필은 모두 3+4=7(자루)입니다. ; 7자루

7 ●●●●●○○○○ ⇨ 5+4=9

8 ○○○∅∅∅∅∅∅ ⇨ 9−6=3

11 9와 7의 차는 □입니다.
⇨ 9−7=□, □=2

12 6은 똑같은 두 수 3과 3으로 가를 수 있습니다.
⇨ 6−3=3

13 위의 그림은 8−5=3과 관계가 있습니다.
아래의 그림은 5−3=2와 관계가 있습니다.

14 ㉠ 5−1=4　㉡ 8−3=5
㉢ 7−3=4　㉣ 9−5=4
따라서 계산 결과가 다른 것은 ㉡입니다.

15 검은색 바둑돌이 9개, 흰색 바둑돌이 4개이므로 검은색 바둑돌이 흰색 바둑돌보다 9−4=5(개) 더 많습니다.

16 • 7−4=3, 3+0=3　• 2+5=7, 9−2=7
• 1−1=0, 6−6=0

17 6−2=4(개)

18 합이 가장 크려면 가장 큰 수와 두 번째로 큰 수를 더해야 합니다.
⇨ 6+3=9 또는 3+6=9

19 9는 1과 8로 가를 수 있고 2와 4를 묶으면 6이 됩니다.
⇨ 8−6=2

68~70쪽 단원평가 4회

1 9　**2** 7, 7　**3** 3 ; 빼기, 3 ; 3
4 3, 8　**5** 5　**6** 3, 5
7 7, 7　**8** 6, 6　**9** 4, 5에 ○표
10 ○○ ; 2　**11** 8, 6　**12** (○)(　)
13 ④　**14** 7, 2, 5　**15** 4개
16 ③　**17** 4개　**18** 3장
19 9

20 예 가장 많이 읽은 사람은 9권으로 선우이고 가장 적게 읽은 사람은 3권으로 하율입니다. 따라서 선우는 하율이보다 9−3=6(권) 더 많이 읽었습니다. ; 6권

13 2와 6을 모으면 8, 3과 5를 모으면 8, 4와 5를 모으면 9, 4와 3을 모으면 7, 1과 7을 모으면 8이 됩니다.

14 가장 큰 수: 7, 가장 작은 수: 2
⇨ 7−2=5

15 2+0=2이고, 6−4=2, 7−5=2, 2+2=4, 1+1=2, 9−7=2, 2−2=0입니다.
⇨ 4개

17 8은 똑같은 두 수 4와 4로 가를 수 있습니다.
따라서 민준이가 먹은 붕어빵은 4개입니다.

18 (남은 색종이 수)
=(전체 색종이 수)−(종이학을 접은 색종이 수)
=7−4=3(장)

19 나온 주사위의 눈의 수를 세어 보면 3, 5, 1입니다.
3과 5를 모으면 8이고 8과 1을 모으면 9입니다.
⇨ 나온 눈의 수를 모두 모으면 9가 됩니다.

71~73쪽 단원평가 5회

1 6　**2** 7　**3** 9

4 예 1 더하기 6은 7과 같습니다.

5

6 0, 9

7
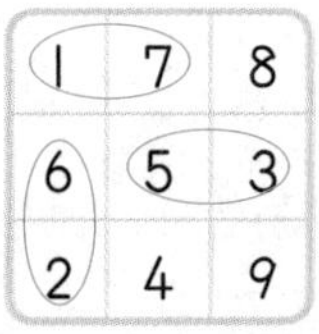

8 4, 4, 0
9 ㉣
10 ㉡

11 8　**12**
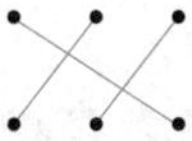
13 3, 5

14 8−2, 0+5에 ○표　**15** 예 7+2=9

16 예 6+2=8 ; 예 8−2=6

17 예 지환이가 먹은 피자는 3조각, 수호가 먹은 피자는 3조각입니다. 따라서 두 사람이 먹은 피자는 모두 3+3=6(조각)입니다. ; 6조각

18 3개　**19** 수현

20 예 진영이가 가지고 있는 사과는 2+4=6(개)입니다. 따라서 두 사람이 가지고 있는 사과는 모두 2+6=8(개)입니다. ; 8개

10 ㉠ 2와 5를 모으면 7이 됩니다.
㉡ 3과 6을 모으면 9가 됩니다.
㉢ 1과 7을 모으면 8이 됩니다.
따라서 모은 수가 가장 큰 것은 ㉡입니다.

11 가장 큰 수는 9, 가장 작은 수는 1입니다.
⇨ $9-1=8$

12 • $3+1=4$, $0+4=4$ • $2+3=5$, $4+1=5$
• $1+5=6$, $7-1=6$

13 9는 3과 6으로 가르기 할 수 있고, 6은 1과 5로 가르기 할 수 있습니다.

14 $6-2=4$이고, $2+1=3$, $\underline{8-2=6}$, $\underline{0+5=5}$이므로 $8-2$, $0+5$에 ○표 합니다.

15 7과 2를 모으면 9가 됩니다.
⇨ $7+2=9$ 또는 $2+7=9$

16 • 덧셈식: $6+2=8$ 또는 $2+6=8$
• 뺄셈식: $8-2=6$ 또는 $8-6=2$

18 가장 많이 가지고 있는 사람은 6개로 민서이고, 가장 적게 가지고 있는 사람은 3개로 지유입니다.
⇨ $6-3=3$(개)

19 다은: 5와 3을 모으면 8이 됩니다. ⇨ 8점
수현: 2와 7을 모으면 9가 됩니다. ⇨ 9점
준서: 1과 6을 모으면 7이 됩니다. ⇨ 7점
따라서 9점을 얻은 수현이의 점수가 가장 높습니다.

74~75쪽 서술형 평가 ❶

1 ❶ 7 ❷ 7자루
2 ❶ 6 ❷ 6개
3 ❶ 1개 ❷ 0개 ❸ 0개
4 ❶ 6 ❷ 3 ❸ 9

1 ❷ 4와 3을 모으면 7이므로 효민이가 가지고 있는 색연필은 모두 7자루입니다.

2 ❷ 9는 3과 6으로 가를 수 있으므로 다른 접시에는 곶감을 6개 담아야 합니다.

3 ❶ $5-4=1$(개) ❷ $1-1=0$(개)

4 ❶ $6+0=6$ ❷ $5-2=3$ ❸ $6+3=9$

76~77쪽 서술형 평가 ❷

1 예 처음 버스에 타고 있던 사람은 9명이었지만 이번 정류장에서 6명이 내렸습니다.
따라서 버스에 남아 있는 사람은 $9-6=3$(명)입니다. ; 3명

2 예 수정이가 가지고 있는 사탕은 $2+2=4$(개)입니다. 희정이가 사탕을 2개 가지고 있으므로 희정이와 수정이가 가지고 있는 사탕은 모두 $2+4=6$(개)입니다. ; 6개

3 예 작은 수부터 차례대로 쓰면 1, 6, 7입니다.
가장 큰 수는 7이고 가장 작은 수는 1이므로 두 수의 합은 $7+1=8$입니다. ; 8

4 예 8은 (1, 7), (2, 6), (3, 5), (4, 4), (5, 3), (6, 2), (7, 1)로 가를 수 있습니다.
이 중에서 차가 2인 경우는 큰 수가 5, 작은 수가 3인 경우입니다. 따라서 초롱이가 가진 연필은 3자루입니다. ; 3자루

78쪽 오답 베스트 5

1 0, 3 2 5, 4, 1 3 7
4 9 5 3

1 열차에 3명이 타고 있었는데 정거장에서 아무도 타지 않았습니다.
따라서 열차에 타고 있는 사람의 수를 덧셈식으로 나타내면 $3+0=3$입니다.

2 사자는 4마리, 호랑이는 5마리입니다.
따라서 사자와 호랑이의 차는 $5-4=1$(마리)입니다.

4 큰 수부터 차례대로 쓰면 7, 5, 3, 2입니다.
따라서 가장 큰 수는 7, 가장 작은 수는 2이므로 두 수의 합은 $7+2=9$입니다.

5 큰 수부터 차례대로 쓰면 6, 4, 3, 1입니다.
따라서 두 번째로 큰 수는 4이고, 가장 작은 수는 1이므로 두 수의 차는 $4-1=3$입니다.

4단원 비교하기

81쪽 쪽지시험 1회

1 (○) ( )
2 ( ) (△)
3 큽니다에 ○표
4 작습니다에 ○표
5 ( ) (○) ( )
6 (○)( )
7 (△)( )
8 무겁습니다에 ○표
9 가볍습니다에 ○표
10 ( )(○)( )

5 왼쪽 끝이 맞추어져 있으므로 오른쪽이 가장 많이 남는 것이 가장 깁니다.
6 눈으로 보았을 때 고래가 물고기보다 더 무거워 보입니다.
8 손으로 들어 보면 멜론이 귤보다 더 무겁습니다.
10 필통, 책가방, 지우개를 손으로 들어 보면 책가방이 가장 무겁습니다.

82쪽 쪽지시험 2회

1 좁습니다에 ○표
2 넓습니다에 ○표
3 ( )(○)
4 (△)( )
5 (선 잇기)
6 (○)( )
7 (○)( )
8 (△)( )
9 (△)( )
10 나

5 겹쳐 보았을 때 남는 것이 더 넓고 모자라는 것이 더 좁습니다.
6 그릇의 크기가 클수록 담을 수 있는 양이 많습니다.
7 그릇의 모양과 크기가 같으므로 물의 높이가 높은 것을 찾습니다.
10 컵의 모양과 크기가 다르므로 컵의 크기가 큰 나에 담긴 물의 양이 더 많습니다.

83~85쪽 단원평가 1회

1 ( ) (○)
2 (△) ( )
3 가볍다
4 (○)( )
5 ( )(△)
6 좁습니다에 ○표
7 (선 잇기)
8 적습니다에 ○표
9 (○)( )
10 ㉡
11 은우
12 ( ) (△) ( )
13 ( )(△)
14 (△)( )(○)
15 ( )(△)(○)
16 ㉡
17 ㉡
18 ㉠, ㉢, ㉡
19 ㉢, ㉠, ㉡
20 2, 1, 3

3 무게를 비교할 때에는 '무겁다', '가볍다' 등으로 나타냅니다.
4 위쪽이 맞추어져 있으므로 아래쪽이 남는 것이 더 깁니다.
7 대파는 애호박보다 더 길고 애호박은 대파보다 더 짧습니다.
12 왼쪽 끝이 맞추어져 있으므로 오른쪽이 가장 많이 모자라는 것이 가장 짧습니다.
13 야구공은 농구공보다 더 가볍고 셔틀콕보다 더 무겁습니다.
16 양쪽 끝을 맞추었으므로 많이 구부러져 있을수록 깁니다. 따라서 더 긴 것은 ㉡입니다.
17 ㉡이 가장 크므로 담을 수 있는 양이 가장 많은 것은 ㉡입니다.
18 겹쳐 보았을 때 많이 남을수록 넓으므로 넓은 것부터 차례대로 기호를 쓰면 ㉠, ㉢, ㉡입니다.
19 그릇의 모양과 크기가 같을 때에는 물의 높이가 낮을수록 담긴 물의 양이 적습니다. 따라서 담긴 물의 양이 적은 그릇부터 차례대로 쓰면 ㉢, ㉠, ㉡입니다.

86~88쪽 단원평가 2회

1 (△)
( )

2 ( )(△)

3 (○)( )

4 (△)( )

5 (△)( )

6 (선 잇기)

7 작습니다에 ○표

8 무겁습니다에 ○표

9 ㉡

10 우표

11 ㉡

12 축구장

13 ( )( )(○)

14 수박

15 (색칠)

16 (○)
(△)
( )

17 (쌓기나무 1개, 2개)에 ○표

18 (○)(△)( )

19 ㉡, ㉠, ㉢

20 현주

7 발끝이 맞추어져 있으므로 머리끝을 비교하면 채민이가 소희보다 키가 더 작습니다.

8 신발주머니를 들 때보다 의자를 들 때 힘이 더 많이 듭니다. 따라서 의자가 신발주머니보다 더 무겁습니다.

9 길이를 비교할 때에는 한쪽 끝을 맞추고 다른 쪽 끝을 비교합니다.

11 모양과 크기가 같은 그릇에 담겨 있으므로 물의 높이가 높을수록 담긴 물의 양이 많습니다.
따라서 담긴 물의 양이 더 많은 그릇은 ㉡입니다.

14 손으로 들어 보았을 때 가장 무거운 과일은 수박입니다.

15 겹쳐 보았을 때 가장 왼쪽의 사각형이 가장 많이 남습니다.

16 왼쪽 끝이 맞추어져 있으므로 오른쪽이 가장 많이 남는 젓가락에 ○표, 가장 많이 모자라는 포크에 △표 합니다.

17 저울이 왼쪽으로 기울어져 있으므로 오른쪽에 있는 쌓기나무는 왼쪽에 있는 쌓기나무보다 가볍습니다. 따라서 쌓기나무 1개, 2개에 표시합니다.

19 그릇의 크기가 클수록 담을 수 있는 물의 양이 많습니다. 따라서 그릇의 크기가 큰 것부터 차례대로 기호를 쓰면 ㉡, ㉠, ㉢입니다.

20 색종이의 크기가 같으므로 색종이가 많을수록 넓습니다.
현주: 6장, 예원: 4장
⇨ 6이 4보다 크므로 현주가 색종이를 더 넓게 이어 붙였습니다.

89~91쪽 단원평가 3회

1 ( )
(○)

2 (△)( )

3 (△)( )

4 ( )(△)

5 많습니다에 ○표

6 많습니다에 ○표

7 ( )(○)

8 (○)( )

9 ㉡

10 지수

11 ( )(○)(○)

12 다은, 수진

13 (○)
(○)
( )

14 ( )(○)( )

15 ㉰

16 ㉯

17 사슴

18 (○)
( )
(△)

19 (2)(3)(1)

20 소금 ; 예 소금과 솜을 병에 가득 담았을 때 솜보다 소금이 더 무거우므로 솜이 담겨 있는 병보다 소금이 담겨 있는 병이 더 무겁습니다.

7 한쪽 끝을 맞추어 겹쳐 보아 비교합니다.

11 아래쪽이 맞추어져 있으므로 책상보다 위쪽이 남는 것을 찾습니다.

13 왼쪽 끝이 맞추어져 있으므로 고구마보다 오른쪽이 남는 것을 모두 찾습니다.

14 그릇의 크기가 클수록 담을 수 있는 양이 많습니다.

15 그릇에 물이 가득 담겨 있으므로 그릇의 크기가 가장 큰 ㉰에 담긴 물의 양이 가장 많습니다.

16 그릇에 물이 가득 담겨 있으므로 그릇의 크기가 가장 작은 ㉯에 담긴 물의 양이 가장 적습니다.

17 호랑이는 코뿔소보다 더 가볍고 사슴은 호랑이보다 더 가볍습니다. 따라서 가장 가벼운 동물은 사슴입니다.

18 양쪽 끝을 맞추었으므로 많이 구부러져 있을수록 깁니다.

19 그릇의 모양과 크기가 같으므로 물의 높이가 높을수록 담긴 물의 양이 많습니다.

92~94쪽 단원평가 4회

1 (△)
( )

2 ( ) (△)

3 (○) ( )

4 깁니다에 ○표

5 더 많다, 더 적다

6 가볍습니다에 ○표

7 깁니다에 ○표

8 ( ) (○) ( )

9 3개

10

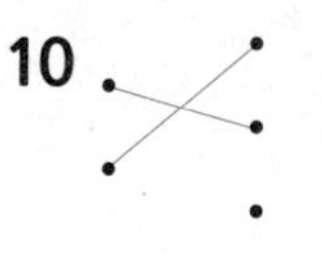

11 예

12 2개

13 ( ) (○)

14

15 ( ) (△) (○)

16 딱지, 지우개, 구슬

17 예 에어컨은 선풍기보다 더 무겁고 냉장고는 에어컨보다 더 무겁습니다. 무거운 것부터 차례대로 쓰면 냉장고, 에어컨, 선풍기이므로 가장 무거운 것은 냉장고입니다. ; 냉장고

18 채호

19 축구공

20 ㉠, ㉢, ㉡

13 예나가 규영이보다 주스를 더 많이 마셨으므로 큰 컵이 예나의 컵입니다.

15 발끝이 맞추어져 있으므로 머리끝을 비교하면 주승이의 키가 가장 크고 윤아의 키가 가장 작습니다.

16 딱지는 지우개보다 더 가볍고 지우개는 구슬보다 더 가볍습니다. 따라서 가벼운 물건부터 차례대로 쓰면 딱지, 지우개, 구슬입니다.

18 컵에 남은 물의 양이 가장 많은 사람이 물을 가장 적게 마신 것입니다. 따라서 물을 가장 적게 마신 사람은 채호입니다.

19 시소는 더 무거운 쪽이 아래로 내려갑니다. 축구공이 탁구공보다 더 무거우므로 ㉯ 상자에 넣은 공은 축구공입니다.

20 모양을 겹쳐 보았을 때 남는 부분이 있는 것이 더 넓습니다. ㉡보다 ㉢이 더 넓고 ㉢보다 ㉠이 더 넓으므로 넓은 것부터 차례대로 기호를 쓰면 ㉠, ㉢, ㉡입니다.

95~97쪽 단원평가 5회

1 (△)
( )

2 (○) ( )

3 ( ) (○)

4 색종이

5 깁니다에 ○표

6 ( ) ( ) (○)

7 ㉡

8 ( )
( )
(○)

9 ( )
( )
(○)
(○)

10

11 서진

12

13 다

14 ㉮

15 잡지, 동화책, 사전

16 ㉢

17 ㉮

18 지호

19 예 시소는 더 가벼운 쪽이 위로 올라갑니다. 따라서 가벼운 사람부터 차례대로 이름을 쓰면 서준, 윤수, 민규이므로 가장 가벼운 사람은 서준입니다. ; 서준

20 예 물을 컵 ㉮로는 7번, 컵 ㉯로는 8번 부어야 그릇이 가득 차므로 컵 ㉮가 컵 ㉯보다 더 큽니다. 따라서 컵 ㉮에 물을 더 많이 담을 수 있습니다. ; ㉮

7 그릇의 모양과 크기가 같으므로 물의 높이가 높을수록 담긴 물의 양이 많습니다.

10 • 무게 ⇨ 무겁다, 가볍다
• 길이 ⇨ 길다, 짧다
• 담을 수 있는 양 ⇨ 많다, 적다

11 남은 물의 양이 더 적은 컵이 물을 더 많이 마신 컵이므로 서진이가 물을 더 많이 마셨습니다.

12 겹쳐 보았을 때 가장 많이 모자라는 조각에 빗금을 긋습니다.

13 양쪽 끝을 맞추었으므로 많이 구부러져 있을수록 깁니다. 긴 선부터 차례대로 기호를 쓰면 다, 나, 가입니다. 따라서 가장 긴 선은 다입니다.

14 똑같은 컵에 부었으므로 부은 컵의 수가 더 많은 주전자가 담을 수 있는 물의 양이 더 많습니다.

15 동화책은 사전보다 더 넓고 잡지는 동화책보다 더 넓습니다. 따라서 넓은 것부터 차례대로 쓰면 잡지, 동화책, 사전입니다.

16 컵 ㉰의 크기가 가장 크므로 컵 ㉰에 담을 수 있는 양이 가장 많습니다.

17 컵 ㉮의 크기가 가장 작으므로 컵 ㉮에 담을 수 있는 양이 가장 적습니다.

18 남은 물의 양은 윤재가 민수보다 더 적고, 지호가 윤재보다 더 적습니다. 컵에 남은 물의 양이 적을수록 많이 마신 것이므로 물을 가장 많이 마신 사람은 지호입니다.

98~99쪽 서술형 평가 ❶

1 ❶ 수박 ❷ 수박
2 ❶ 규영 ❷ 규영
3 ❶ 7칸, 8칸 ❷ 나
4 ❶ ㉡ ❷ ㉡

1 ❷ 손으로 들었을 때 힘이 더 많이 드는 수박이 사과보다 더 무겁습니다.

2 ❷ 규영이의 컵에 남은 주스의 양이 더 적으므로 규영이가 한별이보다 주스를 더 많이 마셨습니다.

3 ❷ 칸의 수가 더 많은 것이 넓이가 더 넓으므로 나가 더 넓습니다.

4 ❷ 고무줄이 많이 늘어날수록 상자가 무겁습니다. 따라서 가장 무거운 상자는 ㉡입니다.

100~101쪽 서술형 평가 ❷

1 예 손으로 들었을 때 힘이 더 적게 드는 누름 못이 망치보다 더 가볍습니다. ; 누름 못

2 예 진우의 컵에 남은 우유의 양이 더 많으므로 진우가 지혜보다 우유를 더 적게 마셨습니다.
; 진우

3 예 작은 칸의 수가 가는 8칸, 나는 7칸입니다.
칸의 수가 적을수록 넓이가 좁으므로 나가 더 좁습니다. ; 나

4 예 매달았을 때 고무줄이 가장 적게 늘어난 주머니는 ㉠입니다. 따라서 고무줄이 적게 늘어날수록 주머니가 가벼우므로 가장 가벼운 주머니는 ㉠입니다. ; ㉠

102쪽 오답 베스트 5

1 ㉠, ㉢, ㉡
2 ㉡, ㉢, ㉠
3 (1)(3)(2)
4 (○)
( )
( )
(○)
5 종인, 성현, 재우

1 겹쳐 보았을 때 많이 남을수록 넓으므로 넓은 것부터 차례대로 기호를 쓰면 ㉠, ㉢, ㉡입니다.

2 그릇의 크기가 클수록 담을 수 있는 양이 많습니다. 따라서 담을 수 있는 양이 많은 것부터 차례대로 기호를 쓰면 ㉡, ㉢, ㉠입니다.

3 세 컵의 모양과 크기가 같으므로 담긴 주스의 높이가 높을수록 담긴 주스의 양이 많습니다.

4 왼쪽 끝이 맞추어져 있으므로 오른쪽을 비교합니다. 칫솔보다 더 긴 물건은 빗자루와 젓가락입니다.

5 위쪽이 맞추어져 있으므로 아래쪽을 비교합니다. 키가 작은 친구부터 차례대로 이름을 쓰면 종인, 성현, 재우입니다.

5단원 50까지의 수

105쪽 쪽지시험 1회

1 10 **2** 10에 ○표

3 ○○○ ○○○○○○○

4 10 **5** 2 **6** 12

7 15 **8** 17 **9** (선 잇기)

10 ㉢

1 9보다 1만큼 더 큰 수는 10입니다.

3 3과 7을 모으면 10이 되므로 ○를 7개 더 그립니다.

4 4와 6을 모으면 10이 됩니다.

6 10개씩 묶음 1개: 10, 낱개 2개: 2 → 12

8 10개씩 묶음 1개: 10, 낱개 7개: 7 → 17

9 12 ⇨ 십이(열둘), 19 ⇨ 십구(열아홉)

10 열다섯 – 15

16– 열여섯

106쪽 쪽지시험 2회

1 13 **2** 18 **3** 12

4 16 **5** 9에 색칠 **6** 6

7 8 **8** 5 **9** 6

10 5 ; 4

1 7과 6을 모으면 13이 됩니다.

3 9와 3을 모으면 12가 됩니다.

5 4와 9를 모으면 13이 됩니다.

6 14는 8과 6으로 가를 수 있습니다.

8 12는 5와 7로 가를 수 있습니다.

10 15는 10과 5, 11과 4로 가를 수 있습니다.

107쪽 쪽지시험 3회

1 3 **2** 3

3 예 (지우개 10개씩 2묶음) ; 2, 20

4 27 **5** 32

6 49 **7** 삼십오, 서른다섯

8 사십삼, 마흔셋 **9** ㉣

10 28개

1 30: 10개씩 묶음 3개

2 43 ⇨ 10개씩 묶음 4개: 40, 낱개 3개: 3

3 지우개는 10개씩 묶음이 2개이므로 20개입니다.

4 이십칠을 수로 나타내면 27입니다.

5 삼십이를 수로 나타내면 32입니다.

6 10개씩 묶음 4개: 40, 낱개 9개: 9 → 49

7 35는 삼십오 또는 서른다섯이라고 읽습니다.

8 43은 사십삼 또는 마흔셋이라고 읽습니다.

9 40 ⇨ 마흔, 사십

10 10개씩 묶음 2개와 낱개 8개이므로 28개입니다.

108쪽 쪽지시험 4회

1 큽니다에 ○표 **2** 작습니다에 ○표

3 42 **4** 18, 21

5 39, 40 **6** 17

7 44 **8** 46에 ○표

9 32에 △표 **10** 31, 29

1 10개씩 묶음의 수를 비교하면 23이 19보다 큽니다.

2 10개씩 묶음의 수가 같으므로 낱개의 수를 비교하면 31이 34보다 작습니다.

4 19보다 1만큼 더 작은 수는 18, 20보다 1만큼 더 큰 수는 21입니다.

5 38보다 1만큼 더 큰 수는 39, 41보다 1만큼 더 작은 수는 40입니다.

6 16보다 1만큼 더 큰 수는 16 바로 뒤의 수인 17입니다.

7 45보다 1만큼 더 작은 수는 45 바로 앞의 수인 44입니다.

9 10개씩 묶음의 수가 같으므로 낱개의 수를 비교하면 32가 36보다 작습니다.

10 30보다 1만큼 더 큰 수: 30 바로 뒤의 수인 31
30보다 1만큼 더 작은 수: 30 바로 앞의 수인 29

109~111쪽 단원평가 1회

1 10	**2** 4
3 30	**4** 16
5 44	**6** 34
7 5	**8** 36
9 ㉠	**10** 30, 32
11 12, 14	**12** 이십육, 스물여섯
13 8, 9에 색칠	**14** 23개
15 35에 ○표	**16** 서른에 △표
17 40 ; 40	**18** 46
19 (위부터) 35, 39	**20** 30개

1 요구르트 병은 10개입니다.

2 주어진 별 10개는 검은색 별 6개와 흰색 별 4개로 가를 수 있습니다.

3 10개씩 묶음이 3개이므로 30입니다.

4 10개씩 묶음 1개: 10
낱개 6개: 6 ⟶ 16

5 마흔넷을 수로 나타내면 44입니다.

6 35보다 1만큼 더 작은 수는 35 바로 앞의 수인 34입니다.

7 11은 6과 5로 가를 수 있습니다.

8 10개씩 묶음 3개: 30
낱개 6개: 6 ⟶ 36

9 28 ⇨ 이십팔

10 29보다 1만큼 더 큰 수는 30이고, 31보다 1만큼 더 큰 수는 32입니다.

11 13보다 1만큼 더 작은 수는 12, 1만큼 더 큰 수는 14입니다.

12 26은 이십육 또는 스물여섯이라고 읽습니다.

13 8과 9를 모으면 17이 됩니다.

14 10개씩 묶음 2개와 낱개 3개이므로 23개입니다.

15 10개씩 묶음의 수를 비교하면 35가 28보다 큽니다.

16 10개씩 묶음의 수가 같으므로 낱개의 수를 비교하면 서른이 서른둘보다 작습니다.

17 오른쪽 그림의 구슬은 10개씩 묶음이 4개로 40개이며 35는 40보다 작습니다.

18 10개씩 묶음의 수를 비교하면 39가 가장 작습니다. 41과 46은 10개씩 묶음의 수가 같으므로 낱개의 수를 비교하면 46이 41보다 큽니다.

19 수를 읽어 가면서 순서대로 써넣습니다.

20 10개씩 묶음 3개 ⇨ 30개

112~114쪽 단원평가 2회

1 ○○○○○○ ○○○○

2 2	**3** 19
4 39	**5** 23
6 14	**7** 8
8 ㉡	**9** 41, 43
10 40 ; 마흔	**11** 31, 33
12 7, 9에 ○표	**13** ㉢
14 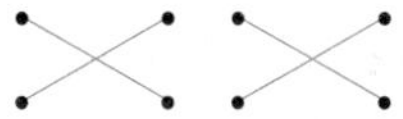	**15** 31에 ○표
16 21에 △표	**17** 47, 36, 34
18 	**19** 48
	20 43, 44, 45, 46

1 6과 4를 모으면 10이 되므로 ○를 4개 더 그립니다.

2 8보다 2만큼 더 큰 수는 10입니다.

3 10개씩 묶음 1개: 10
낱개 9개: 9 → 19

4 서른아홉을 수로 나타내면 39입니다.

5 10개씩 묶음 2개: 20
낱개 3개: 3 → 23

6 6과 8을 모으면 14가 됩니다.

7 17은 9와 8로 가를 수 있습니다.

8 43 ⇨ 사십삼, 마흔셋

9 42보다 1만큼 더 작은 수: 42 바로 앞의 수인 41
42보다 1만큼 더 큰 수: 42 바로 뒤의 수인 43

10 오징어는 10개씩 묶음이 4개이므로 40마리입니다. 40은 사십 또는 마흔이라고 읽습니다.

11 30보다 1만큼 더 큰 수는 31이고, 32보다 1만큼 더 큰 수는 33입니다.

12 7과 9를 모으면 16이 됩니다.

13 10개씩 묶음 1개와 낱개 6개이므로 16입니다.

14 15 ⇨ 십오, 열다섯
17 ⇨ 십칠, 열일곱

15 10개씩 묶음의 수를 비교하면 31이 28보다 큽니다.

16 10개씩 묶음의 수가 같으므로 낱개의 수가 가장 작은 21이 가장 작은 수입니다.

17 10개씩 묶음의 수를 비교하면 47이 가장 큽니다. 36과 34는 10개씩 묶음의 수가 같으므로 낱개의 수를 비교하면 36이 34보다 큽니다.

18 5와 9, 12와 2, 6과 8을 모으면 14가 됩니다.

19 마흔여덟: 48
서른둘: 32 → 48이 32보다 큽니다.

20 42부터 47까지의 수를 순서대로 쓰면
42 − 43 − 44 − 45 − 46 − 47이므로
42보다 크고 47보다 작은 수는 43, 44, 45, 46입니다.

115~117쪽 단원평가 3회

1 10
2 46
3 10 ; 열
4 6 ; 36
5 30, 40
6 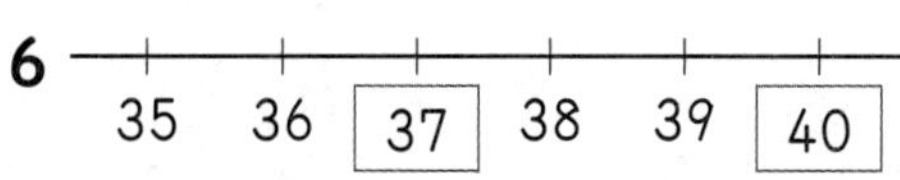

7 ( )(○)
8 예 △△△△△△△ / △△△△△△△
9 ⑤
10 17 ; 열일곱
11 24
12 6, 9에 색칠
13 34에 △표
14 27개
15 예 ; 4, 40
16 (위부터) 14, 18, 21, 25
17 3개
18 16
19 24번, 25번, 26번
20 예 10개씩 묶음의 수를 비교하면 19는 10개씩 묶음 1개, 31은 10개씩 묶음 3개, 26은 10개씩 묶음 2개이므로 31이 가장 큽니다. 따라서 튤립을 가장 많이 접은 사람은 현정입니다. ; 현정

4 10개씩 묶음 3개: 30
낱개 6개: 6 → 36

5 10개씩 묶음 3개는 30, 10개씩 묶음 4개는 40입니다.

7 13은 5와 8, 4와 9로 가를 수 있습니다.

11 10개씩 묶음의 수를 비교하면 24가 19보다 큽니다.

13 10개씩 묶음의 수는 모두 같으므로 낱개의 수를 비교하면 34가 가장 작습니다.

16 수를 읽어 가면서 순서대로 써넣습니다.

17 30은 10개씩 묶음이 3개이므로 상자는 3개 필요합니다.

18 15와 17 사이에 있는 수는 16입니다.

19 23과 27 사이에 있는 수는 24, 25, 26입니다.

118~120쪽 단원평가 4회

1 4, 5　　2 1, 6　　3 8개

4 16　　5 12　　6 큽니다에 ○표

7

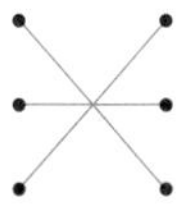

8 37에 ○표　　9 36

10 23, 24　　11 ㉡　　12

13 열에 ○표 ; 십에 ○표　　14

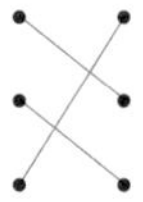

15 ③　　16 43에 ○표, 28에 △표

17 예 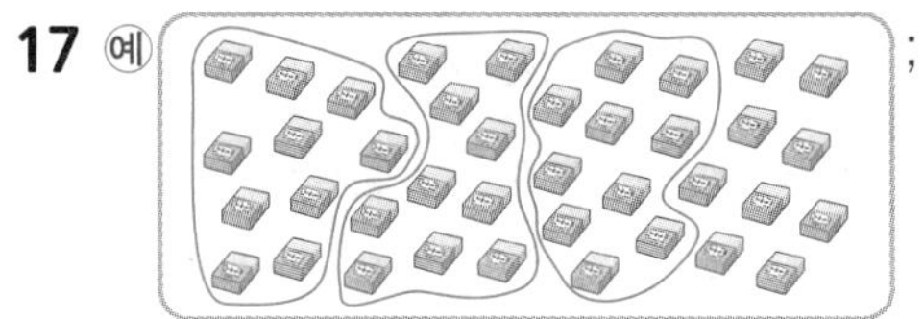 ; 3, 9, 39

18 (위부터) 31, 37, 43, 48

19 35살

20 예 10개씩 묶음 3개와 낱개 6개는 36이므로 윤주는 딱지를 36개 가지고 있습니다. 10개씩 묶음의 수를 비교하면 43이 36보다 크므로 딱지를 더 많이 가지고 있는 사람은 선우입니다. ; 선우

8 10개씩 묶음의 수가 같으므로 낱개의 수를 비교하면 37이 31보다 큽니다.

9 35보다 1만큼 더 큰 수는 36입니다.

10 22보다 1만큼 더 큰 수는 23이고, 23보다 1만큼 더 큰 수는 24입니다.

11 36 ⇨ 서른여섯, 삼십육

12 17보다 1만큼 더 작은 수는 16이고, 13보다 1만큼 더 큰 수는 14입니다.

13 10은 나이를 나타낼 때에는 열, 날짜를 나타낼 때에는 십이라고 읽습니다.

14 4와 9, 6과 7, 5와 8을 모으면 13이 됩니다.

15 ① 34, ② 33, ③ 35, ④ 32, ⑤ 31이므로 10개씩 묶음의 수가 모두 같습니다. 낱개의 수를 비교하면 35인 ③이 가장 큽니다.

16 10개씩 묶음의 수를 비교하면 43이 가장 큽니다. 29와 28은 10개씩 묶음의 수가 같으므로 낱개의 수를 비교하면 28이 가장 작습니다.

17 10개씩 묶음 3개: 30 ┐
　　낱개 9개: 9 ┘ 39

18 수를 읽어 가면서 순서대로 써넣습니다.

121~123쪽 단원평가 5회

1 6 ; 16　　2 (○)
( )

3

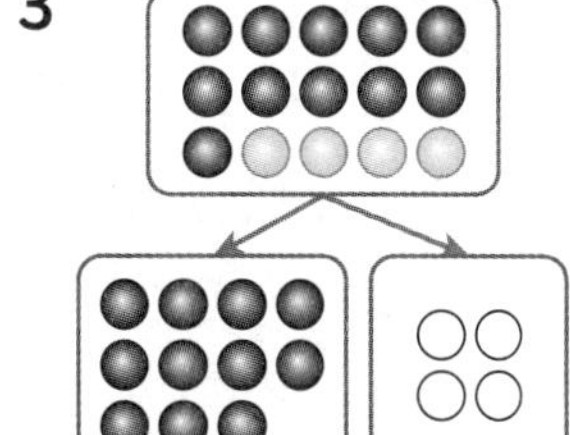

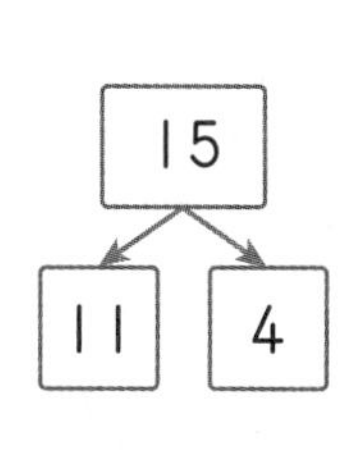

4 작습니다에 ○표　　5 38개

6　　7 36

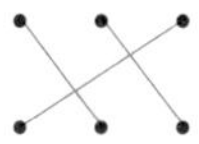

8 18에 △표　　9 39에 ○표, 37에 △표

10 ②, ④　　11 ㉡

12 예 8, 9 ; 15, 2　　13 십, 열

14 34　　15 2개

16 28　　17 5개

18 1, 2, 3

19 예 낱개 12개는 10개씩 묶음 1개와 낱개 2개입니다. 따라서 바구니에 있는 레몬은 10개씩 묶음 3개와 낱개 2개이므로 모두 32개입니다. ; 32개

20 예 지호: 22개
서하: 10개씩 묶음 3개 ⇨ 30개
지현: 10개씩 묶음 1개와 낱개 8개 ⇨ 18개
이중 10개씩 묶음의 수가 가장 큰 수는 30이므로 쓰레기를 가장 많이 주운 사람은 서하입니다. ; 서하

6 30 ⇨ 삼십, 서른
40 ⇨ 사십, 마흔
50 ⇨ 오십, 쉰

8 10개씩 묶음의 수를 비교하면 18이 가장 작습니다.

9 38보다 1만큼 더 큰 수는 38 바로 뒤의 수인 39이고, 38보다 1만큼 더 작은 수는 38 바로 앞의 수인 37입니다.

10 30 ⇨ 서른, 삼십

11 ㉠ 36 ㉡ 38 ㉢ 36

12 17은 8과 9, 15와 2 등으로 가를 수 있습니다.

13 9보다 1만큼 더 큰 수는 10입니다.
10은 십 또는 열이라고 읽습니다.

15 27－28－29－30－31－32이므로 27보다 크고 32보다 작은 수는 29, 31로 모두 2개입니다.

16 수를 읽어 가면서 순서대로 써넣으면 빗금 친 부분에 알맞은 수는 28입니다.

17 15는 10개씩 묶음 1개, 낱개 5개이므로 사용하지 않은 연결 모형은 5개입니다.

18 36은 12, 22, 32보다 크고 42보다 작습니다.

124~125쪽 서술형 평가 ❶

1 ❶ ○○○○○ ○○○○○

❷ 10개

2 ❶ 2묶음 ❷ 2묶음

3 ❶ 12개 ❷ 13개

4 ❶ 41, 42 ❷ 42번

2 ❶ 20은 10개씩 묶음 2개입니다.

3 ❶ 사과는 10개씩 묶음 1개와 낱개 2개이므로 12개입니다.
❷ 12보다 1만큼 더 큰 수는 13이므로 배는 13개입니다.

4 ❷ 지혜, 수민, 동현, 민서는 순서대로 39－40－41－42번의 번호표를 뽑았습니다.

126~127쪽 서술형 평가 ❷

1 예 ○○○○○○○ ○○○

그려진 ○의 수를 모두 세어 보면 10개입니다.
; 10개

2 예 40은 10개씩 묶음 4개이므로 주환이는 연필 4묶음을 사야 합니다. ; 4묶음

3 예 감은 10개씩 묶음 1개와 낱개 4개이므로 14개입니다. 귤은 감보다 2개 더 많으므로 10개씩 묶음 1개와 낱개 6개입니다.
따라서 귤은 16개입니다. ; 16개

4 예 43부터 수를 순서대로 쓰면
43－44－45－46－…입니다.
번호표를 뽑은 순서가 영은, 다정, 소희, 준서이므로 준서가 뽑은 번호표는 46번입니다.
; 46번

128쪽 오답 베스트 5

1 10개 2 7, 9에 ○표 3 40개
4 47 5 8개

1 호두의 수를 세어 보면 2개와 8개입니다.
2와 8을 모으기 하면 10이므로 호두는 모두 10개입니다.

2 4와 8을 모으기 하면 12입니다.
7과 9를 모으기 하면 16입니다.
5와 6을 모으기 하면 11입니다.
따라서 모아서 16이 되는 두 수는 7과 9입니다.

4 40과 50 사이에 있는 수는 10개씩 묶음이 4개인 수입니다.
10개씩 묶음 4개와 낱개 7개는 47입니다.

5 서른여덟을 수로 나타내면 38입니다.
38은 10개씩 묶음 3개와 낱개 8개입니다.
따라서 구슬 38개를 한 봉지에 10개씩 넣으면 3봉지에 넣을 수 있고 8개가 남습니다.

◀ 정답은 이안에 있어!

주의 책 모서리에 다칠 수 있으니 주의하시기 바랍니다.
부주의로 인한 사고의 경우 책임지지 않습니다.

초등학교 학년 반 번

이름